住房城乡建设部土建类学科专业"十三五"规划教材

全国住房和城乡建设职业教育教学指导委员会规划推荐教材

市 政 工 程 材 料

（第三版）

（市政工程技术专业适用）

本教材编审委员会组织编写

王陵茜　主编

王　芳　主审

U0291345

中国建筑工业出版社

图书在版编目（CIP）数据

市政工程材料/王陵茜主编. —3 版. —北京：中国建筑工业出版社，2020.7（2023.1重印）
住房城乡建设部土建类学科专业"十三五"规划教材 全国住房和城乡建设职业教育教学指导委员会规划推荐教材（市政工程技术专业适用）
ISBN 978-7-112-25171-1

Ⅰ.①市… Ⅱ.①王… Ⅲ.①市政工程-建筑材料-高等学校-教材 Ⅳ.①TU5

中国版本图书馆 CIP 数据核字（2020）第 082680 号

本书共分两篇，上篇为市政工程材料，共分 10 个教学单元，主要内容包括绪论、工程材料的基本性质、砂石材料、石灰和稳定土、水泥、水泥混凝土及砂浆、沥青材料、沥青混合料、建筑钢材、合成高分子材料，下篇为材料试验，共分 8 个教学单元，主要内容包括砂石材料试验、石灰和稳定土试验、水泥试验、水泥混凝土试验、建筑砂浆试验、沥青材料试验、沥青混合料试验、钢筋试验。

本书可作为高等职业教育市政工程技术专业教材，也可供从事市政工程及相关专业技术人员学习、参考之用。

为便于教学，作者制作了电子课件，请任课老师发邮件至 2917266507@qq.com 索取。

* * *

责任编辑：聂　伟　王美玲　朱首明
责任设计：李志立
责任校对：李美娜

住房城乡建设部土建类学科专业"十三五"规划教材
全国住房和城乡建设职业教育教学指导委员会规划推荐教材

市政工程材料
（第三版）
（市政工程技术专业适用）
本教材编审委员会组织编写
王陵茜　主编
王　芳　主审

*

中国建筑工业出版社出版、发行（北京海淀三里河路 9 号）
各地新华书店、建筑书店经销
霸州市顺浩图文科技发展有限公司制版
廊坊市海涛印刷有限公司印刷

*

开本：787×1092 毫米　1/16　印张：16¾　字数：354 千字
2020 年 7 月第三版　2023 年 1 月第十二次印刷
定价：**39.00** 元（赠课件）
ISBN 978-7-112-25171-1
（35848）

本套教材修订版编审委员会名单

主 任 委 员：徐建平

副主任委员：韩培江　陈晓军　许　光　谭翠萍

委　　　员：（按姓氏笔画为序）

马精凭　王陵茜　邓爱华　白建国　边喜龙

朱勇年　刘映䎬　闫宏生　李　辉　李汉华

李永琴　李昌春　杨玉衡　杨转运　邱琴忠

何　伟　张　力　张　弘　张　怡　张　鹏

张玉杰　张志敏　张宝军　张银会　陈静玲

林乐胜　罗建华　季　强　胡晓娟　姚昱晨

袁建新　庾汉成　章劲松　游普元

本套教材第一版编审委员会名单

主 任 委 员：李 辉

副主任委员：陈思平 戴安全

委 员：（按姓氏笔画为序）

王 芳 王云江 王陵茜 白建国 边喜龙

刘映翀 米彦蓉 李爱华 杨玉衡 杨时秀

谷 峡 张 力 张宝军 陈思仿 陈静芳

范柳先 林文剑 罗向荣 周美新 姜远文

姚昱晨 袁 萍 袁建新 郭卫琳

修订版序言

2015年10月受教育部（教职成函〔2015〕9号）委托，住房和城乡建设部（住建职委〔2015〕1号）组建了新一届全国住房和城乡建设职业教育教学指导委员会市政工程类专业指导委员会，它是住房和城乡建设部聘任和管理的专家机构。其主要职责是在住房和城乡建设部、教育部、全国住房和城乡建设职业教育教学指导委员会的领导下，研究高职高专市政工程类专业的教学和人才培养方案，按照以能力为本位的教学指导思想，围绕市政工程类专业的就业领域、就业岗位群组织制定并及时修订各专业培养目标、专业教育标准、专业培养方案、专业教学基本要求、实训基地建设标准等重要教学文件，以指导全国高职院校规范市政工程类专业办学，达到专业基本标准要求；研究市政工程类专业建设、教材建设，组织教材编审工作；组织开展教育教学改革研究，构建理论与实践紧密结合的教学体系，构筑校企合作、工学结合的人才培养模式，进一步促进高职高专院校市政工程类专业办出特色，全面提高高等职业教育质量，提升服务建设行业的能力。

市政工程类专业指导委员会成立以来，在住房和城乡建设部人事司和全国住房和城乡建设职业教育教学指导委员会的领导下，在专业建设上取得了多项成果。市政工程类专业指导委员会制定了《高职高专教育市政工程技术专业顶岗实习标准》和《高职高专教育给排水工程技术专业顶岗实习标准》；组织了"市政工程技术专业""给水排水工程技术专业"理论教材和实训教材编审工作。

在教材编审过程中，坚持了以就业为导向，走产学研结合发展道路的办学方针，以提高质量为核心，以增强专业特色为重点，创新教材体系，深化教育教学改革，围绕国家行业建设规划，系统培养高端技能型人才，为我国建设行业发展提供人才支撑和智力支持。

本套教材的编写坚持贯彻以素质为基础，以能力为本位，以实用为主导的指导思路，毕业的学生具备本专业必需的文化基础、专业理论知识和专业技能，能胜任市政工程类专业设计、施工、监理、运行及物业设施管理的高端技能型人才，全国住房和城乡建设职业教育教学指导委员会市政工程类专业指导委员会在总结近几年教育教学改革与实践的基础上，通过开发新课程，更新课程内容，增加实训教材，构建了新的课程体系。充分体现了其先进性、创新性、适用性，反映了国内外最新技术和研究成果，突出高等职业教育的特点。

"市政工程技术""给水排水工程技术"专业教材的编写工作得到了教育部、住房和城乡建设部人事司的支持，在全国住房和城乡建设职业教育教学指导委员会的领导下，市政工程类专业指导委员会聘请全国各高职院校本专业多年从事"市政工程技术""给水排水工程技术"专业教学、研究、设计、施工的副教授以上的专家担任主编和主审，同时吸收工程一线具有丰富实践经验的工程技术人员及优秀中青年教师参加编写。该系列教材的出版凝聚了全国各高职高专院校"市政工程技术""给排水工程技术"两个专业同行的心血，也是他们多年来教学工作的结晶。值此教材出版之际，全国住房和城乡建设职业教育教学指导委员会市政工程类专业指导委员会谨向全体主编、主审及参编人员致以崇高的敬意。对大力支持这套教材出版的中国建筑工业出版社表示衷心的感谢，向在编写、审稿、出版过程中给予关心和帮助的单位和同仁致以诚挚的谢意。本套教材全部获评住房城乡建设部土建类学科专业"十三五"规划教材，得到了业内人士的肯定。深信本套教材将会受到高职高专院校和从事本专业工程技术人员的欢迎，必将推动市政工程类专业的建设和发展。

全国住房和城乡建设职业教育教学指导委员会

市政工程类专业指导委员会

第一版序言

近年来，随着国家经济建设的迅速发展，市政工程建设已进入专业化的时代，而且市政工程建设发展规模不断扩大，建设速度不断加快，复杂性增加，因此，需要大批市政工程建设管理和技术人才。针对这一现状，近年来，不少高职高专院校开办市政工程技术专业，但适用的专业教材的匮乏，制约了市政工程技术专业的发展。

高职高专市政工程技术专业是以培养适应社会主义现代化建设需要，德、智、体、美全面发展，掌握本专业必备的基础理论知识，具备市政工程施工、管理、服务等岗位能力要求的高等技术应用型人才为目标，构建学生的知识、能力、素质结构和专业核心课程体系。全国高职高专教育土建类专业教学指导委员会是建设部受教育部委托聘任和管理的专家机构，该机构下设建筑类、土建施工类、建筑设备类、工程管理类及市政工程类五个专业指导分委员会，旨在为高等职业教育的各门学科的建设发展、专业人才的培养模式提供智力支持，因此，市政工程技术专业人才培养目标的定位、培养方案的确定、课程体系的设置、教学大纲的制订均是在市政工程类专业指导分委员会的各成员单位及相关院校的专家经广州会议、贵阳会议、成都会议反复研究制定的，具有科学性、权威性、针对性。为了满足该专业教学需要，市政工程类专业指导分委员会在全国范围内组织有关专业院校骨干教师编写了该专业与教学大纲配套的 10 门核心课程教材，包括：《市政工程识图与构造》《市政工程材料》《土力学与地基基础》《市政工程力学与结构》《市政工程测量》《市政桥梁工程》《市政道路工程》《市政管道工程施工》《市政工程计量与计价》《市政工程施工项目管理》。这套教材体系相互衔接，整体性强；教材内容突出理论知识的应用和实践能力的培养，具有先进性、针对性、实用性。

本次推出的市政工程技术专业 10 门核心课程教材，必将对市政工程技术专业的教学建设、改革与发展产生深远的影响。但是加强内涵建设、提高教学质量是一个永恒主题，教学改革是一个与时俱进的过程，教材建设也是一个吐故纳新的过程，所以希望各用书学校及时反馈教材使用信息，并对教材建设提出宝贵意见；也希望全体编写人员及时总结各院校教学建设和改革的新经验，不断积累和吸收市政工程建设的新技术、新材料、新工艺、新方法，为本套教材的长远建设、修订完善做好充分准备。

全国高职高专教育土建类专业教学指导委员会

市政工程类专业分指导委员会

2007 年 2 月

第三版前言

本书第二版作为普通高等教育土建学科专业"十二五"规划教材和全国高职高专教育土建类专业教学指导委员会规划推荐教材,在全国高职院校广泛使用。本书第三版是在上一版的基础之上,结合使用过程中师生们反映的意见和建议,依据最新颁布的建筑材料方面的新标准进行的再次修订。

本次修订参照的新标准主要有:

《道路硅酸盐水泥》GB/T 13693—2017;

《白色硅酸盐水泥》GB/T 2015—2017;

《混凝土结构工程施工质量验收规范》GB 50204—2015;

《钢筋混凝土用钢　第1部分:热轧光圆钢筋》GB/T 1499.1—2017;

《钢筋混凝土用钢　第2部分:热轧带肋钢筋》GB/T 1499.2—2018;

《冷轧带肋钢筋》GB/T 13788—2017;

《屋面工程质量验收规范》GB 50207—2012;

《低合金高强度结构钢》GB/T 1591—2018;

《公路沥青路面施工技术规范》JTG F40—2004。

本书的结构未做调整,仍然保持上下两篇,上篇为理论知识,下篇为试验操作指导。

参与本次修订的人员是四川建筑职业技术学院的王陵茜、颜子博和胡敏。

欢迎广大师生提出宝贵意见和建议,邮箱地址 2917266507@qq.com。

编　者

2020 年 3 月

第二版前言

根据"十二五"职业教育国家规划教材的要求,在高职高专教育土建类专业教学指导委员会(简称教指委)的指导和中国建筑工业出版社的支持下,按照教指委市政工程技术专业分指导委员会的组织要求,在前一版被全国高职院校广泛使用的基础上,结合近年来主要工程材料标准修订的具体情况,对《市政工程材料》第二版主要进行了以下内容的修订。

1. 调整第二章砂石材料的章节体系,从天然岩石,到各类集料,再到由各类集料混合而成的矿质混合料,构成了一个较为完整的砂石材料体系。

2. 根据近年来建筑工程材料的新标准新规范对相关内容进行修订。主要包括以下规范:

(1)《公路工程岩石试验规程》JTG E41—2005 替代《公路工程石料试验规程》JTJ 054—94;

(2)《公路工程集料试验规程》JTG E42—2005 替代《公路工程集料试验规程》JTJ 058—2000;

(3)《公路工程水泥基水泥混凝土实验规程》JTG E30—2005 替代《公路工程水泥混凝土试验规程》JTJ 053—94;

(4)《通用硅酸盐水泥》GB 175—2007 替代《硅酸盐水泥、普通硅酸盐水泥》GB 175—1999、《矿渣硅酸盐水泥、火山灰质硅酸盐水泥、粉煤灰硅酸盐水泥》GB 1344—1999 和《复合硅酸盐水泥》GB 12958—1999 三个标准;

(5)《水泥标准稠度用水量、凝结时间、安定性检验方法》GB/T 1346—2011 替代《水泥标准稠度用水量、凝结时间、安定性检验方法》GB/T 1346—2001。

3. 参考行业资格考试对建筑工程材料的知识范围进行了适当调整。

本书分为上下两大篇十七章内容。上篇为理论知识部分,下篇为试验操作部分,理论部分的章节与试验部分对应,由同一位编者编写,注重理论与试验的紧密联系。本书绪论、第二章、第六章、第七章、第八章、第九章由四川建筑职业技术学院王陵茜编写,第一章和第三章由四川建筑职业技术学院杨魁编写,第四章和第五章由四川建筑职业技术学院秦永高编写,本书由新疆建设职业技术学院王芳主审。

由于编者水平和经验有限,书中难免存在疏漏和错误,衷心希望读者批评指正。读者可通过电子邮箱(wanglingqian@163.com)提出您的意见和建议,它们将成为我们再次修改的宝贵意见,谢谢您。

编 者

2012 年 6 月 30 日

第一版前言

本书是在全国高职高专市政工程技术专业指导委员会的组织下，根据市政工程技术专业的培养目标以及"市政工程材料"课程教学大纲要求编写的。编写过程中，进行了较为广泛的调研，总结近几年该方面教材的经验和不足，并参考相关行业标准，收集最新的材料质量标准和检测标准，经过多次意见征集，最终定稿。

本书根据高等职业教育人才培养目标的定位，突出实验技能培养，将理论知识与实验知识有机结合，做到理论知识够用为度，实验知识系统完整，主要对材料现场取样、试件制作、质量标准、验收储存等施工现场经常会遇到的问题进行重点描述。同时注重材料发展的新趋势。

本书分为两篇：上篇理论知识部分，下篇试验部分。理论部分的章节与试验部分章节对应，由同一位编者编写，注重理论与试验的紧密联系。本书主编王陵茜，编写了绪论、第六、七、八、九章及相应试验部分，杨魁编写了第一、二、三章及相应试验部分，秦永高编写了第四、五章及相应试验部分。新疆建设职业技术学院王芳主审。

本书适用于市政工程技术、工程监理、工程造价、工程管理等专业使用，同时也可作为从事相关专业岗位的参考用书。

由于编写时间仓促，水平有限，书中难免存在不妥之处，衷心希望广大读者批评指正。

目　　录

上篇　市政工程材料

下篇　材料试验

上篇　市政工程材料

教学单元1 绪 论

1.1 市政工程材料的定义

市政工程是基本建设的重要组成之一，属于建筑工程之类，包括的范围很广。根据修建的工程对象不同，市政工程可分为道路工程、桥梁工程、城市排水工程、城市防洪工程、城市给水工程、燃气和热力管网工程等。

市政工程材料就是构成市政工程的所有材料的统称。

1.2 工程材料的分类

工程材料的种类很多，需对其进行分类学习。工程材料的分类方式主要有两种：按材料的主要功能与用途分类；按化学成分分类。

1.2.1 按主要功能与用途分

按材料的主要功能与用途可分为：结构类材料、功能型材料和装饰装修材料。

（1）结构类材料：主要使用在结构部位，主要有水泥、混凝土、砂浆、砌块（砖）、钢材等。

（2）功能型材料：在建筑物中发挥各种功能（如保温隔热、绝热、吸声、隔声、防水等性能），主要有防水材料、保温隔热材料、吸声材料、隔声材料、绝热材料等。

（3）装饰装修材料：主要使用在建筑物的装饰装修部位，起装饰作用，其品种、规格很多，更新换代很快。

1.2.2 按主要化学成分分

按主要化学成分可将工程材料分为：无机材料、有机材料和有机与无机复合材料。

（1）无机材料是工程材料中的绝大部分，主要有水泥、砂、石、混凝土、砂浆、砖、钢材等。

（2）有机材料主要有沥青、有机高分子防水材料、木材以及制品、各种有机涂料等。

（3）有机与无机复合材料是集两者优点于一身的材料，主要有浸渍聚合物混凝土或砂浆、覆有机涂膜的彩钢板、玻璃钢等。

1.3　工程材料的发展概况和发展方向

1.3.1　发展概况

人类由最早的穴居巢处到自己动手建造房屋，所使用的材料经历了由纯天然的土、木、石到自己动手生产人工材料的过程。

现代工程材料起源于19世纪20年代。1824年，英国人约瑟夫·阿斯普丁（J. Aspdin）发明了"波特兰水泥"；1852年，法国人让·朗波特（R. Lambot）采用钢丝网和水泥，制成了世界第一艘小水泥船，钢材开始大量使用于建筑工程中，出现了钢筋混凝土。1872年，在美国纽约出现了第一座钢筋混凝土房屋。20世纪中叶，预应力技术得到了较大发展，出现了采用预应力混凝土结构的大跨度厂房、屋架和桥梁。

我国的建材工业起步较晚，在19世纪60年代，上海、汉阳等地才相继建成炼铁厂，1882年建成了中国玻璃厂，1895年建成了清政府的第一家水泥厂——启新洋灰公司，开始了水泥的生产。到1949年，全国的水泥产量不足30万t。1949年中华人民共和国成立后，随着各项建设事业的蓬勃发展，为了满足大规模经济建设的需要，建材工业得到了迅猛的发展。在水泥生产方面，陆续在全国建设了数家年产50万t以上水泥的水泥厂；水泥的生产也由原来单一的品种向多品种发展，到目前已有数十个品种。另外也生产出大量性能优异、质量良好的功能材料，如新型的保温隔热、吸声、防水、耐火材料等。近年来，随着人们生活水平的不断提高，新型建筑装饰材料，如新型玻璃、陶瓷、卫生洁具、塑料、铝合金、铜合金等，更是层出不穷、日新月异。

1.3.2　发展方向

随着现代高新技术的不断发展，新材料作为高新技术的基础和先导，其应用范围极其广泛。它同信息技术、生物技术一起成为21世纪最重要、最具发展潜力的领域。而建筑材料作为材料科学的一个分支，也在不断飞速发展。建筑材料的发展呈现出以下几种方向。

（1）传统建筑材料的性能向轻质、高强和多功能的材料方向发展。

（2）化学建材将大规模应用于建筑工程中。

（3）从使用单体材料向使用复合材料发展。

（4）节能环保型材料以强制性规范的形式应用于建筑工程中。

（5）低能耗、无污染的绿色建材将大量生产和使用。

1.4　工程材料的质量标准

工程材料的质量标准，是产品生产、检验和评定质量的技术依据。其主要内容包括：产品的类型、品种、主要技术性能指标、包装、贮运、保管规则等。质量标准的作用有以下几个方面。

（1）建材工业企业必须严格按技术标准进行设计、生产，以确保产品质量，生产出合格的产品。

（2）工程材料的使用者必须按技术标准选择、使用质量合格的材料，使设计、施工标准化，以确保工程质量，加快施工进度，降低工程造价。

（3）供需双方，必须按技术标准规定进行材料的验收，以确保双方的合法权益。

工程材料的质量标准分为国家标准、行业标准、地方标准、企业标准四级，分别由相应的标准化管理部门批准并颁布。各级标准均有相应的代号，见表 1-1，其表示方法由标准名称、标准代号、顺序号和发布年号组成，如图 1-1 所示。国家质量技术监督局是国家标准化管理的最高机关。国家标准和行业标准属于全国通用标准，是国家指令性技术文件，各级生产、设计、施工等部门均必须严格遵照执行。

各级标准的代号　　　　　　　　　　　　　　　　表 1-1

标准级别	标准代号及名称	
国家标准	GB——国家标准； GBJ——建筑工程国家标准	GB/T——推荐国家标准；
行业标准 （部分）	JGJ——住房城乡建设行业标准； JT——交通行业标准； SL——水利水电行业标准；	JC——建筑材料行业标准； YB——冶金行业标准； LY——林业行业标准
地方标准	DB——地方标准	
企业标准	QB——企业标准	

图 1-1　通用硅酸盐水泥的国家标准

1.5　课程任务和内容

本课程既是市政工程技术专业的一门专业基础课程，又是一门专业技术课程。通过学习使得学生获得市政工程材料的基础知识，为后续专业课程的学习打下基础。同时，掌握市政工程材料的技术性能、质量标准以及试验检测方法，掌握试验操作技能，会正确选用、储存和保管材料。

本书各教学单元分别主要讲述常用市政工程材料的品种、主要技术性能、质量标准、试验方法、特性及应用。值得一提的是本课程的试验部分，作为本课程的重要教学组成部分，它既是学生掌握材料基础知识的重要渠道，又是培养学生实际操作技能的主要方法，因此在课程的教学过程中应配合进度适量安排试验内容。

教学单元 2　工程材料的基本性质

市政工程中所用材料不仅要受到各种荷载的作用，还要面临复杂的环境因素的侵蚀，经受恶劣气候的考验，因此构成市政工程的工程材料应具备良好的物理性能、力学性能、耐久性等。本教学单元主要介绍各类工程材料所共有的基本性质，以此作为掌握工程材料性能的出发点和工具。

工程材料的基本性质主要有三方面：物理性质、力学性质和化学性质。而材料的这些性质主要与其体积构成有密切联系。

物理性质主要有密度、孔隙分布状态、与水有关的性质、热工性能等。

力学性质主要包括材料的立方体抗压强度、单轴抗压强度、变形性能等。

化学性质主要包括材料抵抗周围环境对其化学作用的性能，如老化、腐蚀。

2.1　材料的体积构成

常见的工程材料有块状和颗粒状之分，块状材料如砌块、混凝土、石材等；粒状材料如各种骨料。材料的聚集状态不同，它的体积构成呈现出不同特点。

2.1.1　块状材料体积构成特点

打开石料，人们常发现在其内部，材料实体间被部分空气所占据。材料实体内部被空气占据的空间称为孔隙。材料内部孔隙的数量和其分布状态对材料基本性质有重要影响。块状材料的宏观构造如图 2-1 所示。

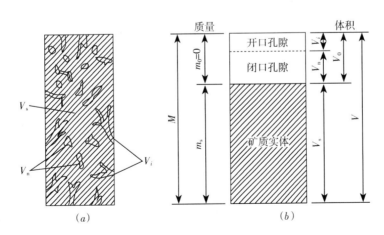

图 2-1　块状材料的体积构成示意图

（*a*）组成结构与外观示意图；（*b*）质量与体积关系示意图

块状材料在自然状态下的总体积为：

$$V = V_s + V_0 \qquad (2\text{-}1)$$

材料内部的孔隙分为连通孔（开口孔）和封闭孔（闭口孔）。连通孔指孔隙之间、孔隙和外界之间都连通的孔隙；封闭孔是指孔隙之间、孔隙和外界之间都不连通的孔隙。一般而言，连通孔对材料的吸水性影响较大，而封闭孔对材料的保温性能影响较大。

孔隙按其直径的大小可分为粗大孔、毛细孔、极细孔三类。粗大孔是指其直径大于毫米级的孔隙，主要影响材料的密度、强度等性能。毛细孔是指其直径在微米至毫米级的孔隙，这类孔隙对水具有强烈的毛细作用，主要影响材料的吸水性、抗冻性等性能。极细孔是指其直径在微米以下的孔隙，因其直径微小，反而对材料的性能影响不大。

2.1.2　颗粒状材料的体积构成特点

就单个颗粒而言，其体积构成与块状材料是相同的，但如果大量的颗粒材料堆积在一起，作为整体研究时，它的体积构成与块状材料相比出现较大差异。颗粒状材料的颗粒之间，存在着大量的被空气占据的空间，称之为空隙。对于颗粒状材料而言，空隙是影响其性能的主要因素，而颗粒材料内部的孔隙，对颗粒材料堆积性能的影响很小，一般情况下可以忽略不计。

颗粒状材料在自然堆积状态下的体积构成（图 2-2）总体积为：

$$V = V_s + V_0 + V_v \qquad (2\text{-}2)$$

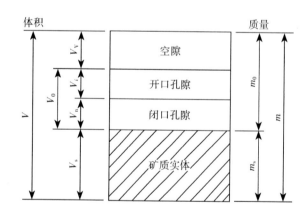

图 2-2　颗粒状材料的体积构成示意图

2.2　材料的物理性质

2.2.1　材料的物性参数

1. 真实密度（简称密度）

真实密度是指材料在规定条件（105±5℃烘干至恒重，温度20℃）下，单位真实体积（不含孔隙的矿质实体体积）的质量，用 ρ_t 表示。

$$\rho_t = \frac{m_s}{V_s} \tag{2-3}$$

式中　ρ_t——材料的真实密度（g/cm^3）；

　　　m_s——材料实体的质量（g）；

　　　V_s——材料矿质实体的体积（cm^3）。

对于绝对密实而外形规则的材料，如钢材、玻璃等，V_s 可采用测量计算的方法求得。对于可研磨的非密实材料，如砌块、石膏，V_s 可采用研磨成细粉，再用密度瓶测定的方法求得。

2. 表观密度（视密度）

表观密度是指材料在规定条件（105±5℃烘干至恒重）下，单位表观体积（包括矿质实体体积和闭口孔隙体积）的质量，用 ρ_a 表示。

$$\rho_a = \frac{m_s}{V_s + V_n} = \frac{m_s}{V_a} \tag{2-4}$$

式中　ρ_a——材料的表观密度（g/cm^3）；

　　　m_s——材料实体的质量（g）；

　　　V_s——材料矿质实体的体积（cm^3）；

　　　V_n——材料内部闭口孔隙的体积（cm^3）；

　　　V_a——环境表观体积（cm^3）。

对于外形不规则的颗粒状材料，常用排水法测量其表观体积。对于颗粒状材料通常采用表观密度而不是真实密度描述其相关性能。

3. 体积密度（毛体积密度）

体积密度是指材料在自然状态下，单位体积（毛体积）的质量，用 ρ_b 表示。

$$\rho_b = \frac{m_s}{V_s + V_n + V_i} = \frac{m_s}{V_b} \tag{2-5}$$

式中　ρ_b——材料的体积密度（g/cm^3）；

　　　m_s——材料实体的质量（g）；

　　　V_s——材料矿质实体的体积（cm^3）；

　　　V_n——材料内部闭口孔隙的体积（cm^3）；

　　　V_i——材料内部开口孔隙的体积（cm^3）；

　　　V_b——材料在自然状态下的总体积（毛体积）（cm^3）。

对于外形规则的材料，如烧结砖、砌块等，其在自然状态下的总体积（毛体积）可采用测量、计算方法求得。对于外形不规则的散粒材料，可采用排水法测量。将已知质量的颗粒放入水中浸泡 24h 饱水后，用湿毛巾擦干而求得饱和面干质量，然后用排水法求得粒状材料在水中的体积即为该材料在自然状态下的总体积（毛体积）。

4. 堆积密度

堆积密度是指颗粒状材料，在自然堆积状态下，单位体积（包括材料矿质实体体积、闭口孔隙体积、开口孔隙体积和颗粒间空隙体积）的质量，用 ρ_p 表示。

$$\rho_p = \frac{m_s}{V_s + V_n + V_i + V_v} = \frac{m_s}{V_p} \qquad (2-6)$$

式中　ρ_p——材料的堆积密度（g/cm^3）；

m_s——材料实体的质量（g）；

V_s——材料矿质实体的体积（cm^3）；

V_n——材料内部闭口孔隙的体积（cm^3）；

V_i——材料内部开口孔隙的体积（cm^3）；

V_v——材料颗粒之间的空隙体积（cm^3）；

V_p——材料的堆积体积（cm^3）。

颗粒状材料的堆积密度分为自然堆积状态、振实状态和捣实状态下的堆积密度，计算方法与式（2-6）相同。

5. 孔隙率

孔隙率是指材料内部孔隙体积占材料总体积的百分率，用 P 表示。

$$P = \frac{V_n + V_i}{V_s + V_n + V_i} \times 100\% = \left(1 - \frac{\rho_b}{\rho_t}\right) \times 100\% \qquad (2-7)$$

孔隙率可反映材料的密实程度，它直接影响着材料的力学性能、热工性能及耐久性等。但孔隙率只能反映材料内部所有孔隙的总量，并不能反映孔隙的分布状况，也不能反映孔隙是开放的还是封闭的，是连通的还是独立的等特性。不同尺寸、不同特征的孔隙对材料性能的影响是不同的。

6. 空隙率

空隙率指颗粒状材料在自然堆积状态下，颗粒之间的空隙体积占总体积的百分率，用 n 表示。

$$n = \frac{V_v}{V_s + V_n + V_i + V_v} \times 100\% = \left(1 - \frac{\rho}{\rho_a}\right) \times 100\% \qquad (2-8)$$

空隙率反映颗粒状材料堆积体积内，颗粒的填充状态，是衡量砂石级配好坏、进行混凝土配合比设计的重要原始数据。

2.2.2　材料与水有关的性质

水对工程材料存在不同程度的破坏作用，市政工程在使用中不可避免地会受到外界雨、雪、地下水、冻融的作用。因此研究工程材料与水有关的性质意义重大。材料与水有关的性质包括材料的亲水性和憎水性、吸水性、抗冻性等。

1. 亲水性与憎水性

将一滴水珠滴在固体材料表面，因材料性能的不同，水滴将出现不同的状态，如图 2-3 所示，其中图 2-3（b）所示水滴向固体表面扩展，这种现象叫作固体材料能被水润湿；图 2-3（c）所示水滴呈球状，不容易扩散，这种现象叫作固体不能被水润湿。固体材料能否被水润湿，取决于该材料具有亲水性还是憎水性。

为便于说明材料与水的亲和能力，此处引入润湿角的概念。图 2-3 中的水滴、固体材料及空气形成了固—液—气系统，在三相交界处沿液—气界面作切线，与固—液界面所夹的角叫作材料的润湿角（θ），如图 2-3（a）所示。当 $\theta<90°$ 时，表明材料为亲水性或能被水润湿，当 $\theta\geqslant90°$ 时，表明材料为憎水性或不能被水润湿。θ 角的大小，取决于固—气之间的表面张力（γ_{sv}）、气—液之间的表面张力（γ_{lv}）以及固—液之间界面张力（γ_{sl}）三者之间的关系，具体如下：

$$\cos\theta=\frac{\gamma_{sv}-\gamma_{sl}}{\gamma_{lv}}\qquad(2-9)$$

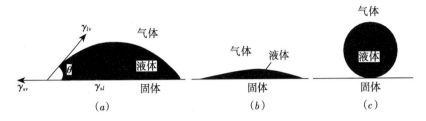

图 2-3　水滴在不同固体材料表面的形状

大多数无机材料都是亲水性的，如石膏、石灰、混凝土等。亲水材料若有较多的毛细孔隙，则对水有强烈的吸附作用。而像沥青、塑料等一类憎水材料对水有排斥作用，故常用作防水材料。

2. 吸水性

吸水性是指材料在水中吸收水分达到饱和的能力，采用吸水率和饱和吸水率表示。

（1）吸水率是指材料在吸水饱和时，所吸收水分的质量占材料干质量的百分率。

$$w_a=\frac{m_1-m}{m}\times100\%\qquad(2-10)$$

式中　w_a——材料的吸水率（%）；

　　　m——烘干至恒重时的试件质量（g）；

　　　m_1——吸水至饱和时的试件质量（g）。

（2）饱和吸水率（简称饱水率）是指材料在强制条件（如抽真空）下，最大吸水质量与材料干质量的百分率。采用真空抽气法，将材料开口孔隙内部空气抽出，当恢复常压时，水很快进入材料孔隙中，此时水分几乎充满开口孔隙的全部体积，所以饱和吸水率大于吸水率。

$$w_{sa}=\frac{m_2-m}{m}\times100\%\qquad(2-11)$$

式中　w_{sa}——材料饱水率（%）；

　　　m——烘干至恒重时的试件质量（g）；

　　　m_2——试件经强制吸水至饱和时的质量（g）。

吸水率、饱和吸水率能有效地反映材料缝隙的发育程度，可通过比较二者差值的大小来判断材料抗冻性等。

3. 抗冻性

抗冻性是指材料在吸水饱和状态下，抵抗多次冻融循环，不破坏、强度也不显著降低的性能。

材料的抗冻性用抗冻等级 F 表示。如 F15 表示在标准试验条件下，材料强度下降不大于 25%，质量损失不大于 5%，所能经受的冻融循环次数最多为 15 次。材料在饱水状态下，放入 -15℃环境冻结 4h 后，再放入 20±5℃水中融解 4h，为一次冻融循环。

市政工程在温暖季节被水湿润、寒冷季节受到冰冻，如此反复交替作用，材料孔隙内壁因水结冰而导致体积膨胀（约 9%），会产生高达 100MPa 的应力，从而使材料产生严重破坏。

2.3　材料的力学性质

工程材料在生产、使用过程中会受到各种外力作用，此时将表现出来各种力学性质。主要有强度、变形性能等。

2.3.1　强度

材料在荷载作用下抵抗破坏的能力称为强度。材料受到外力作用时，在其内部会产生抵抗外力作用的内应力，单位面积上所产生的内力称为应力，数值上等于外力除以受力面积。当材料受到的外力增加时，其内部产生的应力值也随之增加。当该应力值达到材料内部质点间结合力的最大值时，材料发生破坏。材料的强度就是材料内部抵抗破坏的极限应力。

1. 理论强度

材料在外力作用下的破坏或者是由拉力造成了材料内部质点间结合键的断裂，或者由于剪力造成质点间的滑移而破坏。材料的理论强度是克服固体材料内部质点间的结合力，形成两个新表面时所需的应力。理论上材料的强度可以根据化学组成、晶体结构、与强度之间的关系来计算。但不同材料有不同的组成、不同的结构以及不同的结合方式，Orowan 提出的简化材料理论强度计算公式如下。

$$f_{th} = \sqrt{\frac{EU}{a}} \qquad (2-12)$$

式中　f_{th}——材料的理论强度（MPa）；

　　　　E——材料的弹性模量（MPa）；

　　　　U——材料的单位表面能（J/m^2）；

　　　　a——原子间距离，或者称为晶格常数（m）。

材料的理论强度是假定材料内部没有任何缺陷的前提下推导出来的。即外力必须克服内部质点之间的相互作用力，将质点间距离拉开足够大，才能使材料达到破坏。由于固体材料内部质点间的距离很小，通常在 0.1~1nm 数量级，因此，理论强度值很大。但是，实际工程中所使用的材料按照某种标准方法测得的实际强度值远远低于理论强度。其原因在于实际材料内部通常存在许多缺陷，例如孔隙、裂缝等，所以尽管所施加的外力相对很小，但局部应力集中已经达到理论强度了。于是，人们在实际工程中常常发现在远低于材料理论强度的应力时工程材料就发生破坏。

2. 材料的静力强度

工程材料通常所受的静力有拉力、压力、剪切力和弯曲力，如图 2-4 所示。根据所受外力的不同，材料的强度可分为抗拉强度、抗压强度、抗剪强度和抗弯（抗折）强度。

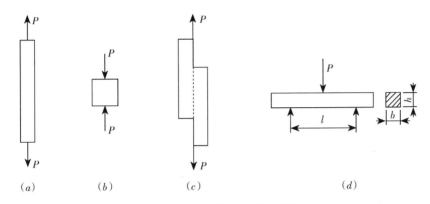

图 2-4　材料受外力作用示意图

（a）抗拉强度；（b）抗压强度；（c）抗剪强度；（d）抗弯强度

材料的抗拉、抗压、抗剪、抗弯（抗折）强度按下式计算：

$$f = \frac{P_{max}}{A} \qquad f_t = \frac{3P_{max}l}{2bh^2} \qquad (2-13)$$

式中　f——材料抗拉强度、抗压强度、抗剪强度（MPa）；

　　　f_t——材料抗弯（抗折）强度（MPa）；

　　　P_{max}——材料受拉、受压、受剪、受弯（折）破坏时的极限荷载值（N）；

　　　A——材料的受力截面积（mm^2）；

　　　l——试件两支点间的距离（mm）；

　b，h——试件矩形截面的宽和高（mm）。

3. 影响材料强度的因素

工程材料的强度通常经试验检测而得，所以对材料强度的影响包括两方面：材料的组成、结构和含水状态的影响，试验方法的影响。

（1）材料的组成、结构和含水状态对强度的影响

金属材料多属于晶体材料，内部质点排列规则，且以金属键相连接，不易破坏，所以金属材料的强度高。而水泥浆体硬化后形成凝胶粒子的堆积结构，相互之间以分子引力连接，强度很弱，因此混凝土的强度比金属的低得多。

材料内部含有孔隙，孔隙的数量、尺度、孔隙结构特征以及材料内部质点间的结合方式造成了材料结构上的极大差异，导致不同材料的强度高低有别。一般，孔隙率越大，材料的强度越低。

材料吸水后导致其内部质点间的距离增大，相互间作用力减弱，所以强度降低。温度的升高同样能使材料内部质点距离增大，导致材料强度下降。

（2）试验方法对材料强度的影响

一般情况下，由于"环箍效应"的影响，对于同种材料，大试件测出的强度小于小试件测出的强度；棱柱体试件的强度小于同样尺寸的立方体试件的强度；承压板与试件间摩擦越小，所测强度值越低。

对试件进行强度检测时，加荷速度越快，所测的强度值越高。

4. 强度等级

强度等级是材料按强度值的大小所划分的级别。如硅酸盐水泥按3d、28d抗压、抗折强度划分为42.5、52.5、62.5等强度等级。强度等级是人为划分的，是不连续的。根据强度划分强度等级时，规定的各项指标都合格时，才能定为某强度等级，否则就要降低级别。强度等级与强度间关系，可简单地表述为："强度等级来源于强度，但不等同于强度"。

5. 比强度

比强度是指材料的强度与其体积密度的比值，是衡量材料轻质高强性能的指标。木材的强度值虽比混凝土低，但其比强度却高于混凝土，这说明木材与混凝土相比是典型的轻质高强材料。

2.3.2　变形性能

工程材料在外力作用下要发生变形，常见的变形有弹性变形、塑性变形。

材料在外力作用下发生变形，当外力去掉后，完全恢复到原来状态的性质，称为弹性。材料的这种完全能恢复的变形称为弹性变形。具备这种变形特征的材料称为弹性材料。

材料在外力作用下产生变形，当外力去掉后，材料仍保持变形后的形状和尺寸的性质，称为塑性。材料的这种不能恢复的变形称为塑性变形，具有塑性变形特征的材料称为塑性材料。

实际上，单纯发生弹性变形或塑性变形的材料是没有的。以钢材为例，在外力作用不大时表现为弹性，外力增加到一定时表现出塑性特征。而混凝土在受到外力作用时，既产生弹性变形，又产生塑性变形，所以混凝土属于弹塑性材料。

2.3.3　脆性与韧性

脆性是指材料在荷载作用下，破坏前没有明显预兆（即塑性变形），表现为突发性破坏的性质。脆性材料的特点是塑性变形很小，且抗压强度比抗拉强度高出5~50倍。无机非金属材料多属于脆性材料。

韧性又称冲击韧性，是材料在冲击、振动荷载作用下，能承受很大的变形而不发生突发性破坏的性质。韧性材料的特点是变形大，特别是塑性变形大。建筑钢材、塑料、木材等属于韧性材料。

复习思考题

1. 砖的体积构成如何？砖和砂的体积构成有哪些不同？

2. 对比材料各种密度的定义，试述各种密度的检测方法。

3. 何谓材料的亲水性和憎水性，它对材料的使用有何影响？

4. 材料的吸水率和饱和吸水率有何区别？同一材料这两个指标的大小如何？

5. 材料的强度和强度等级间的关系是什么？

6. 影响材料强度的主要因素有哪些？

7. 材料的孔隙率和空隙率有何区别？分别反映了材料的哪些性能特点？

8. 当材料的孔隙率增加时，其真实密度、表观密度、体积密度、吸水性、抗冻性、强度如何变化？

教学单元3　砂 石 材 料

砂石材料是在工程中应用的经长期风化和地质作用,再经人工开采和加工而成的块状和散粒状岩石的统称。砂石材料所具备的特性取决于岩石的特性。

3.1　岩　　石

岩石是组成地壳的基本物质,是由造岩矿物在地质作用下按一定规律聚集而成。在工程中使用的岩石,可通过机械加工成为各类岩石制品,使用在道路及桥梁工程中,也可机械破碎加工成为粒径不同的各类骨料,用于拌制混凝土。

3.1.1　岩石种类

1. 按岩石的成因分

根据成因岩石可分为岩浆岩、沉积岩、变质岩三大类。

(1)岩浆岩　又称火成岩,是地壳内的熔融岩浆在地下或喷出地面后冷凝而成的岩石。岩浆岩又可进一步分为深成岩、喷出岩和火山碎屑岩。深成岩存在于地壳深处,在地壳压力下,经缓慢冷凝而形成。其结晶完整、晶粒粗大、结构致密,具有体积密度大、孔隙率及吸水率小、抗压强度高、抗冻性好等特点。喷出岩是岩浆冲破覆盖层喷出地表时,在压力降低和冷却较快的条件下而形成的岩石。喷出岩多呈隐晶质(细小的结晶)或玻璃质(非晶质)结构。当喷出的岩浆层较厚时,其形成岩石的结构类似深成岩的结构。当形成较薄的岩层时,由于冷却速度快及气压作用而易形成多孔结构的岩石,其性质近于火山碎屑岩。火山碎屑岩是火山爆发时,岩浆被抛到空中而急速冷却后形成的岩石。其结构多呈现出多孔玻璃质的特点,属于体积密度小的散粒状火山岩。

工程中常用的岩浆岩有:花岗岩、正长岩、辉绿岩、玄武岩和凝灰岩。花岗岩是由石英、长石及少量云母组成的岩石,其质地坚硬,性能稳定,耐风化,耐酸和耐碱性良好,耐火性较差,适用于道路工程中的基础、桥涵、路面、阶石、勒脚等部位,花岗岩经磨光后还是优良的装饰材料。正长岩是由正长石、斜长石、云母及暗色矿物组成的岩石,其外观类似花岗岩,质地坚硬,耐久性好,韧性较强,常用于工程基础等部位。辉绿岩是由斜长石、辉石等组成的岩石,常用于配制耐磨或耐酸混凝土,其磨光板材光泽明亮,常用于装饰工程。玄武岩是含斜长石较多的暗色矿物岩石,主要适用于基础、边坡、筑路等部位及作为混凝土骨料等。凝灰岩也称火山凝灰岩,它是由粒径在7mm以下的火山尘和火山灰胶结压实而成的,是岩浆岩中质地较差的一种,一般用于砌筑工程。

(2)沉积岩　又称水成岩,是由沉积物固结而形成的岩石,即由地表的各类岩石经自然界的风化、搬运、沉积并重新成岩(压实、相互胶结、重结晶等)而形成的岩石，主要存在于地表不太深的地下。依据沉积岩的生成条件，沉积岩可进一步分为机械沉积岩、化学沉积岩和有机沉积岩。机械沉积岩是由自然风化而逐渐破碎松散的岩石及砂等，经风、雨、雪、冰川、沉积等机械力作用而重新压实或胶结而成的岩石；化学沉积岩是由溶解于水中的矿物质经聚集、反应、重结晶等作用并沉积而成的岩石；而有机沉积岩是由各种有机体的残骸沉积而成的岩石。

工程中常用的沉积岩有：石灰岩、砂岩和白云岩。石灰岩的主要成分是方解石，纯净的石灰岩为白色，含杂质时呈青灰、浅灰、浅黄等颜色，又俗称青石。主要用于基础、墙体、路面等，也是生产石灰、水泥等的主要原料。砂岩是由粒径为 0.1~2mm 的砂粒经胶结而成的岩石。主要矿物有石英、长石、石灰岩、凝灰岩等。依据胶结物质的不同，它可分为硅质砂岩、钙质砂岩、铁质砂岩、泥质砂岩。致密的硅质砂岩性质近于花岗岩，钙质砂岩性质近于石灰岩，它们常用于基础、墙体、路面等。泥质砂岩遇水易软化，不宜用于接触水的工程。白云岩主要是由白云石组成的岩石。白云岩颜色有白色、浅黄、浅绿等，有些外形很像石灰岩，难以利用直观区别，用途也与石灰岩基本相同。

（3）变质岩　是由原岩石经变质后形成的岩石。地壳中原有的各类岩石，在地层的压力或温度作用下，在固体状态下发生再结晶作用，而使其矿物成分、结构、构造以及化学成分发生部分或全部改变而形成的新岩石。一般由岩浆岩变质而成的称为正变质岩，由沉积岩变质而成的称为副变质岩。

道路工程上常用的变质岩有：大理岩、片麻岩和石英岩。大理岩是由石灰岩或白云岩变质而成的重结晶岩石，主要成分是方解石和白云石。大理岩构造致密，硬度不大，易于加工。色彩丰富，磨光后美观高雅，多用于城市桥梁的装饰。片麻岩是由花岗岩重结晶而成的岩石，其矿物成分与花岗岩相似，多呈片麻状构造，用途与花岗岩相似，但有明显的片状节理，因此易风化，抗冻性也较差，常用作碎石、块石及城市道路中的人行道道板。石英岩是由砂岩或化学硅质岩重结晶而成的变质岩，主要矿物为石英，常呈白色或浅色，质地均匀致密，耐久性好，硬度高，可用于各种砌筑工程。

2. 按岩石的硬度分

根据硬度岩石可分为硬质岩石和软质岩石两大类。根据强度，硬质岩石又分为极硬岩石、次硬岩石两类，软质岩石又分为次软岩石、极软岩石两类。岩石的强度采用新鲜岩石的饱水单轴无侧限抗压强度来表示。硬质岩石中强度大于100MPa 的称为极硬岩石，30~60MPa 之间的称为次硬岩石，其代表性岩石有花岗岩、石灰岩、大理岩、石英岩、玄武岩等。软质岩石中强度在 5~30MPa 之间的称为次软质岩石，强度小于 5MPa 的称为极软质岩石。其代表性岩石有黏土岩、页岩、云母片岩等。

3.1.2 岩石的结构和构造特点

岩石的结构是指其矿物的结晶程度、晶粒大小、晶体形状及矿物之间的结合关系等所反映出的岩石构成特征。岩石的构造是指组成岩石的矿物集合体的大小、形状、排列和空间分布等所反映出的岩石构成特征。

不同种类的岩石具有不同的岩石结构和构造特点。而岩石的物理力学性质很大程度上取决于岩石的结构和构造，从而影响其工程性质。

1. 岩浆岩的结构和构造特点

岩浆岩按其结晶程度分为全晶质结构、半晶质结构和非晶质（玻璃质）结构。全晶质结构中矿物为结晶体，其矿物颗粒比较粗大，肉眼可以辨别。半晶质结构中矿物部分结晶，由于岩浆冷却较快，部分来不及结晶而冷凝为玻璃质，常见于喷出岩。非晶质结构中矿物全部为玻璃质，几乎不含结晶体，多是岩浆喷出地表而迅速冷却而成的岩石。

岩浆岩的宏观构造主要有块状构造、气孔构造、杏仁状构造、斑杂构造、流纹构造等。块状构造岩石中矿物颗粒为无序排列的组合，分布比较均匀，深成岩和部分浅成岩多为块状结构。在喷出岩中，由于岩浆冷却时大量气体未能逸出而在其内部形成气泡，使岩石中存在着大小不等的圆形或椭圆形孔洞。

2. 沉积岩的结构和构造特点

沉积岩具有碎屑结构、泥质结构、化学结构与生物结构。碎屑结构是由碎屑物质被胶结而成的岩石结构。泥质结构是由极细小碎屑和黏土矿物堆聚而成的岩石结构，其结构质地较弱，但比较均匀一致。化学结构是通过化学溶液沉淀结晶而成的岩石结构。生物结构是由生物遗体或碎片相互堆聚所构成的结构。

沉积岩的构造主要有层理构造、层面构造和生物遗迹构造。层理构造是岩层按一定的顺序和形式，一层叠一层相互更替而构成的宏观结构，其成分、颜色、结构等通常沿层面法向变化，这也是沉积岩区别于岩浆岩最明显的标志之一。层面构造是沉积岩层面上经常保留有自然作用产生的一些痕迹，标志着岩层的特性。生物遗迹构造是指沉积岩中存有古代生物的遗体或遗迹（即化石），它也是沉积岩的重要标志。

3. 变质岩的结构和构造特点

变质岩是重结晶的岩石，其结构与岩浆岩相似，主要结构形式有变晶（即重结晶）结构、变余结构（又称残余结构）等。变晶结构是由重结晶作用形成的，是变质岩中最常见的结构，根据变晶矿物颗粒的相对大小可分为等粒变晶结构、不等粒变晶结构和斑状变晶结构。变余结构是原岩在变质作用时，重结晶不完全，残留着部分原岩的结构，它也是变质岩的最大特征之一。

变质岩的构造主要有片理构造、块状构造和条带状构造。片理构造是岩石中所含的大量片状、板状和柱状矿物在定向压力作用下，平行排列形成，又分为片麻构造、片状构造、千枚构造和板状构造等。块状构造是矿物颗粒无定向排列且均匀的构造。条带状构造是由不同的矿物成分和结构交替形成具有一定宽度条带的构造。

3.1.3　岩石的技术性质

岩石的技术性质包括物理性质、力学性质和耐久性。在《公路工程岩石试验规程》JTG E41—2005 中，对岩石技术性质指标的检测进行了详细规定。

1. 物理性质

（1）含水率

岩石含水率是指岩石试样在 105～110℃ 温度下烘干至恒重时所失去水分的质量与试样干质量的百分比，按下式计算。

$$w = \frac{m_1 - m_2}{m_2 - m_0} \times 100\% \qquad (3\text{-}1)$$

式中　w——岩石含水率（%）；

　　　m_0——称量盒的干燥质量（g）；

　　　m_1——试样烘干前的质量与干燥称量盒的质量之和（g）；

　　　m_2——试样烘干后的质量与干燥称量盒的质量之和（g）。

由于岩石的特殊情况，除软质岩石外，岩石的含水率一般都不是很大，且对岩石的其他技术性质影响也不是很大。软质岩石中因含有黏土质矿物成分，因此含水率对其力学性质影响较大。

（2）密度、毛体积密度和孔隙率

密度是指岩石在规定条件下，单位体积（不包括开口与闭口孔隙体积）的质量。毛体积密度是指岩石在规定条件下，包括孔隙在内的单位体积的质量。同一种岩石，其密度大于毛体积密度。

上述指标由于在教学单元 2 已经详述，在此略过。

（3）吸水性

岩石的吸水性是反应岩石吸水能力的技术性质，用吸水率表示。岩石吸水率大小也反映出岩石耐水性的好坏。

岩石的表观密度越人，说明其内部孔隙数量越少，水进入岩石内部的可能性随之减少，岩石的吸水率随着减少；反之岩石的吸水率随着增大。另外，岩石的吸水率也与岩石内部的孔隙结构和岩石是否憎水有关。例如，岩石内部连通孔多，岩石破碎后开口孔相应增多，如果该岩石又是亲水性的，那么该岩石的吸水率必然增大。岩石的吸水性直接影响了其抗冻性、抗风化性等耐久性指标。吸水率大，往往说明岩石的耐久性差。

2. 力学性质

岩石的力学性质指标包括单轴抗压强度、抗拉强度、抗剪强度、点荷载强度和抗折强度。

（1）单轴抗压强度

岩石的单轴抗压强度是指规定尺寸和形状的岩石试件，经吸水饱和后，在单轴受压并在规定的加荷速度下，达到极限破坏时的抗压强度，按下式计算。

$$R = \frac{P}{A} \qquad (3\text{-}2)$$

式中　R——岩石的极限单轴抗压强度（MPa）；

P——岩石受压破坏时的极限荷载值（N）；

A——岩石受力截面积（mm^2）。

岩石的抗压强度是反映岩石力学性质的主要指标之一，其值的大小受一系列因素影响，这些因素包括两个方面：一是岩石本身方面的因素，如矿物组成、结构构造及含水状态等；另一方面是试验条件，如试件形状、大小、高径比以及加工精度、加荷速度等。

按《公路工程岩石试验规程》JTG E41—2005 的规定，用于建筑地基的岩石，采用直径为 50±2mm、高径比为 2∶1 的圆柱体试件，而用于桥梁工程的石料则采用边长为 70±2mm 的立方体试件，而用于路面工程的石料则既可采用直径和高均为 50±2mm 的圆柱体试件，也可以采用边长为 50±2mm 的立方体试件。

（2）点荷载强度

将岩石试样置于加荷器之间，对试样施加集中荷载直至试样破坏，通过计算求得试样的点荷载强度。

岩石的点荷载强度与其单轴抗压强度和抗拉强度具有一定的对应关系，通常岩石的单轴抗压强度是其点荷载强度的 20~25 倍，抗拉强度是其点荷载强度的 1.5~3 倍。

3. 耐久性

岩石处于工程中，在长期使用过程中，会受到各种各样环境因素及有害物质的作用，岩石保持其原有性能不显著降低的能力即为耐久性。岩石耐久性是衡量岩石在长期使用条件下的安全性能的一项综合指标，主要包括抗冻性和物理风化等。

（1）抗冻性

岩石的抗冻性是用来评估岩石在饱和水状态下经受规定次数的冻融循环后抵抗破坏的能力。不同的工程环境对于岩石的抗冻性有不同的要求，严寒地区要求岩石的抗冻性不低于 25 次冻融循环次数，而寒冷地区仅要求岩石的抗冻性不低于 15 次冻融循环次数。

将吸水饱和的岩石试件放入冰箱，使其温度下降到-15℃，冻结 4h 后，再取出试件放入 20±5℃水中溶解 4h，此过程为一次冻融循环。

判断岩石抗冻性能好坏有三个指标，分别是冻融后岩石强度变化、质量损失和外形变化。一般认为，抗冻系数大于 75%，质量损失率小于 2%的为抗冻性好的岩石。

岩石的抗冻性与其矿物成分、结构特征有关，且与岩石吸水率指标关系更为密切。岩石的抗冻性主要取决于岩石中大开口孔隙的发育情况、亲水性和可溶性矿物的含量及矿物颗粒间的连接力。大开口孔隙越多，亲水性和可溶性矿物含量越高时，岩石的抗冻性越低，反之越高。

（2）岩石的风化

岩石的风化分为物理风化和化学风化。

岩石的物理风化会在以下两种情况下发生，一是岩石中的多种矿物在岩石温度发生明显变化时，其体积会在不同方向发生变化，导致岩石内产生应力，使岩石内形成了细微裂缝。二是岩石由于受干湿循环的影响，使其发生反复胀缩而产生微细裂纹。

在寒冷地区，渗入岩石缝隙中的水会因结冰而体积增大，加剧了岩石的开裂。岩石的开裂导致其风化剥落，最后造成岩石损坏，损坏后所形成的新的岩石表面又受到同样的物理风化作用。周而复始，岩石的风化不断加深。

岩石的化学风化是指雨水和大气中的气体（O_2、CO_2、CO、SO_2、SO_3 等）与造岩矿物发生化学反应的现象。这些化学反应会导致岩石开裂剥落。

化学风化与物理风化经常同时进行，岩石在各种因素的复合或者相互促进作用下，发生物理的或化学的变化，直至破坏。例如，在物理风化作用下石材产生裂缝，雨水就渗入其中，因此，就促进了化学风化作用。另外，发生化学风化作用之后，使石材的孔隙率增加，就易受物理风化的影响。

4. 岩石的热学性质

岩石属于不燃烧材料，但从其构造可知，岩石的热稳定性不一定很好。这是因为岩石各种矿物的热膨胀系数不相同。当岩石温度发生较大变化，大幅度升高或降低时，其内部会产生内应力，导致岩石崩裂。其次有些造岩矿物（如碳酸钙）因热的作用会发生分解反应，导致岩石变质。

岩石的比热大于钢材、混凝土和烧结普通砖，所以用石材建造的房屋，能在热流变动或采暖设备供热不足时，较好地缓和室内的温度波动。岩石的导热系数小于钢材的，大于混凝土和烧结普通砖的，说明其隔热能力优于钢材，但比混凝土和烧结普通砖的要差。

3.1.4 工程用岩石制品

根据岩石制品的应用范围可分为道路用岩石制品、桥梁工程用岩石制品以及拌制水泥混凝土和沥青混合料的骨料。

1. 道路路面用岩石制品

道路路面用石料制品包括直接铺砌路面用的整齐块石、半整齐块石和不整齐块石三类，用作路面基层用的锥形块石、片石等。各种岩石的技术要求和规格简要分述如下。

（1）高级铺砌用整齐块石

高级铺砌用整齐块石由高强、硬质、耐磨的岩石经精凿加工而成，需以水泥混凝土为底层，并且用水泥砂浆灌缝找平，所以这种路面造价很高，只有在特殊要求的路面，如特重交通以及履带车等行驶的路面使用，这种块石的尺寸一般可按设计要求确定。大方块石规格为 300mm×300mm×（120~150）mm，小方块石规格为 120mm×120mm×250mm，抗压强度不低于 100MPa，洛杉矶磨耗率不大于 5%。

（2）半整齐块石

半整齐块石是由岩石经粗凿而成立方体的"方块石"或长方体条石。顶面与底面平行，顶面面积与底面面积之比不小于 40%~75%。用作半整齐块石的岩石主要有花岗岩。其顶面不用加工，顶面的平整性较差，一般只在特殊地段，如土基尚未沉降密实的桥头引道及干道，铁轮履带车经常通过的地段使用。

（3）铺砌用不整齐块石

不整齐块石又称拳石，它是由粗加工得到的块石，要求顶面为一平面，底面与顶面基本平行，顶面积与底面之比大于40%~60%，其优点是造价不高，经久耐用，缺点是不平整，行车振动大，故应用较少。

（4）锥形块石

锥形块石又称大块石，用于路面底基层，是由片石进一步加工而得的粗料，要求上小下大，接近截锥形，其底面积不宜小于$100cm^2$，以便于砌摆稳定。高度一般分为$160\pm20mm$、$200\pm20mm$、$250\pm20mm$等，通常底层厚度为石块高度的1.1~1.4倍。除特殊情况外一般不采用大块石基层。

2. 桥梁工程用岩石制品

桥梁工程中所用石料主要有片石、块石、方块石、粗料石、镶面石等。

（1）片石

由打眼放炮采得石料，其形状不受限制，但薄片者不得使用。一般片石的小边长应不小于15cm，体积不小于$0.01m^3$，每块质量约在30kg以上。用于圬工工程主体的片石，其极限抗压强度应不小于30MPa；用于附属圬工工程的片石，其极限抗压强度不小于20MPa。

（2）块石

块石是向成层岩中打眼放炮开采获得，或用楔子打入成层岩的明缝或暗缝中劈出的石料。块石形状大致方正，无尖角，有两个较大的平行面，边角可不加工。其厚度应不小于20cm，宽度为厚度的1.5~2.0倍，长度为厚度的1.5~3.0倍。砌缝宽度可达30~35mm。石料的极限抗压强度应符合设计要求。

（3）方块石

在块石中选择形状比较整齐的石料经过修整，使石料大致方正，厚度不小于20cm，宽度为厚度的1.5~2.0倍，长度为厚度的1.5~4.0倍。砌缝宽度不大于20mm，石料的抗压强度应符合设计要求。

（4）粗料石

粗料石外形较为方正，截面的宽度、高度不应小于200mm，而且不小于长度的1/4，表面凹凸不大于10mm，叠砌面凹凸深度不大于20mm，砌缝宽度不大于20mm。抗压强度符合设计要求。

（5）细料石

经过细加工，外形规则，规格尺寸同粗料石，其表面凹凸深度应不大于5mm，叠砌面凹凸深度应不大于10mm。制作为长方形的称为条石；长、宽、高大致相等的称为方料石；楔形的称为拱石。

（6）镶面石

镶面石用于工程表面，因受气候因素——晴、雨、冻融的影响，损坏较快，一般应选用较好的、坚硬的岩石。如限于石料来源，也可用与墩台本体一样的岩石。石料的外露面可沿四周琢成2cm的边，中间部分仍保持原来的天然石面。石料上、下两侧均加工粗琢成剁口，剁口的宽度不得小于10cm，琢面应垂直于外露面。

3.2　骨　　料●

骨料是混凝土的主要组成材料，主要起骨架和填充作用，有碎石、砾石、机制砂、石屑、砂等。骨料对混凝土的性能、配合比与经济性有显著的影响。

3.2.1　骨料分类

按颗粒尺寸大小，骨料可分为粗骨料和细骨料。依据有关技术标准，水泥混凝土中粒径大于4.75mm的骨料为粗骨料，而小于4.75mm的为细骨料；沥青混合料中粒径大于2.36mm的骨料为粗骨料，小于2.36mm的为细骨料。通常粗骨料中会含有一些细骨料，细骨料中也会含有一些粗骨料。

在沥青混合料中常需要掺入粒径小于0.075mm的矿物粉末，这种矿物粉末起填充作用，通常称之为填料。工程中常采用石灰岩等碱性岩石加工磨细而成的矿粉，水泥、消石灰、粉煤灰等矿物粉末有时也可作填料使用。

按来源骨料可分为天然骨料和人工骨料。天然岩石经过风化、磨蚀作用而形成卵石及砂，这便是天然骨料。天然岩石或大块卵石经机械破碎制备成为小颗粒的碎石或砂，或高炉矿渣被破碎作为骨料使用，这便是人工骨料。

粗骨料主要有天然砾石、人工碎石、破碎砾石、筛选砾石和矿渣。

细骨料主要有天然砂、人工砂（包括机制砂）及石屑。天然砂是岩石在自然条件下风化而成，因产地不同又分为河砂、山砂和海砂。河砂颗粒表面圆滑，比较洁净，质地较好，产源广；山砂颗粒表面粗糙有棱角，含泥量和有机质量较多；海砂虽然具有河砂的特点，但因其在海中故常混有贝壳碎片和盐分等有害杂质。人工砂是将岩石轧碎而成的颗粒，表面粗糙、多棱角，较洁净。

3.2.2　骨料的技术性质

骨料的技术性质主要有表观密度、堆积密度、空隙率、含水率、颗粒级配、粗细程度、含泥量、针片状颗粒含量、有害物质、坚固性、强度及碱活性等。

1. 含水率

骨料的含水率会随着自然环境的变化而呈现不同的含水状态：干燥状态、气干状态、饱和面干状态和湿润状态，如图3-1所示。

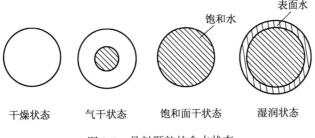

图3-1　骨料颗粒的含水状态

---

❶　关于骨料和集料的叫法，建筑行业称为骨料；建材行业和公路行业通常称集料。本书统一按建筑行业的规定，称为骨料，书中涉及建材及公路行业的标准及规范，则仍用原名不变。

干燥状态是指骨料内部不含水或接近于完全不含水状态；气干状态是指骨料内部含有的水分与所处环境的大气湿度达到相对平衡，骨料在所处的大气环境中吸收水分与放出水分的量相等，达到动态平衡。此时骨料中所含水分占骨料干重的百分率，叫作平衡含水率；饱和面干状态是指骨料内部孔隙吸收的水分达到吸水饱和，而表面没有多余水分的状态；湿润状态是指骨料内部吸收水分达到饱和，且表面还附有一层自由水的状态。

以水泥混凝土为例，骨料的含水状态影响拌合混凝土的用水量及混凝土的工作性。如果使用干燥或气干状态的骨料，在混凝土拌合物中，骨料将吸收水泥浆中的水分，使混凝土的有效拌合水量减少。而润湿状态的骨料，在混凝土拌合中将放出水分，使水泥浆稠度变稀，同样影响拌合混凝土的用水量及其工作性。从理论上讲，使用饱和面干状态的骨料，在混凝土中既不会吸收水分，也不会放出水分，是可以准确控制拌合混凝土的用水量，但实际施工中很难将骨料处理成饱和面干状态。

对于较坚固密实的骨料，气干状态的含水率和饱和面干状态下的含水率相差不大，大多在1%左右。所以在试验室试配混凝土时，一般以干燥状态的骨料为基准进行配合比计算；在工业与民用建筑工程中，多以气干状态的骨料为基准进行配合比设计。而在大型水利工程中多按饱和面干状态的骨料为基准来设计混凝土的配合比。

2. 颗粒级配与粗细程度

骨料是由不同粒径的岩石颗粒组合而成的集合体，其搭配的比例和颗粒总体粗细程度对混凝土的性能有很大影响。

颗粒级配简称级配，是指骨料中各级粒径颗粒搭配的比例。级配好的骨料，各级粒径颗粒搭配的比例较为合适，大颗粒的空隙被中颗粒填充，中颗粒的空隙又被更小一级的颗粒填充，这样逐级填充使得骨料的总体空隙率较小。采用这种骨料拌合混凝土能够获得较为密实的混凝土。

骨料的颗粒级配采用筛分试验来确定。称量一定量的骨料试样，让骨料试样通过一套试验标准筛，经称量每个筛子上颗粒的质量，计算分计筛余率和累计筛余率（或通过百分率），最后与骨料的质量标准进行对比，来判断骨料的级配是否合格。

以细骨料为例，细骨料筛分试验采用的是一套筛孔为方形，筛孔尺寸分别为4.75mm、2.36mm、1.18mm、0.6mm、0.3mm、0.15mm的标准筛。称量500g试样，倒入标准筛中，经规定时间摇筛干净后，分别称量各号筛上试样的质量（称为筛余量），用 m_i 表示。然后计算各号筛上的分计筛余率、累计筛余率和通过百分率，它们之间的关系见表3-1。

分计筛余百分率是指各号筛上的筛余量除以试样总量的百分率，准确至0.1%。计算公式如下。

$$a_i = \frac{m_i}{500} \times 100\% \tag{3-3}$$

式中　a_i——各号筛的分计筛余百分率（%）；

m_i——某号筛上的筛余质量（g）；

500——试样的总质量（g）。

分计筛余率、累计筛余率和通过百分率之间的计算关系　　　　　表 3-1

筛孔尺寸（mm）	筛余量（g）	分计筛余率（%）	累计筛余率（%）	通过百分率（%）
4.75	m_1	$a_1=m_1/m$	$A_1=a_1$	$P_1=1-A_1$
2.36	m_2	$a_2=m_2/m$	$A_2=a_1+a_2$	$P_2=1-A_2$
1.18	m_3	$a_3=m_3/m$	$A_3=a_1+a_2+a_3$	$P_3=1-A_3$
0.60	m_4	$a_4=m_4/m$	$A_4=a_1+a_2+a_3+a_4$	$P_4=1-A_4$
0.30	m_5	$a_5=m_5/m$	$A_5=a_1+a_2+a_3+a_4+a_5$	$P_5=1-A_5$
0.15	m_6	$a_6=m_6/m$	$A_6=a_1+a_2+a_3+a_4+a_5+a_6$	$P_6=1-A_6$
底盘	$m_{底盘}$	$m=m_1+m_2+m_3+m_4+m_5+m_6+m_{底盘}$		

累计筛余百分率是指各号筛上大于等于该号筛的各号筛的分计筛余百分率之和，准确至 0.1%。计算公式如下。

$$A_i=a_1+a_2+\cdots+a_i \qquad (3\text{-}4)$$

式中　　　　　A_i——各号筛的累计筛余百分率（%）；

a_1、$a_2\cdots a_i$——4.75mm、2.36mm$\cdots$0.075mm 筛的各号筛的分计筛余百分率（%）。

通过百分率等于 100 减去该号筛的累计筛余百分率，准确至 0.1%。计算公式如下。

$$P_i=100-A_i \qquad (3\text{-}5)$$

式中　P_i——各号筛的通过百分率（%）；

A_i——各号筛的累计筛余百分率（%）。

3. 针片状颗粒

粗骨料的颗粒形状以近立方体或近球状体为最佳，但在岩石破碎生产碎石的过程中往往会产生一定量的针片状颗粒，使骨料的空隙率增大，并降低混凝土的强度，特别是抗折强度。

针状颗粒是指长度大于该颗粒所属粒级平均粒径的 2.4 倍的颗粒；片状颗粒是指厚度小于平均粒径 0.4 倍的颗粒。平均粒径是指该粒级上下限粒径的平均值。相关标准对各类粗骨料中的针片状颗粒含量作了明确的限制。

4. 有害物质

骨料中会存在一些不坚实的颗粒，这种不坚实的颗粒有两种类型：一类是本身易于破裂；另一类是易于受到冻结时的膨胀破坏。页岩等一些低密度的骨料可以认为是不坚实的，这些骨料的应用会使混凝土产生剥落。混入骨料中的黏土块、木块及煤块也有同样的影响。煤块还会产生膨胀，导致混凝土破裂。云母会导致混凝土用水量的增加和强度的下降。一些黄铁矿和褐铁矿则可能会与水和氧气反应产生硫酸盐，并对水泥水化产物产生侵蚀作用。这些杂质在骨料中的含量及其对混凝土性能的影响可通过试验进行确定。

5. 坚固性

坚固性是指粗骨料在自然风化和其他外界物理化学因素作用下抵抗破裂的能力，采用质量损失百分率表示。对已轧制成的碎石或天然卵石亦可采用规定级配的各粒级骨料，按现行试验规程《公路工程集料试验规程》JTG E42—2005 选取规定数量，分别装在金属网篮浸入饱和硫酸钠溶液中进行干湿循环试验。经 5 次循环后，观察其表面破坏情况，并计算质量损失百分率。

6. 强度

反映粗骨料强度的力学性质指标主要有压碎值和磨耗值。

（1）压碎值

压碎值是粗骨料在连续增加的荷载下，抵抗压碎的能力，用以评价其在公路工程中的适用性。

按《公路工程集料试验规程》JTG E42—2005 的规定，粗骨料压碎值试验是将 9.5～13.2mm 骨料试样 3kg 装入压碎值测定仪的金属筒内，放在压力机上，在 10min 左右时间内均匀地加荷至 400kN，稳压 5s 然后卸载，称其通过 2.36mm 的筛余量，按下式计算：

$$Q'_a = \frac{m_1}{m_0} \times 100\% \tag{3-6}$$

式中　Q'_a——石料的压碎值（%）；

　　　m_0——试验前试样质量（g）；

　　　m_1——试验后通过 2.36mm 筛孔的细料质量（g）。

（2）磨耗值

磨耗值用以评定抗滑表层的骨料抵抗车轮撞击磨耗的能力。按我国现行试验规程《公路工程集料试验规程》JTG E42—2005 的规定，采用道瑞磨耗试验机来测定骨料的磨耗值。其方法是选取粒径为 9.5～13.2mm 的洗净骨料试样，单层紧排于两个试模内（不少于 24 粒），然后排砂并用环氧树脂砂浆填充密实。经养护 24h，拆模取出试件，准确称出试件质量，试件、托盘和配重总质量为 2000±10g。将试件安装在道瑞磨耗机附的托盘上，道瑞磨耗机的磨盘以 28～30r/min 的转速旋转，磨 500 转后，取出试件，刷净残砂，准确称出试件质量。按下式计算磨耗值。

$$AAV = \frac{3(m_1 - m_2)}{\rho_s} \times 100\% \tag{3-7}$$

式中　AAV——骨料的道瑞磨耗值（%）；

　　　m_1——磨耗前试件的总质量（g）；

　　　m_2——磨耗后试件的质量（g）；

　　　ρ_s——骨料表干密度（g/cm^3）。

骨料的磨耗值越高，表示骨料耐磨性越差。

7. 碱活性

骨料本身会含有一些活性物质，并且会与水泥中的碱产生膨胀反应，进而导致混凝土破坏。这类活性物质主要有活性硅组分和碳酸盐组分，与碱的反应分别称为碱-硅反应和碱-碳酸盐反应。

碱-硅反应首先是从水泥浆体孔液中的碱侵蚀骨料中的硅质矿物开始，随后形成碱-硅酸盐凝胶体，这种凝胶体会损坏骨料与水泥浆体之间的黏结；更为主要的是这种凝胶会吸水膨胀，最终使周围的水泥浆体产生破裂。活性硅质材料的颗粒尺寸会影响到碱-硅反应速率，细小的颗粒（20～30pm）会在数个月内导致膨胀，而较大的颗粒则会在数年后产生膨胀。水分的存在是碱-硅膨胀反应的必要条件，而温度的升高则会加速膨胀。一般认为骨料中的活性硅组分超过0.5%就有可能导致膨胀破坏。

碱与白云石、石灰石骨料还会产生碱-碳酸盐反应。所产生的凝胶产物也会吸水而产生膨胀破坏。

3.3　矿质混合料

路桥用砂石材料，大多数情况下是以矿质混合料的形式与水泥或沥青胶结后形成混凝土或者沥青混合料加以利用。欲使水泥混凝土或沥青混合料具备良好的使用性能，除各种矿质骨料的技术性质应符合要求外，矿质混合料还必须满足最小空隙率和最大摩擦力的基本要求。所谓最小空隙率就是不同粒径的各级矿质骨料按一定比例搭配，使其组成一种具有最大密实度（或最小空隙率）的矿质混合料；所谓最大摩擦力就是各级矿质骨料在进行比例搭配时，应使各级骨料排列紧密，形成一个多级空间骨架结构且具有最大摩擦力的矿质混合料。为达到上述要求，就要对矿质混合料进行科学的组成设计。

3.3.1　矿质混合料的级配类型

矿质混合料的级配类型通常有以下两种形式。

1. 连续级配

连续级配是将某一矿质混合料在标准筛孔配成的套筛中进行筛分试验时，所得到的级配曲线平顺圆滑且具有连续的（而不是间断的）性质。相邻粒级的颗粒之间，有一定的比例关系。这种由大到小，逐级粒径均有，并按比例互相搭配组成的矿质混合料，称为连续级配的矿质混合料。

2. 间断级配

间断级配是在连续级配的矿质混合料中剔除其中一个（或几个）粒级的颗粒，形成一种不连续的混合料。这种混合料称为间断级配的矿质混合料，如图3-2所示。

3.3.2　矿质混合料的级配理论

1. 富勒理论

富勒根据试验提出一种级配理论，他认为"骨料的级配曲线越接近抛物线时，则其密度越大"，如图3-3所示。

最大密度曲线方程采用抛物线公式表示：$p^2 = kd$

当粒径 d 等于最大粒径 D 时，矿质混合料的通过率等于100%，将此关系代入 $p^2 = kd$，则对任意粒级粒径 d 的通过百分率可按下式求得：

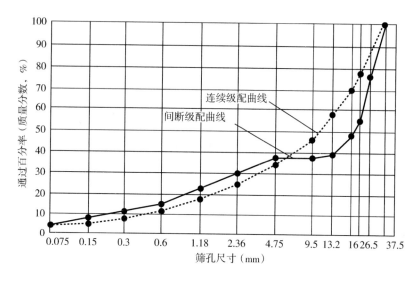

图 3-2 连续级配和间断级配曲线

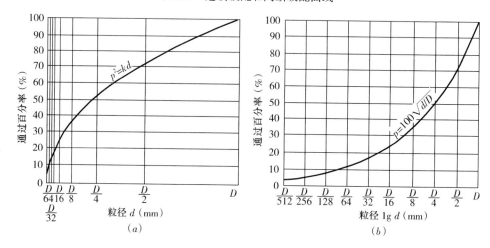

图 3-3 富勒理想级配曲线
（a）为常坐标：纵横坐标均为常数；（b）为半对数坐标：纵坐标为常数，横坐标为对数

$$p = 100 \sqrt{\frac{d}{D}} \tag{3-8}$$

式中　p——骨料某粒级粒径（d）的通过百分率（%）；

　　　D——矿质混合料的最大粒径（mm）；

　　　d——骨料某粒级的粒径（mm）。

2. 泰波理论

泰波认为富勒曲线是一种理想曲线，实际矿料的级配应允许有一定的波动范围，故将富勒最大密度曲线改为 n 次幂的通式，采用下式表示。

$$p = 100 \left(\frac{d}{D}\right)^n \tag{3-9}$$

式中　p、D、d——意义同式（3-8）；

　　　n——试验指数。

当 $n = 0.5$ 时，即为抛物线公式。试验认为 $n = 0.3 \sim 0.6$ 时，矿质混合料具有较好的密实度，级配曲线范围如图 3-4 所示。

3.3.3　矿质混合料配合比

矿质混合料配合比是指组成矿质混合料的各种骨料的用量比例。采用人为设计的方法来确定配合比的过程，就称为配合比设计。矿质混合料的配合比设计方法主要有试算法和图解法两种。

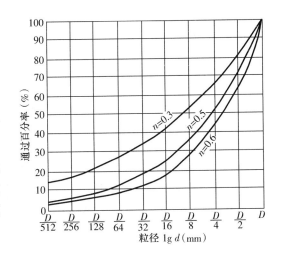

图 3-4　泰波级配曲线范围图

1. 试算法

（1）基本原理

现欲采用几种骨料配制具有一定级配要求的矿质混合料。在决定各骨料的比例时，先假定混合料中某种粒径的颗粒是由某一种对该粒径占优势的骨料组成，而其他各种骨料不含这种粒径的颗粒。根据该粒径去试算这种骨料在混合料中的大致比例。如果比例不合适，则稍加调整，这样逐步试算，最终达到符合矿质混合料级配要求的配合比。

设有 A、B、C 三种骨料，欲配制成级配为 M 的矿质混合料，如图 3-5 所示，求 A、B、C 骨料在混合料中的比例，即配合比。

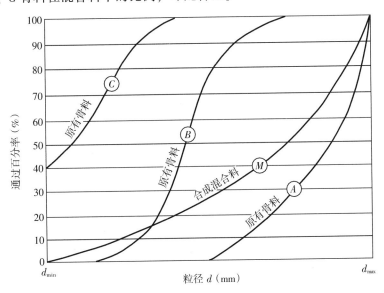

图 3-5　原有骨料与合成混合料的级配图

按题意作下列两点假设：

1）假设 A、B、C 三种骨料在混合料 M 中的用量比例为 X、Y、Z，则

$$X + Y + Z = 100$$

2）假设混合料 M 中某一级粒径要求的含量为 $a_{M,i}$，A、B、C 三种骨料在该粒径的含量为 $a_{A,i}$、$a_{B,i}$、$a_{C,i}$，则

$$a_{A,i} \cdot X + a_{B,i} \cdot Y + a_{C,i} \cdot Z = a_{M,i}$$

（2）计算步骤

在上述两点假设的前提下，按下列步骤求 A、B、C 三种骨料在该混合料中的用量比例。

1）计算 A 料在矿质混合料中的用量。在计算 A 料在混合料中的用量时，按 A 料在某一粒径占优势计算，忽略其他骨料在此粒径的含量。

假设混合料 M 中某一粒级粒径（i）的颗粒由 A 骨料占优势，则 B 料和 C 料在该粒径的含量均等于零，将其代入上式得：$a_{A,i} \cdot X = a_{M,i}$

整理得：

$$X = \frac{a_{M,i}}{a_{A,i}} \times 100\%$$

2）计算 C 料在矿质混合料中的用量。假设混合料 M 中某一粒级粒径（j）的颗粒中 C 骨料占优势，同理可计算出 C 骨料在混合料中的用量比例。应用公式可得到：$a_{C,j} \cdot Z = a_{M,j}$

$$Z = \frac{a_{M,j}}{a_{C,j}} \times 100\%$$

3）计算 B 料的用量。

$$Y = 100\% - (X + Z)$$

4）校核。校核计算出的配合比，如不在要求的级配范围内，应调整相对比例，重新计算和复核，几次调整，逐步渐近，直到符合为止。如经计算不能满足要求时，可掺加某些单粒级骨料，或调换其他原始骨料。

【例 3-1】现拟用碎石、石屑和矿粉三种矿质骨料配合 AC-20 公路沥青混凝土路面用矿质混合料。表 3-2 列出各种骨料的筛分结果以及所要求的矿质混合料的级配范围。试求碎石、石屑和矿粉三种骨料的用量比例。

各种骨料的分计筛余率和所要求矿质混合料的级配范围 表 3-2

		筛孔尺寸（mm）											
		26.5	19	16	13.2	9.5	4.75	2.36	1.18	0.6	0.3	0.15	0.075	<0.075
各种骨料的分计筛余率（%）	碎石	0	2.4	9.5	13.8	16.4	23.8	15.2	8.6	5.3	3.1	1.1	0.5	0.3
	砂	—	—	—	—	0	10.1	23.7	13.3	15.1	16.9	17.3	2.9	0.7
	矿粉	—	—	—	—	—	—	—	0	3.0	5.0	5.5	3.2	83.3
所要求的矿质混合料级配范围通过百分率 P_i（%）		100	90~100	78~92	62~80	50~72	26~56	16~44	12~33	8~24	5~17	4~13	3~7	—

【解】1）计算矿质混合料所要求级配范围的通过百分率中值、累计筛余率中值、分计筛余率中值，计算结果列于表 3-3。

矿质混合料要求的级配范围　　　　　　　　　　　　表 3-3

	筛孔尺寸（mm）												
	26.5	19	16	13.2	9.5	4.75	2.36	1.18	0.6	0.3	0.15	0.075	<0.075
通过百分率 P_i（%）	100	90~100	78~92	62~80	50~72	26~56	16~44	12~33	8~24	5~17	4~13	3~7	—
通过百分率中值（%）	100	95	85	71	61	41	30	22.5	16	11	8.5	5	0
累计筛余率中值（%）	0	5.0	15.0	29.0	39.0	59.0	70.0	77.5	84.0	89.0	91.5	95.0	100
分计筛余率中值 $a_{M,i}$（%）	0	5.0	10.0	14.0	10.0	20.0	11.0	7.5	6.5	5.0	2.5	3.5	5.0

2）由表 3-4 中可知，碎石中 4.75mm 粒径颗粒含量占优势。假设矿质混合料中 4.75mm 粒径的颗粒全部由碎石提供，其他骨料均等于零。于是，碎石在混合料中的含量为：

$$X = \frac{a_{M,i}}{a_{A,i}} \times 100\% = \frac{20}{23.8} \times 100\% = 84.0\%$$

3）同理，由表 3-4 可知，矿粉中小于 0.075mm 颗粒含量占优势，忽略碎石和砂中此粒径的含量。于是，矿粉在混合料中的含量为：

$$Z = \frac{a_{M,j}}{a_{C,j}} \times 100\% = \frac{5.0}{83.3} \times 100\% = 6.0\%$$

4）砂在混合料中的含量为：

$$Y = 100\% - (X+Z) = 100\% - (84.0\% + 6.0\%) = 10.0\%$$

5）校核三种骨料是否符合级配范围要求。

通过计算，碎石、石屑和矿粉三种骨料用量比例为：$X = 84.0\%$、$Y = 10.0\%$、$Z = 6.0\%$。对计算的结果进行校核，列于表 3-4 中。

矿质混合料配合料配合组成计算校核表　　　　　　　表 3-4

		筛孔尺寸（mm）												
		26.5	19	16	13.2	9.5	4.75	2.36	1.18	0.6	0.3	0.15	0.075	<0.075
各种骨料分计筛余率（%）	碎石	0	2.4	9.5	13.8	16.4	23.8	15.2	8.6	5.3	3.1	1.1	0.5	0.3
	砂	—	—	—	—	0	10.1	23.7	13.3	15.1	16.9	17.3	2.9	0.7
	矿粉	—	—	—	—	—	—	0	3.0	5.0	5.5	3.2	83.3	
各骨料在矿质混合料中的含量（%）	碎石 84.0	0	2.0	8.0	11.6	13.8	20.0	12.8	7.2	4.4	2.6	0.9	0.4	0.3
	砂子 10.0	—	—	—	—	0	1.0	2.4	1.3	1.5	1.7	1.7	0.3	0.1
	矿粉 6.0	—	—	—	—	—	—	0	0.2	0.3	0.3	0.2	5.0	
合成的矿质混合料级配	a_i（%）	0	2.0	8.0	11.6	13.8	21.0	15.2	8.5	6.1	4.6	2.9	0.9	5.4
	A_i（%）	0	2.0	10.0	21.6	35.4	56.4	71.6	80.1	86.2	90.8	93.7	94.6	100
	P_i（%）	100	98	90	80.4	65.6	43.6	28.4	19.9	13.8	9.2	6.3	5.4	0

续表

	筛孔尺寸（mm）											
	26.5	19	16	13.2	9.5	4.75	2.36	1.18	0.6	0.3	0.15	0.075	<0.075
所要求的矿质混合料级配范围通过百分率 P_i（%）	100	90~100	78~92	62~80	50~72	26~44	16~33	12~24	8~17	5~13	4~13	3~7	—

分析表 3-4 中结果可知，按上述配合比，设计出的矿质混合料的级配在要求的矿质混合料级配范围内，符合要求。

2. 图解法

我国现行规范推荐采用的图解法为修正平衡面积法。当采用 3 种以上的多种骨料配合矿质混合料时，采用此方法进行设计十分方便。图解法计算步骤如下：

（1）绘制专用坐标。首先按规定尺寸绘制一方形图框，纵坐标为通过百分率，取 10cm，按算术标尺，标出通过百分率（0~100%）。横坐标为筛孔尺寸（粒径），取 15cm；连接对角线，该直线即为所要求矿质混合料的中值级配曲线，并以此推导出横坐标的位置。以细粒式沥青混凝土 AC-13 所要求矿质混合料（表 3-5）为例，绘制专用坐标如图 3-6 所示。

细料式沥青混凝土 AC-13 所要求的矿质混合料的级配范围　表 3-5

筛孔尺寸（mm）	16	13.2	9.5	4.75	2.36	1.18	0.6	0.3	0.15	0.075
级配范围（%）	100	90~100	68~85	38~68	24~50	15~38	10~28	7~20	5~15	4~8
级配中值（%）	100.0	95.0	76.5	53.0	37.0	26.5	19.0	13.5	10.0	6.0

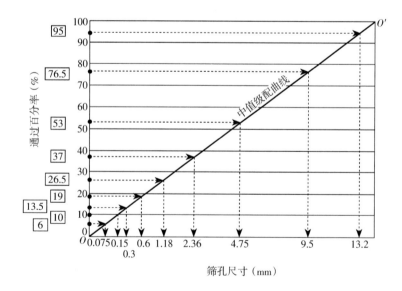

图 3-6　图解法专用坐标

（2）在专用坐标上绘制各种骨料的级配曲线，如图3-7所示。

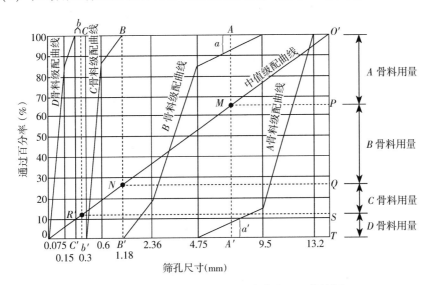

图3-7 组成骨料级配曲线和要求合成级配曲线图

（3）确定矿质混合料的配合比。相邻两种骨料的级配曲线可能有下列三种情况。根据各骨料之间的关系，按下述方法即可确定各种骨料用量。

1）两相邻级配曲线重叠。如A骨料级配曲线下部与B骨料级配曲线上部搭接时，在两级配曲线之间引一根垂直于横坐标的直线AA'（使$a=a'$），与对角线OO'交于点M，通过点M作一水平线与纵坐标交于P点。$O'P$即为A骨料的用量。

2）两相邻级配曲线相接。如B骨料级配曲线的下末端与C骨料级配曲线首端正好在一条垂直线上时，将前一骨料曲线末端与后一骨料曲线首端作垂线相连，垂线BB'与对角线OO'交于点N。通过点N作一水平线与纵坐标交于点Q。PQ即为B骨料用量。

3）两相邻级配曲线相离。如C骨料级配曲线末端与D骨料级配曲线首端，在水平方向彼此离开一段距离时，作一垂直线平分相离开的距离（$b=b'$），垂线CC'与对角线OO'交于R，通过点R作一水平线与纵坐标交于点S，QS即为C骨料的用量。剩余ST即为D骨料用量。

【例3-2】现有碎石、石屑、砂和矿粉四种骨料，筛分试验结果列于表3-6。

各种骨料的筛析结果　　　　　　　　　　　　表3-6

材料名称	筛孔尺寸（mm）									
	16	13.2	9.5	4.75	2.36	1.18	0.6	0.3	0.15	0.075
	通过百分率（%）									
碎石	100	93	17	0	0	0	0	0	0	0
石屑	100	100	100	84	14	8	4	0	0	0
砂	100	100	100	100	92	82	42	21	11	4
矿粉	100	100	100	100	100	100	100	100	96	89

33

要求将上述四种骨料配合成符合《公路沥青路面施工技术规程规范》JTG F40—2004 细粒式沥青混凝土混合料（AC-13）要求（表3-7）的矿质混合料，试采用图解法确定各种骨料的用量比例。

规范要求的矿质混合料级配　　　　　　　　　　　　　　　　表 3-7

AC-13 所要求的矿质混合料	筛孔尺寸(mm)									
	16	13.2	9.5	4.75	2.36	1.18	0.6	0.3	0.15	0.075
	通过百分率(%)									
级配范围(%)	100	90~100	68~85	38~68	24~50	15~38	10~28	7~20	5~15	4~8
级配中值(%)	100	95.0	76.5	53.0	37.0	26.5	19.0	13.5	10.0	6.0

【解】（1）绘制专用坐标图。先标出纵坐标；再根据规范要求的矿质混合料级配范围中值，推导出横坐标的位置，如图3-8所示。对角线 OO' 即为规范要求的矿质混合料级配范围中值。

（2）在专用坐标图上绘制各种骨料的级配曲线，如图3-8所示。

（3）在碎石和石屑级配曲线相重叠部分作一垂线 AA'，使垂线截取两级配曲线的纵坐标值相等（$a=a'$）。自垂线 AA' 与对角线 OO' 交点 M 引一水平线，与纵坐标交于 P 点，$O'P$ 的长度 $X=35.9\%$，即为碎石的用量。

同理，求出石屑用量 $Y=31.7\%$，砂的用量 $Z=24.3\%$，则矿粉用量 $W=8.1\%$。

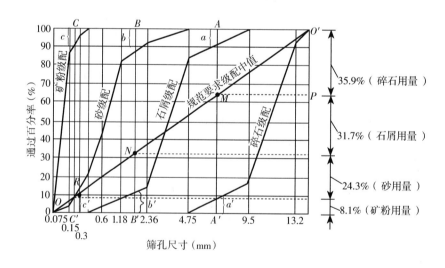

图 3-8　各组成材料和要求混合料级配图

（4）将图解法求得的各骨料用量列于表3-8，并对计算结果进行校核。

矿质混合料配合比校核表　　　　　　　　　　　　　　表3-8

材料名称		筛孔尺寸(mm)									
		16	13.2	9.5	4.75	2.36	1.18	0.6	0.3	0.15	0.075
		通过百分率(%)									
各种骨料级配	碎石	100	93	17	0	0	0	0	0	0	0
	石屑	100	100	100	84	14	8	4	0	0	0
	砂	100	100	100	100	92	82	42	21	11	4
	矿粉	100	100	100	100	100	100	100	100	96	89
各骨料在混合料中的用量(%)	碎石 35.9(30.0)	35.9 (30.0)	33.4 (30.0)	6.1 (27.9)	0 (5.1)	0 (0)	0 (0)	0 (0)	0 (0)	0 (0)	0 (0)
	石屑 31.7(36.0)	31.7 (36.0)	31.7 (36.0)	31.7 (36.0)	20.3 (23.0)	4.4 (5.0)	2.5 (2.9)	1.3 (1.4)	0 (0)	0 (0)	0 (0)
	砂 24.3(28.0)	24.3 (28.0)	24.3 (28.0)	24.3 (28.0)	24.3 (28.0)	22.4 (25.8)	19.9 (23.0)	10.2 (11.8)	5.1 (5.9)	2.7 (3.1)	1.0 (1.1)
	矿粉 8.1(6.0)	8.1 (6.0)	8.1 (6.0)	8.1 (6.0)	8.1 (6.0)	8.1 (6.0)	8.1 (6.0)	8.1 (6.0)	8.1 (6.0)	7.8 (5.8)	7.2 (5.2)
合成矿质混合料级配(%)		100 (100)	97.5 (97.9)	70.2 (75.1)	52.7 (57.0)	34.9 (36.8)	30.5 (31.9)	19.6 (19.2)	13.2 (11.9)	10.5 (8.9)	8.2 (6.3)
规范要求级配范围(%)		100	90~100	68~85	38~68	24~50	15~38	10~28	7~20	5~15	4~8

从表3-8可以看出，按碎石∶石屑∶砂∶矿粉=35.9%∶31.7%∶24.3%∶8.1%计算结果，求得合成级配混合料中筛孔9.5mm的通过量偏低，筛孔0.075mm的通过量偏高。

这是由于图解法的各种骨料的用量比例是根据部分筛孔确定的，所以不能控制所有筛孔。需要调整修正，才能达到满意的结果。

（5）调整之后，所合成的矿质混合料的级配完全在规范要求的范围内，并接近中值，见表3-8。最后确定的矿质混合料的各骨料含量分别为：碎石30.0%，石屑36.0%，砂28.0%，矿粉6.0%。

复 习 思 考 题

1. 岩石的种类有哪些？各有什么特点？
2. 岩石的性质对其用途有何影响，举例说明。
3. 岩石的主要物理性质有哪些？简述它们的含义。
4. 影响岩石抗压强度的主要因素有哪些？
5. 何谓级配？表示级配的参数有哪些？
6. 矿质混合料的级配理论有什么实际意义？
7. 简述试算法和图解法的计算步骤。
8. 试用图解法设计细粒式混凝土用矿质混合料的配合比。

原始数据：

（1）已知碎石、石屑、砂和矿粉四种骨料的通过百分率，见表3-9。

（2）《公路沥青路面施工技术规程规范》JTG F40—2004 细粒式沥青混凝土混合料（AC-13）要求的矿质混合料级配范围见表3-9。

设计要求：

（1）根据所给的级配范围和各骨料通过百分率绘出级配曲线。

（2）采用图解法确定矿质混合料中各种骨料的用量。并计算出合成的矿质混合料级配。

（3）校核合成级配，如合成级配曲线不在级配范围内或级配曲线呈锯齿形，应调整各种骨料的用量，直到合成级配曲线呈一条平顺光滑曲线。

各组成骨料的筛析结果　　　　　　　　　　　　　表 3-9

材料名称	筛孔尺寸（mm）								
	13.2	9.5	4.75	2.36	1.18	0.6	0.3	0.15	0.075
	通过百分率（%）								
碎石	100	70	38	4	0	0	0	0	0
石屑	100	100	100	96	50	20	0	0	0
砂	100	100	100	100	90	80	60	20	0
矿粉	100	100	100	100	100	100	100	100	80
矿质混合料所要求的级配范围（%）	90～100	68～85	38～68	24～50	15～38	10～28	7～20	5～15	4～8

教学单元 4　石灰和稳定土

4.1　石　灰

石灰是最早使用的气硬性胶凝材料之一。由于生产石灰的原料广泛，工艺简单，成本低廉，所以至今仍被广泛地应用于市政工程中。

4.1.1　原料和生产

用于煅烧石灰的原料，主要以富含碳酸钙的岩石（如石灰石、白云石、白垩）为主。

生产石灰的过程就是煅烧石灰石，使其分解为生石灰和二氧化碳的过程，其反应如下：

$$CaCO_3 \xrightarrow{900℃} CaO+CO_2\uparrow$$

碳酸钙煅烧温度达到900℃时，分解速度开始加快。但在实际生产中，由于石灰石致密程度、杂质含量及块度大小的不同，并考虑到煅烧中的热损失，所以实际的煅烧温度在1000~1200℃，或者更高。当煅烧温度达到700℃时，石灰石中的次要成分碳酸镁开始分解为氧化镁，反应如下：

$$MgCO_3 \xrightarrow{700℃} MgO+CO_2\uparrow$$

一般而言，入窑石灰石的块体不宜过大，并力求均匀，以保证煅烧质量均匀。石灰石越致密，要求的煅烧温度越高。当入窑石灰石块体较大，煅烧温度较高时，石灰石块的中心部位达到分解温度时，其表面已超过分解温度，得到的生石灰晶粒粗大，遇水后熟化反应缓慢，称其为过火石灰。过火石灰熟化十分缓慢，其细小颗粒可能在石灰应用之后熟化，体积膨胀，致使硬化的砂浆产生"崩裂"或"鼓泡"现象，影响工程质量。若煅烧温度较低，不仅使煅烧周期延长，而且大块石灰石的中心部位还没完全分解，存在"石质生心"，此时称其为欠火石灰。欠火石灰影响了石灰的产灰量，降低了石灰的质量。

4.1.2　石灰的熟化和硬化

1. 石灰熟化

石灰熟化又称消化，是指生石灰加水之后水化为熟石灰的过程。其反应方程式如下：

$$CaO+H_2O =\!=\!= Ca(OH)_2$$

生石灰具有强烈的消化能力，水化时放出大量热（约950kJ/kg），其放热量和放热速度都比其他胶凝材料大得多。生石灰熟化的另一个特点是：质量为一份的生石灰可生成1.31份质量的熟石灰，其体积增大1~2.5倍。煅烧良好、氧化钙含量高、杂质含量低的生石灰，其熟化速度快、放热量大、体积膨胀也大。

生石灰熟化的方法有淋灰法和化灰法。淋灰法就是在生石灰中，先均匀加入70%左右的水（理论值为31.2%），便可得到颗粒细小、分散的熟石灰粉。工地上调制熟石灰粉时，每堆放 0.5m 高的生石灰块，淋 60%~80% 的水，再堆放再淋，使之成粉且不结块为止。目前多用机械方法将生石灰熟化为熟石灰粉。化灰法是在生石灰中加入较大量的水（约为块灰质量的 2.5~3 倍），得到白色浆体的石灰乳，石灰乳沉淀后除去表层多余水分得到石灰膏。

为了消除过火石灰在使用中造成的危害，石灰膏（乳）应在储灰坑中存放半个月以上，方可使用。这一过程叫作"陈伏"。陈伏期间，石灰浆表面应覆盖一层水，以隔绝空气，防止石灰碳化。

2. 石灰硬化

石灰的硬化主要有以下几种方式：

（1）干燥硬化

浆体中大量水分向外蒸发，或被附着基面吸收，使浆体中形成大量彼此相通的孔隙网，留于孔隙内的自由水，由于水的表面张力，产生毛细管压力，使石灰粒子更加紧密，因而获得强度。浆体进一步干燥时，这种作用也随之加强。但这种由于干燥获得的强度类似于黏土干燥后的强度，其强度值不高，而且，当再遇到水时，其强度会丧失。

（2）结晶硬化

浆体中高度分散的胶体粒子，被粒子间的扩散水层所隔开。当水分逐渐减少，扩散水层逐渐减薄时，胶体粒子在分子力的作用下互相黏结，形成凝聚结构的空间网，从而获得强度。在存在水分的情况下，由于氢氧化钙能溶解于水，故胶体凝聚结构逐渐通过由胶体逐渐变为晶体的过程，转变为较粗晶粒的结晶结构网，从而使强度提高。但是，由于这种结晶结构网的接触点溶解度较高，故当再遇到水时会引起强度降低。

（3）碳化硬化

浆体从空气中吸收 CO_2 气体，形成实际上不溶解于水的碳酸钙。这个过程称为碳化。其反应如下：

$$Ca(OH)_2 + CO_2 + nH_2O \longrightarrow CaCO_3 + (n+1)H_2O$$

生成的碳酸钙晶体互相共生，或与氢氧化钙颗粒共生，构成紧密交织的结晶网，从而使强度提高。另外，由于碳酸钙的固相体积比氢氧化钙的固相体积稍有增大，故使硬化的石灰更趋坚固。显然，碳化对强度的提高和稳定都是有利的。但由于空气中二氧化碳的浓度很低，而且，表面形成碳酸钙结晶薄层后，二氧化碳不易进入内部，故在自然条件下，石灰的碳化十分缓慢。

上述硬化过程中的各种变化是同时进行的。在内部，对强度增长起主导作用的是结晶硬化。干燥硬化也起一定的附加作用。表层的碳化作用，固然可以获得较高的强度，但进行得非常慢；而且从反应式看，这个过程的进行，一方面必须有水分存在，另一方面又放出较多的水，这将不利于干燥和结晶硬化。由于石灰浆的这种硬化机理，故它不宜用于长期处于潮湿或反复受潮的地方。具体使用时，往往在石灰浆中掺入填充材料，如掺入砂配成石灰砂浆使用，掺入砂可减少收缩，更主要的是砂的掺入能在石灰浆内形成连通的毛细孔道使内部水分蒸发并进一步碳化，以加速硬化。为了避免收缩裂缝，常加纤维材料，制成石灰麻刀灰、石灰纸筋灰等。

4.1.3　石灰品种

建筑中常用的石灰品种主要有生石灰和消石灰粉。

生石灰有块状（代号 Q）和粉状（代号 QP）之分。生石灰按化学成分分为钙质石灰（代号 CL）和镁质石灰（代号 ML），钙质石灰氧化镁含量不大于 5%，氧化镁含量大于 5% 的为镁质石灰。

生石灰的识别标志由产品名称、加工情况和产品标准编号组成。示例：符合《建筑生石灰》JC/T 479—2013 的钙质生石灰粉 90 标记为：

CL 90-QP JC/T 479—2013

说明：

> CL——钙质石灰；
>
> 90——（CaO+MgO）百分含量；
>
> QP——粉状；

JC/T 479—2013——产品标准。

按照《建筑生石灰》JC/T 479—2013 的规定，不同品种的建筑生石灰的化学成分应符合表 4-1 的规定。

建筑生石灰的化学成分（JC/T 479—2013）　　　　表 4-1

类型	名称	代号	（氧化钙+氧化镁）（CaO+MgO）	氧化镁（MgO）	二氧化碳（CO₂）	三氧化硫（SO₃）
钙质石灰	钙质石灰 90	CL 90-Q CL 90-QP	≥90%	≤5%	≤4%	≤2%
	钙质石灰 85	CL 85-Q CL 85-QP	≥85%	≤5%	≤7%	≤2%
	钙质石灰 75	CL 75-Q CL 75-QP	≥75%	≤5%	≤12%	≤2%
镁质石灰	镁质石灰 85	ML 85-Q ML 85-QP	≥85%	>5%	≤7%	≤2%
	镁质石灰 80	ML 80-Q ML 80-QP	≥80%	>5%	≤7%	≤2%

4.1.4　石灰的技术性质和质量标准

现行的石灰的规范为《建筑生石灰》JC/T 479—2013。块状生石灰的物理性质主要是产浆量，粉状生石灰的物理性质主要是细度，其具体要求见表 4-2。

建筑生石灰的物理性质（JC/T 479—2013）　　表 4-2

类型	名称	代号	产浆量 dm³/10kg	细度	
				0.2mm 筛余率（%）	90μm 筛余率（%）
钙质石灰	钙质石灰 90	CL 90-Q CL 90-QP	≥26 —	— ≤2	— ≤7
	钙质石灰 85	CL 85-Q CL 85-QP	≥26 —	— ≤2	— ≤7
	钙质石灰 75	CL 75-Q CL 75-QP	≥26 —	— ≤2	— ≤7
镁质石灰	镁质石灰 85	ML 85-Q ML 85-QP	— —	— ≤2	— ≤7
	镁质石灰 80	ML 80-Q ML 80-QP	— —	— ≤7	— ≤2

建筑消石灰粉（熟石灰粉）按氧化镁含量分为：钙质消石灰粉、镁质消石灰粉和白云石消石灰粉等，其分类界限见表 4-3。

建筑消石灰粉按氧化镁含量的分类界限　　表 4-3

品种名称	钙质消石灰粉	镁质消石灰粉	白云石消石灰粉
MgO 含量	≤4%	4%~24%	25%~30%

消石灰粉的品质与有效氧化钙、氧化镁的含量和细度有关，消石灰粉颗粒越细，有效成分越多，其品质越好。建筑消石灰粉的质量按《建筑消石灰粉》JC/T 481—2013 规定可分为三个等级，具体指标见表 4-4。

建筑消石灰粉的技术指标（JC/T 481—2013）　　表 4-4

项　目		钙质消石灰粉			镁质消石灰粉			白云石消石灰粉		
		优等品	一等品	合格品	优等品	一等品	合格品	优等品	一等品	合格品
CaO + MgO 含量，不小于（%）		70	65	60	65	60	55	65	60	55
游离水（%）		0.4~2								
体积安定性		合格	合格	—	合格	合格	—	合格	合格	—
细度	0.90mm 筛余，不大于（%）	0	0	0.5	0	0	0.5	0	0	0.5
	0.125m 筛余，不大于（%）	3	10	15	3	10	15	3	10	15

4.1.5　石灰的特性与应用

1. 石灰的特性

与其他材料相比，石灰主要具有以下特性：

（1）良好的保水性。石灰具有较强的保水性（即材料保持水分不泌出的能力）。这是由于生石灰熟化为石灰浆时，氢氧化钙粒子呈胶体分散状态。其颗粒极细，直径约为 $1\mu m$，颗粒表面吸附一层较厚的水膜。由于粒子数量很多，其总表面积很大，这是它保水性良好的主要原因。利用这一性质，将其掺入水泥砂浆中，配合成混合砂浆，能改善水泥砂浆容易泌水的缺点。

（2）凝结硬化慢、强度低。由于空气中的 CO_2 含量低，而且碳化后形成的碳酸钙硬壳阻止 CO_2 向内部渗透，也阻止水分向外蒸发，结果使 $CaCO_3$ 和 $Ca(OH)_2$ 结晶体生成量少且缓慢，已硬化的石灰强度很低。有人试验，$1:3$ 的石灰砂浆，28d 的强度只有 $0.2\sim0.5MPa$。

（3）吸湿性强。生石灰具有很强的吸湿性，是传统的干燥剂。

（4）体积收缩大。石灰浆体凝结硬化过程中，由于蒸发大量水分，导致毛细管失水收缩，引起体积收缩。其收缩变形会使制品开裂，因此石灰不宜单独用来制作建筑构件及制品。

（5）耐水性差。若石灰浆体尚未硬化之前，就处于潮湿环境中，由于石灰中水分不能蒸发出去，则其硬化停止；若是已硬化的石灰，长期受潮或受水浸泡，则由于 $Ca(OH)_2$ 易溶于水，使得已硬化的石灰溃散。因此，石灰不宜用于潮湿环境及易受水浸泡的部位。

（6）化学稳定性差。石灰是碱性材料，与酸性物质接触时，容易发生化学反应，生成新物质。石灰及含石灰的材料长期处在潮湿空气中，容易与二氧化碳作用发生碳化反应。

2. 石灰的应用

（1）石灰膏可用来粉刷墙壁。用熟化并陈伏好的石灰膏，稀释成石灰乳，可用作内、外墙及顶棚的涂料，一般多用于内墙涂刷。由于石灰乳为白色或浅灰色，具有一定的装饰效果，还可掺入碱性矿质颜料，使粉刷的墙面具有需要的颜色。但由于易生成白色结晶物质，造成环境污染，这一应用已被逐渐淘汰。

（2）配制石灰砂浆或混合砂浆。以石灰膏为胶凝材料，掺入砂和水后，拌合成石灰砂浆，作为抹灰砂浆可用于室内墙面、顶棚，也可以用作要求不高的砌筑砂浆。在水泥砂浆中掺入石灰膏后，拌合成混合砂浆，可以提高水泥砂浆的保水性和砌筑、抹灰质量，节省水泥，这种砂浆在建筑工程中用量很大。

（3）熟石灰粉的应用。熟石灰粉主要用来配制灰土（熟石灰+黏土）和三合土（熟石灰+黏土+砂、石或炉渣等填料）。常用的三七灰土和四六灰土，分别表示熟石灰和砂土体积比例为 $3:7$ 和 $4:6$。

灰土的特性：灰土的抗压强度一般随土壤塑性指数的增加而提高，不随含灰率的增加而一直提高，并且灰土的最佳含灰率与土壤的塑性指数成反比，一般最佳含灰率的重量百分比为 $10\%\sim15\%$。灰土的抗压强度随龄期增加而提高，当天的抗压强度与素土夯实相同，但在 28d 以后则可提高 2.5 倍以上。灰土的抗压强度随密实度的增加而提高，对常用的三七灰土多打一遍夯，其 90d 的抗压强度可提高 44%。

灰土的抗渗性随土壤塑性指数及密实度的增高而提高，且随龄期的延长抗渗性也有提高。灰土的抗冻性与其是否浸水有很大关系，在空气中养护 28d 不经浸水的试件，历经三次冰冻循环，情况良好，其抗压强度不变，无崩裂破坏现象。但养护 14d 并接着浸水 14d 后的试件，同上试验后则出现崩裂破坏现象。分析原因，是因为灰土龄期太短，灰土与土作用不完全，致使强度太差所致。

灰土的主要优点是充分利用当地材料和工业废料（如炉渣灰土），节省水泥，降低工程造价，灰土基础比混凝土基础可降低造价 60%~75%，在冰冻线以上代替砖或毛石基础可降低造价 30%，用于公路建设时比泥结碎石降低 40%~60%。

值得注意的是，配制灰土或三合土时，一般熟石灰必须充分熟化，石灰不能消解过早，否则熟石灰碱性降低，会减缓与土的反应，从而降低灰土的强度。所选土种以黏土、粉质黏土及黏质粉土为宜。准确掌握灰土的配合比。施工时，将灰土或三合土混合均匀并夯实，使彼此黏结为一体。黏土等土中含有 SiO_2 和 Al_2O_3 等酸性氧化物，能与石灰在长期作用下反应，生成不溶性的水化硅酸钙和水化铝酸钙，使颗粒间的粘结力不断增强，灰土或三合土的强度及耐水性能也不断提高。

（4）磨细生石灰粉常用来生产无熟料水泥、硅酸盐制品和碳化石灰板。

4.1.6 石灰的储存和运输

在石灰的储存和运输中必须注意，生石灰要在干燥环境中储存和保管。若储存期过长则必须在密闭容器内存放。运输中要有防雨措施。要防止石灰受潮或遇水后水化，甚至由于熟化热量集中放出，而发生火灾。磨细生石灰粉在干燥条件下储存期一般不超过一个月，最好是随生产随用。

4.2 土

土是一种天然的地质材料，它是由地壳表层的整体岩石经过风化、搬运和沉积过程而形成。土可用作土工建筑物的构筑材料，可作为支承建筑物荷载的地基，还可作为建筑物周围的赋存介质，在工程领域被广泛使用。

4.2.1 土的工程分类

土的种类很多，在《公路土工试验规程》JTG E40—2007 中，按照土的颗粒组成特征、土的塑性指标和土中有机质存在的情况，划分为巨粒土、粗粒土、细粒土和特殊土。土的进一步分类如下：

巨粒土分为漂石土（又称块石）、卵石土（又称小块石）；

粗粒土分为砾类土、砂类土；

细粒土分为粉质土、黏质土、有机质土；

特殊土包括黄土、膨胀土、红黏土、盐渍土、冻土。

土可以用代号来表示，见表 4-5 所示。

土类的名称和代号　　　　　　　　　　　　表 4-5

名　称	代　号	名　称	代　号	名　称	代　号
漂石	B	级配良好砂	SW	含砾低液限黏土	CLG
块石	B_a	级配不良砂	SP	含砂高液限黏土	CHS
卵石	C_b	粉土质砂	SM	含砂低液限黏土	CLS
小块石	Cb_a	黏土质砂	SC	有机质高液限黏土	CHO
漂石夹土	BSl	高液限粉土	MH	有机质低液限黏土	CLO
卵石夹土	CbSl	低液限粉土	ML	有机质高液限黏土	MHO
漂石质土	SlB	含砾高液限粉土	MHG	有机质低液限黏土	MLO
卵石质土	SlCb	含砾低液限粉土	MLG	黄土(低液限黏土)	CHE
级配良好砾	CW	含砂高液限粉土	MHS	膨胀土(高液限黏土)	CLY
级配不良砾	CP	含砂低液限粉土	MLS	红土(高液限粉土)	MHR
细粒质砾	GF	高液限黏土	CH	红黏土	R
粉土质砾	GM	低液限黏土	CL	盐渍土	St
黏土质砾	GC	含砾高液限黏土	CHG	冻土	Ft

4.2.2　土的技术性质

土是由固体颗粒、液体、气体三相组成，土中固体矿物构成土的骨架，骨架之间贯穿着大量孔隙，孔隙中充填着液体水和气体。土的体积包括土粒体积、土中水的体积和空气的体积。

1. 土的密度和动密度

土的密度是指单位土的总体积所具有的质量；动密度是指单位土的总体积具有的重力，按下式计算。

$$\rho = \frac{m}{V} \qquad \gamma = \rho g \approx 10g \qquad (4-1)$$

式中　ρ——土的密度（g/cm³）；

m——土的总质量（g）；

V——土的总体积（土粒体积、土中水的体积和空气的体积）（cm³）；

γ——土的动密度（kN/m³）。

通常情况下，$\rho = 1.6 \sim 2.2$ g/cm³，$\gamma = 16 \sim 22$ kN/m³。对于细粒土可用环刀法测定密度；对于粗粒土和巨粒土可用灌水法测定密度。

2. 土粒相对密度

土粒相对密度是指土在 $105 \sim 110℃$ 下烘至恒重时的质量与同体积4℃蒸馏水质量的比值。

$$G_s = \frac{m_s}{V_s \rho_w} \approx \frac{m_s}{V_s} \qquad (4-2)$$

式中　G_s——土粒相对密度，无量纲指标；

m_s——干土粒的质量（g）；

V_s——土粒体积（cm³）；

ρ_w——水的密度（g/cm³）。

土粒相对密度只与组成土粒的矿物成分有关，而与土的孔隙大小及其中所含水分多少无关。砂土的相对密度为 2.65~2.69；粉土的相对密度为 2.70~2.71；黏性土的相对密度为 2.72~2.75。用相对密度瓶法测定粒径小于 5mm 的土相对密度；用浮称法测定粒径大于或等于 5mm 的土，且其中粒径为 20mm 土的质量应小于总土质量的 10%；用虹吸筒法测定粒径大于或等于 5mm 的土，且其中粒径为 20mm 的土的质量应大于总土质量的 10%；经验法适用在已进行了大量的土粒相对密度试验，相对密度数据比较丰富时采用。

3. 土的含水量

土的含水量是指土体中水的质量与固体矿物质量的比值，用百分数表示，按下式计算。

$$w = \frac{m_w}{m_s} \times 100\% \tag{4-3}$$

式中　w——土的含水量（%）；

m_w——土体中水的质量（g）；

m_s——固体颗粒质量（g）。

一般情况下砂土的含水量为 0~40%，黏性土的含水量为 20%~60%。

4. 土的换算指标

土的换算指标主要包括土的干密度、饱和密度、有效重度、孔隙率和饱和度。

土的干密度是指土的质量与土的总体积之比。

饱和密度是指当土的孔隙中全部被水所充满时的密度，即水的质量与土的质量之和与土的总体积之比。

有效重度是指当土浸没在水中时，土的固相受到水的浮力作用，扣除浮力以后的土体重力与土的总体积之比。

土的孔隙率是指土中的孔隙体积与土的总体积之比。

土的饱和度是指孔隙中水的体积与孔隙体积之比。

4.3　稳　定　土

在土（包括各种粗、中、细粒土）中掺入适量的石灰、水泥、工业废渣、沥青及其他材料后，按照一定技术要求经拌合，在最佳含水量下压实成型，经一定龄期养护硬化后，其抗压强度符合规定要求的混合材料称为稳定土。

4.3.1　稳定土的组成

1. 土

各种成因的土都可用石灰来稳定，但生产实践证明，黏性土较好，其稳定效果显著，强度也高。采用高液限黏土时施工中不易粉碎；采用粉性土的石灰土早期强度较低，但后期强度可满足使用要求；采用低液限土时易拌合，但难以碾压成型，稳定的效果不显著。所以，在选取土时，既要考虑其强度，还要考虑到施工时易于粉碎、便于碾压成型。一般采用塑性指数 15~20 的黏性土比较好。塑性指数偏大的黏土，要加强粉碎，粉碎后，土中的土块不宜超过15mm。经验证明，塑性指数小于15的土不宜用石灰稳定。对于硫酸盐类含量超过0.8%或腐殖质含量超过10%的土，对强度有显著影响，不宜直接采用。

2. 稳定材料（又称稳定剂）

（1）石灰

用于稳定土的石灰应是消石灰或生石灰粉，对高速公路或一级公路宜用磨细生石灰粉。所用石灰质量应为合格品以上，应尽量缩短石灰的存放时间。石灰剂量对石灰土的强度有显著影响，生产实践中常用的最佳剂量范围为：黏性土及粉性土为8%~14%，砂性土为9%~16%。

（2）水泥

各种类型的水泥都可用于稳定土，相比而言，硅酸盐水泥的稳定效果较好。所掺水泥量以能保证水泥稳定土技术性能指标为前提。

（3）粉煤灰

粉煤灰是火力发电厂排出的废渣，属硅质或硅铝质材料，本身很少有或没有黏结性，当它以分散状态与水和消石灰或水泥混合，可以发生反应形成具有黏结性的化合物。粉煤灰加入土可以用来稳定各种粒料和土。

3. 水

水可以促使稳定土发生一系列物理、化学变化，形成强度；水有利于土的粉碎、拌合、压实，并且有利于养护。此外所用水必须是清洁的，通常要求使用可饮用水。

4.3.2 稳定土的技术性质

1. 强度

（1）强度形成原理

在土中掺入适量的石灰，并在最佳含水量下拌匀压实，使石灰与土发生一系列物理、化学作用，从而使土的性质得到根本改善。这种强度形成的过程一般经历了以下几种作用过程：离子交换作用、结晶硬化作用、火山灰作用、碳化作用、硬凝作用和吸附作用。

1）离子交换作用：土的微小颗粒有一定的胶体性质，它们一般都带有电荷，表面吸附着一定数量的钠、氢、钾等低价阳离子，石灰是一种电解质，在土中加入石灰和水后，石灰在溶液中电离出来的钙离子就与土中的钠、氢、钾离子产生离子交换作用，原来的钠（钾）土变成了钙土，土颗粒表面所吸附的离子由一价变成了二价，减少了土颗粒表面吸附水膜的厚度，使土粒相互之间更为接近，分子引力随之增加，许多单个土粒聚成小团粒，进而组成一个稳定结构。

2）结晶作用：在石灰中只有一部分熟石灰$Ca(OH)_2$进行离子交换作用，绝大部分饱和的$Ca(OH)_2$自结晶。熟石灰与水作用生成熟石灰结晶网格，其化学反应式为：

$$Ca(OH)_2 + nH_2O \longrightarrow Ca(OH)_2 \cdot nH_2O$$

3）火山灰作用：熟石灰中的游离钙离子（Ca^{2+}）与土中的活性氧化硅（SiO_2）和氧化铝（Al_2O_3）作用生成含水的硅酸钙和铝酸钙的化学反应实质上就是火山灰作用。生成物在土的团粒外围形成一层稳定的保护膜，具有很强的黏结能力；同时阻止水分进入，使土的水稳定性提高。其化学反应式为：

$$xCa(OH)_2 + SiO_2 + nH_2O \longrightarrow xCaO \cdot SiO_2(n+1)H_2O$$

$$xCa(OH)_2 + Al_2O_3 + nH_2O \longrightarrow xCaO \cdot Al_2O_3(n+1)H_2O$$

4）碳化作用：土中的 $Ca(OH)_2$ 与空气中的 CO_2 作用，生成碳酸钙的过程。其化学反应式为：

$$Ca(OH)_2 + CO_2 + nH_2O \longrightarrow CaCO_3 + (n+1)H_2O$$

碳酸钙（$CaCO_3$）是坚硬的结晶体，它和其生成的复盐把土粒胶结起来，从而大大提高了土的强度和整体性。

5）硬凝作用：此作用主要是水泥水化生成胶结性很强的各种物质，如水化硅酸钙、水化铝酸钙等，这种物质能将松散的颗粒胶结成整体材料。这种作用对于水泥稳定粗粒土和中粒土的作用显著。

6）吸附作用：某些稳定剂加入土中后能吸附于颗粒表面，使土颗粒表面具有憎水性或使颗粒表面黏结性增加，如沥青稳定剂。

（2）影响强度的因素

稳定土的强度一般通过无侧限强度试验检测。以石灰稳定土为例，其强度可以分为未养护强度和养护强度。未养护强度是土中掺入石灰后，立刻发生一些有益于强度增加的反应（如阳离子反应、絮凝团聚作用）所带来石灰土强度的提高。养护强度是火山灰长期作用的结果。

在最佳含水量下形成的石灰稳定细粒土的无侧限抗压强度范围约为 0.17 ~ 2.07MPa。石灰土的强度受到土质、灰质、石灰剂量、含水量与密实度等内因和养护湿度、温度与龄期等外因的影响。

1）土质的影响。一般而言，黏土颗粒活性强、比表面积大，与石灰之间的强度形成作用就比较强。故石灰土强度随土的塑性指数增加以及土中黏粒含量增加而增加。经试验，粉质土的稳定效果最佳。

2）石灰品质。钙质石灰比镁质石灰稳定土的初期强度高，特别是在剂量不大的情况下；但镁质石灰土后期强度并不比钙质石灰土的差。石灰的质量等级越高，细度越大，稳定效果越好。

3）密实度。随着石灰土密实度的提高，其无侧限抗压强度也显著增大，而且其抗冻性、水稳定性均得以提高，缩裂现象也减少。

4）养护温度与湿度。潮湿环境中养护石灰土的强度要高于空气中养护的强度。在正常条件下，随着养护温度的提高，石灰土的强度增大，发展速度加快。在负温条件下，石灰土强度基本停止发展，冰冻作用可以使石灰土的强度受损失。

5）养护龄期。石灰土早期强度低，增长速度快，后期强度增长速率趋缓，并在较长时间内随时间增长而发展。石灰土强度发展可持续达 10 年之久。稳定土的强度随龄期的增长而不断增加，逐渐具有一定的刚性。一般规定，水泥稳定土的设计龄期为 3 个月，石灰或石灰粉煤灰稳定土的设计龄期为 6 个月。

2. 稳定土的疲劳特性

稳定土的疲劳寿命主要取决于重复应力与极限应力之比 $\sigma_{\mathrm{f}}/\sigma_{\mathrm{s}}$，原则上当 $\sigma_{\mathrm{f}}/\sigma_{\mathrm{s}}<50\%$ 时，稳定土可接受无限次重复加荷次数而无疲劳破裂，但是由于材料的变异性，实际试验时其疲劳寿命要小得多。在一定应力条件下，稳定土的寿命取决于其强度和刚度。强度越大刚度越小，其疲劳寿命就越长。由于稳定土材料的不均匀性，其疲劳寿命还与本身试验的变异性有关。

3. 稳定土的变形性能

（1）干缩特性

稳定土经拌合压实后，由于水分挥发和本身内部的水化作用，稳定土的水分会不断减少。由此发生的毛细管作用、吸附作用、分子间力的作用、材料矿物晶体或凝胶体间水的作用和碳化收缩作用等会引起稳定土的体积收缩。稳定土的干缩性与结合料的种类、剂量、土的类别、含水量和龄期等有关。

（2）温度收缩特性

由于稳定土是由固相、液相和气相三相组成，因此稳定土的胀缩性能是三相在不同温度条件下胀缩性能综合效应的结果。稳定土中的气相大都与大气贯通，在综合效应中影响很小可忽略不计。稳定土砂粒以上颗粒的温度收缩性较小，粉粒以下的颗粒温度收缩性较大。稳定土的温度收缩特性与结合料类别、粒料含量、龄期等有关。稳定土施工时应非常关注养护环节。

4. 稳定土的水稳定性和冰冻稳定性

稳定土处于道路路面面层之下，当面层开裂产生渗水时，会使得稳定土的含水量增加，强度降低，从而导致路面提前破坏。在寒冷地区，冰冻将加剧这种破坏。

稳定土的水稳定性和冰冻稳定性主要与土的水稳定性、稳定材料种类、稳定土的密实程度以及养护龄期有关。一般采用浸水强度试验和冻融循环试验检测。

4.3.3　稳定土的应用

稳定土的刚度介于柔性路面材料和刚性路面材料之间，通常称稳定土为半刚性材料。稳定土具有稳定性好、抗冻性好、整体性好、后期强度较高、结构本身自成板体，耐磨性差等特点。其广泛用于修筑路面结构基层和底基层。

4.3.4　稳定土的配合比设计

稳定土的配合比又称组成，是指构成稳定土各种组成材料的用量之比，而配合比设计称为组成设计。

按照《公路路面基层施工技术细则》JTG/T F20—2015 规定，进行组成设计时，应按设计要求，选择技术经济合理的混合料类型和配合比；应根据公路等级、交通荷载等级、结构形式、材料类型等因素确定材料技术要求。设计过程包括原材料检验、混合料的目标配合比设计、生产配合比设计和施工参数确定四部分。

（1）原材料检验。它指对所有构成稳定土的组成材料的技术性能指标进行检验，以确保用于构成稳定土的组成材料质量是合格的。

（2）目标配合比设计。选择级配范围，确定结合料类型及掺配比例。验证目标配合比的设计及施工技术指标。

（3）生产配合比设计。它包括确定料仓供料比例，水泥稳定材料的容许延迟时间，结合料计量的标定曲线，混合料的最佳含水率和最大干密度。

（4）施工配合比设计。它包括确定施工中结合料的计量，施工合理含水率及最大干密度，验证混合料强度技术指标。

采用不同结合料的稳定土，其强度要求应分别满足表4-6~表4-9的规定。

水泥稳定土 7d 抗压强度（MPa） 表4-6

结构层	公路等级	极重、特重交通	重交通	中、轻交通
基层	高速公路和一级公路	5.0~7.0	4.0~6.0	3.0~5.0
	二级及二级以下公路	4.0~6.0	3.0~5.0	2.0~4.0
底基层	高速公路和一级公路	3.0~5.0	2.5~4.5	2.0~4.0
	二级及二级以下公路	2.5~4.5	2.0~4.0	1.0~3.0

注：1. 公路等级高或交通荷载等级高或结构安全性要求高时，推荐取上限强度标准；
    2. 表中强度标准指的是7d龄期无侧限抗压强度的代表值，本节以下各表同。

石灰粉煤灰稳定土 7d 抗压强度（MPa） 表4-7

结构层	公路等级	极重、特重交通	重交通	中、轻交通
基层	高速公路和一级公路	≥1.1	≥1.0	≥0.9
	二级及二级以下公路	≥0.9	≥0.8	≥0.7
底基层	高速公路和一级公路	≥0.8	≥0.7	≥0.6
	二级及二级以下公路	≥0.7	≥0.6	≥0.5

注：石灰粉煤灰稳定材料强度不满足要求时，可外加混合料质量1%~2%的水泥。

水泥粉煤灰稳定土 7d 抗压强度（MPa） 表4-8

结构层	公路等级	极重、特重交通	重交通	中、轻交通
基层	高速公路和一级公路	4.0~5.0	3.5~4.5	3.0~4.0
	二级及二级以下公路	3.5~4.5	3.0~4.0	2.5~3.5
底基层	高速公路和一级公路	2.5~3.5	2.0~3.0	1.5~2.5
	二级及二级以下公路	2.0~3.0	1.5~2.5	1.0~2.0

石灰稳定土 7d 抗压强度（MPa） 表4-9

结构层	高速公路和一级公路	二级及二级以下公路
基层	—	≥0.8[a]
底基层	≥0.8	0.5~0.7[b]

注：石灰土强度达不到规定的抗压强度标准时，可添加部分水泥，或改用另一种土。塑性指数过小的土，不宜用石灰稳定，宜改用水泥稳定。
[a] 在低塑性材料（塑性指数小于7）地区，石灰稳定砾石土和碎石土的7d龄期无侧限抗压强度应大于0.5MPa（100g平衡锥测液限）。
[b] 低限用于塑性指数小于7的黏性土，且低限值宜仅用于二级以下公路。高限用于塑性指数大于7的黏性土。

复习思考题

1. 简述石灰的熟化特点及石灰熟化过程中应注意的安全事项。
2. 石灰主要有哪些技术性质？对石灰的使用有何影响？
3. 简述石灰的主要用途。
4. 路桥中用土有哪些种类？
5. 土有哪些主要的技术性质？
6. 稳定土组成材料有哪些？各自起什么作用？
7. 稳定土的配合比设计主要包括哪些步骤？
8. 简述稳定土的主要用途。

教学单元5 水 泥

　　水泥是建筑工程中重要的建筑材料之一。随着我国现代化建设的高速发展，水泥的应用越来越广泛。不仅大量应用于工业与民用建筑，而且广泛应用于公路、铁路、水利电力、海港和国防等工程中。

　　水泥品种很多。按主要水硬性物质，水泥可分为硅酸盐水泥、铝酸盐水泥、硫铝酸盐水泥、铁铝酸盐水泥、氟铝酸盐水泥等系列，其中以硅酸盐系列水泥的应用最广，按用途和性能，又可将其划分为通用水泥、专用水泥和特性水泥三大类，通用水泥是指用于一般土木工程的水泥，专用水泥是指具有专门用途的水泥，而特性水泥是指具有某一方面或某几个方面特殊性能的水泥。工程中最为常用水泥是通用硅酸盐水泥。

5.1　通用硅酸盐水泥

　　按国家标准《通用硅酸盐水泥》GB 175—2007 的规定，通用硅酸盐水泥是以硅酸盐水泥熟料和适量的石膏及规定的混合材料制成的水硬性胶凝材料的统称。

5.1.1　通用硅酸盐水泥品种

　　在国家标准中，通用硅酸盐水泥按照水泥中混合材料的品种和掺量又分为硅酸盐水泥、普通硅酸盐水泥、矿渣硅酸盐水泥、火山灰质硅酸盐水泥、粉煤灰硅酸盐水泥、复合硅酸盐水泥，分别采用不同的代号表示，见表5-1。

通用硅酸盐水泥代号及组分（%）　　　　　　　　表5-1

品种	代号	组分				
		熟料+石膏	粒化高炉炉渣	火山灰质混合材料	粉煤灰	石灰石
硅酸盐水泥	P·Ⅰ	100	—	—	—	—
	P·Ⅱ	≥95	≤5	—	—	—
		≥95	—	—	—	≤5
普通硅酸盐水泥	P·O	≥80且<95	>5且≤20			
矿渣硅酸盐水泥	P·S·A	≥50且<80	>20且≤50	—	—	—
	P·S·B	≥30且<50	>50且≤70	—	—	—
火山灰质硅酸盐水泥	P·P	≥60且<80	—	>20且≤40	—	—

续表

品种	代号	组分				
		熟料+石膏	粒化高炉炉渣	火山灰质混合材料	粉煤灰	石灰石
粉煤灰硅酸盐水泥	P·F	≥60 且<80	—	—	>20 且≤40	—
复合硅酸盐水泥	P·C	≥50 且<80	>20 且≤50			

5.1.2 原料及生产工艺

硅酸盐水泥的原料主要有石灰质原料和黏土质原料。石灰质原料主要来源于石灰石、白垩、石灰质凝灰岩等。黏土质原料主要来源于黏土、黄土、页岩、泥岩及河泥等。生产水泥时，为了弥补黏土中 Fe_2O_3 含量的不足，需要加入铁矿粉、黄铁矿渣等原料。

硅酸盐水泥生产工艺可概括为"两磨一烧"。即：原材料按比例混合磨细制成生料；生料煅烧成为熟料；熟料与适量石膏以及规定掺量的混合材料磨细就制成了水泥，如图 5-1 所示。

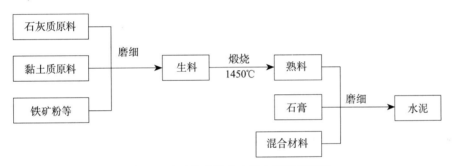

图 5-1 硅酸盐水泥生产的主要工艺流程

5.1.3 水泥组成

1. 硅酸盐水泥熟料及其特性

硅酸盐水泥熟料是在高温下形成的，其矿物主要由硅酸三钙（$3CaO \cdot SiO_2$）、硅酸二钙（$2CaO \cdot SiO_2$）、铝酸三钙（$3CaO \cdot Al_2O_3$）和铁铝酸四钙（$4CaO \cdot Al_2O_3 \cdot Fe_2O_3$）组成。另外还含有少量的游离氧化钙（$f$-CaO）、游离氧化镁（$f$-MgO）、碱类以及其他杂质。游离氧化钙和游离氧化镁是水泥中的有害成分，含量高时会引起水泥安定性不良。

由于硅酸三钙和硅酸二钙占熟料总质量的 75%～82%，为决定水泥强度的主要矿物，因此这类熟料也称为"硅酸盐水泥熟料"。熟料矿物经过磨细之后均能够与水发生化学反应——水化反应，表现为较强的水硬性。水泥熟料中的主要矿物成分及其特性见表 5-2。

水泥熟料矿物组成及其特性　　　　表 5-2

矿物名称	硅酸三钙	硅酸二钙	铝酸三钙	铁铝酸四钙
化学分子式	$3CaO \cdot SiO_2$	$2CaO \cdot SiO_2$	$3CaO \cdot Al_2O_3$	$4CaO \cdot Al_2O_3 \cdot Fe_2O_3$

续表

矿物名称	硅酸三钙	硅酸二钙	铝酸三钙	铁铝酸四钙
简写	C_3S	C_2S	C_3A	C_4AF
含量范围(%)	37~67	15~30	7~15	10~18
水化反应速度	快	慢	最快	快
强度	高	早期低,后期高	低	低(含量多时对抗折强度有利)
水化热	较高	低	最高	中

水泥在水化反应过程中会放出热量——水化热。水化放热量和放热速度不仅取决于水泥的矿物组成,而且还与水泥细度、水泥中掺混合材料及外加剂的品种、数量等有关。硅酸盐水泥水化放热量大部分在早期放出,以后逐渐减少。

大型基础、水坝、桥墩等大体积混凝土构筑物,由于水化热聚集在内部不易散热,内部温度常上升到50~60℃以上,内外温度差引起的应力,可使混凝土产生裂缝,因此水化热对大体积混凝土是有害因素。在大体积混凝土工程中,不宜采用硅酸盐水泥这类水化热较高的水泥品种。

2. 石膏

在生产水泥时,必须掺入适量石膏,以延缓水泥的凝结。在硅酸盐水泥、普通硅酸盐水泥中石膏主要起缓凝作用;而在掺较多混合材料的水泥中,石膏还起激发混合材料活性的作用。掺入的石膏主要为天然石膏以及以硫酸钙为主要成分的工业副产物。

3. 混合材料

在生产水泥时,为改善水泥性能,调节强度等级,提高产量,降低生产成本,扩大其应用范围,可添加人工或天然的矿物混合材料。混合材料按其活性的大小可分为:活性混合材料和非活性混合材料两大类。具体分类的常用品种见表5-3。

混合材料种类及常用品种　　　　表5-3

混合材料种类	性　能	常　用　品　种
活性混合材料	具有潜在水硬性或火山灰特性,或兼具有火山灰特性和水硬性的矿物质材料	粒化高炉矿渣、粉煤灰、火山灰质混合材料(含水硅酸质、烧黏土质、火山灰等)
非活性混合材料	不具有潜在水硬性或质量活性指标不能达到规定要求的混合材料	慢冷矿渣、磨细石英砂、石灰石粉等

（1）活性混合材料

活性混合材料是指具有火山灰特性或潜在水硬性的矿物材料。

火山灰特性是指材料与水拌合成浆体后,随时间的延长浆体不发生任何变化,但将其与石灰或石膏混合磨细后再与水拌合成浆体,将逐渐产生凝结硬化的性质。活性混合材料的主要成分是活性SiO_2、Al_2O_3,在遇到石灰质材料（CaO）时,会与之发生化学反应而生成水硬性凝胶。

在水泥生产中,常用的这类材料主要有粒化高炉矿渣、火山灰质混合材料和粉煤灰。它们与水调和后，本身不会硬化或硬化极为缓慢，强度很低。但在氢氧化钙溶液中，就会发生显著的水化反应，而且在饱和氢氧化钙溶液中水化反应速度更快。

1）粒化高炉矿渣　炼铁高炉的熔融矿渣，经急速冷却而成的松软颗粒即为粒化高炉矿渣。急冷一般采用水淬的方法进行，故又称水淬高炉矿渣。颗粒直径一般为 0.5～5mm。粒化高炉矿渣中的活性成分主要为 CaO、Al_2O_3、SiO_2，通常约占总量的 90% 以上，另外还有少量的 MgO、FeO 和一些硫化物等，本身具有弱水硬性。

2）火山灰质混合材料　主要成分为活性 SiO_2、Al_2O_3，一般是以玻璃体形式存在，当遇到石灰质材料（CaO）时，会与之发生化学反应生成水硬性凝胶。具有这种特性的材料除火山灰外，还有其他天然的矿物材料（如凝灰岩、浮石、硅藻土等）和人工的矿物材料（如烧黏土、煤矸石灰渣、粉煤灰及硅灰等）。

3）粉煤灰　从主要的化学活性成分来看，粉煤灰属于火山灰质混合材料。粉煤灰是火力发电厂的废料。煤粉燃烧以后形成质量很轻的煤灰，如果煤灰随着尾气被排放到空气中，会造成严重污染，因此尾气在排放之前须经过一个水洗的过程，洗下来的煤灰就称为粉煤灰。粉煤灰经骤然冷却而成，它的颗粒直径一般为 0.001～0.05mm，呈玻璃态实心或空心的球状颗粒。粉煤灰的主要化学成分是活性 SiO_2、Al_2O_3。

（2）非活性混合材料

磨细的石英砂、石灰石、黏土、慢冷矿渣及各种废渣等属于非活性混合材料。它们与水泥成分不起化学作用或化学作用很小，非活性混合材料掺入硅酸盐水泥中仅起提高水泥产量和降低水泥强度、减少水化热等作用。当采用高强度等级水泥拌制强度较低的砂浆或混凝土时，可掺入非活性混合材料以代替部分水泥，起到降低成本及改善砂浆或混凝土和易性的作用。

5.1.4　水泥的凝结硬化

水泥凝结硬化是水泥加水拌合为浆体后，逐渐失去可塑性变为水泥石，且水泥石强度逐渐发展的完整过程。但在研究过程中，我们将完整的水泥凝结硬化过程人为分为两个过程：水泥加水拌合后，水泥浆逐渐变稠失去可塑性的过程称为"凝结"；水泥石强度逐渐发展的过程称为"硬化"。

水泥凝结硬化过程是由于发生了一系列的化学反应（水化反应）和物理变化。其水化反应如下：

$$2(3CaO \cdot SiO_2) + 6H_2O \longrightarrow 3CaO \cdot 2SiO_2 \cdot 3H_2O + 3Ca(OH)_2$$
$$2(2CaO \cdot SiO_2) + 4H_2O \longrightarrow 3CaO \cdot 2SiO_2 \cdot 3H_2O + Ca(OH)_2$$
$$3CaO \cdot Al_2O_3 + 6H_2O \longrightarrow 3CaO \cdot Al_2O_3 \cdot 6H_2O$$
$$4CaO \cdot Al_2O_3 \cdot Fe_2O_3 + 7H_2O \longrightarrow 3CaO \cdot Al_2O_3 \cdot 6H_2O + CaO \cdot Fe_2O_3 \cdot H_2O$$
$$3CaO \cdot Al_2O \cdot 6H_2O + 3(CaSO_4 \cdot 2H_2O) + 19H_2O \longrightarrow 3CaO \cdot Al_2O_3 \cdot 3CaSO_4 \cdot 31H_2O$$

硅酸盐水泥加水后，铝酸三钙立即发生反应，硅酸三钙和铁铝酸四钙也很快水化，而硅酸二钙水化较慢。一般认为硅酸盐水泥与水作用后，生成的主要水化物有：水化硅酸钙凝胶（分子式简写为 C—S—H）、水化铁酸钙凝胶、氢氧化钙、水化铝酸钙和水化硫铝酸钙晶体。在充分水化的水泥石中，C—S—H 凝胶约占70%，Ca(OH)$_2$ 约占 20%。

水泥和水接触后，水泥颗粒表面的水泥熟料先溶解于水，然后与水反应，或水泥熟料在固态直接与水反应，生成相应的水化产物，水化产物先溶解于水。由于各种水化产物的溶解度很小，而其生成的速度大于其向溶液中扩散的速度，一般在几分钟内，水泥颗粒周围的溶液就成为水化产物的过饱和溶液，并析出水化硅酸钙凝胶、水化硫铝酸钙、氢氧化钙和水化铝酸钙晶体等水化产物。在水化初期，水化产物不多，水泥颗粒之间还是分离着的，水泥浆具有可塑性。随着时间的推移，水泥颗粒不断水化，新生水化产物不断增多，使水泥颗粒逐渐接近，颗粒间空隙逐渐变小，颗粒相互黏附，形成凝聚结构，且开始失去塑性，这个过程称为"初凝"。

随着以上过程的不断进行，固态的水化产物不断增多，颗粒间的接触点数目增加，结晶体和凝胶体互相贯穿形成的凝聚—结晶网状结构不断加强。而固相颗粒之间的空隙（毛细孔）不断减小，结构逐渐紧密。使水泥浆体完全失去可塑性，水泥表现为"终凝"。之后水泥石进入硬化阶段。进入硬化阶段后，水泥的水化速度逐渐减慢，水化产物随时间的增长而逐渐增加，扩展到毛细孔中，使结构更趋致密，强度逐渐提高。

5.1.5 通用硅酸盐水泥的主要技术性能及指标

1. 化学指标

水泥的化学指标主要有不溶物、烧失量、三氧化硫含量、氧化镁含量以及氯离子含量。不溶物是指水泥中不溶解于酸和碱的化学物质占水泥试样质量的百分率。烧失量是指水泥在一定灼烧温度和时间内，烧失的量占水泥试样质量的百分率。

国家标准《通用硅酸盐水泥》GB 175—2007 中规定，通用硅酸盐水泥的化学指标应符合表 5-4 的规定。

通用硅酸盐水泥化学指标（%）　　　　　　表 5-4

品种	代号	不溶物（质量分数）	烧失量（质量分数）	三氧化硫（质量分数）	氧化镁（质量分数）	氯离子（质量分数）
硅酸盐水泥	P·I	≤0.75	≤3.0	≤3.5	≤5.0[a]	≤0.06[c]
	P·II	≤1.50	≤3.5			
普通硅酸盐水泥	P·O	—	≤5.0			
矿渣硅酸盐水泥	P·S·A	—	—	≤4.0	≤6.0[b]	
	P·S·B	—	—		—	
火山灰质硅酸盐水泥	P·P	—	—	≤3.5	≤6.0[b]	
粉煤灰硅酸盐水泥	P·F	—	—			
复合硅酸盐水泥	P·C	—	—			

[a] 如果水泥压蒸试验合格，则水泥中氧化镁的含量(质量分数)允许放宽至 6.0%。

[b] 如果水泥中氧化镁的含量(质量分数)大于 6.0% 时，需进行水泥压蒸安定性试验并合格。

[c] 当有更低要求时，该指标由买卖双方协商确定。

2. 碱含量

水泥中的碱含量过高，在混凝土中遇到活性骨料，易产生碱—骨料反应，引起开裂现象，对工程造成危害。

国家标准规定：水泥中碱含量按 $Na_2O+0.658K_2O$ 计算值表示。若使用活性骨料，用户要求提供低碱水泥时，水泥中碱含量不得大于 0.60% 或由供需双方商定。

3. 物理指标

（1）细度

细度是指水泥颗粒总体的粗细程度。水泥颗粒越细，与水发生反应的表面积越大，因而水化反应速度较快，而且较完全，早期强度也越高，但在空气中硬化收缩性较大，成本也较高。如水泥颗粒过粗则不利于水泥活性的发挥。一般认为水泥颗粒小于 $40\mu m$ 时，才具有较高的活性，大于 $100\mu m$ 活性就很小了。

硅酸盐水泥和普通硅酸盐水泥的细度用比表面积表示，水泥比表面积是指单位质量的水泥粉末所具有的总表面积，单位为"m^2/kg"。采用勃氏比表面积透气仪来检测。国家标准规定：水泥比表面积应不小于 $300m^2/kg$。

矿渣硅酸盐水泥、火山灰质硅酸盐水泥、粉煤灰硅酸盐水泥和复合硅酸盐水泥的细度用筛余表示，$80\mu m$ 方孔筛筛余是指水泥粉末中大于 $80\mu m$ 颗粒的质量占水泥试样质量的百分率。采用筛析法测定。国家标准规定：$80\mu m$ 方孔筛筛余应不大于 10% 或 $45\mu m$ 方孔筛筛余应不大于 30%。

（2）凝结时间

凝结时间分为初凝时间和终凝时间。初凝时间是指从水泥全部加入水中开始至水泥净浆开始失去可塑性的时间；终凝时间是指从水泥全部加入水中开始至水泥净浆完全失去可塑性的时间。为使混凝土和砂浆有充分的时间进行搅拌、运输、浇捣和砌筑，水泥初凝时间不能过短。当施工完毕，则要求尽快硬化，具有强度，故终凝时间不能太长。

水泥凝结时间是以标准稠度的水泥净浆，在规定温度及湿度环境下用水泥净浆凝结时间测定仪测定。

国家标准规定：硅酸盐水泥初凝不小于 45min，终凝不大于 390min；普通硅酸盐水泥、矿渣硅酸盐水泥、火山灰质硅酸盐水泥、粉煤灰硅酸盐水泥和复合硅酸盐水泥初凝不小于 45min，终凝不大于 600min。

（3）安定性

水泥安定性是指水泥在凝结硬化过程中体积变化的均匀性。如果水泥硬化后产生不均匀的体积变化，即为安定性不良，安定性不良会使水泥制品或混凝土构件产生膨胀性裂缝，降低建筑物质量，甚至引起严重事故。

引起水泥安定性不良的原因主要有以下三种：水泥中所含的游离氧化钙过多、熟料中所含的游离氧化镁过多或掺入的石膏过多。水泥中所含的游离氧化钙或氧化镁都是过烧的，熟化很慢，在水泥硬化后才进行熟化，这是一个体积膨胀的化学反应，会引起不均匀的体积变化，使水泥石开裂。当石膏掺量过多时，在水泥硬化后，它还会继续与固态的水化铝酸钙反应生成高硫型水化硫铝酸钙，体积约增大 1.5 倍，也会引起水泥石开裂。

水泥安定性采用沸煮法检验，可检验出水泥因氧化钙超标所导致的安定性不良，而对于因氧化镁和石膏含量超标所导致的水泥安定性不良，此方法是检验不出来的。因此，在国家标准中对氧化镁和石膏（以三氧化硫计）的含量进行明确规定，见表5-4。

对于水泥安定性，国家标准规定：沸煮法合格，则水泥安定性合格。不合格的水泥为安定性不良的水泥，不能用于工程中。

（4）标准稠度用水量

测定水泥标准稠度用水量是为了使测定的水泥凝结时间、体积安定性等性质具有准确可比性。在测定这些技术性质时，须首先将水泥拌合为标准稠度水泥净浆。

标准稠度水泥净浆是指采用标准稠度测定仪测得试杆在水泥净浆中下沉至距底板6 ± 1mm时的水泥净浆。标准稠度用水量为拌合标准稠度水泥净浆的水量除以水泥质量的百分率。

（5）水泥强度与强度等级

根据国家标准《通用硅酸盐水泥》GB 175—2007和《水泥胶砂强度检验方法（ISO法）》GB/T 17671—1999的规定，测定水泥强度时，应首先制作水泥胶砂试件，经标准养护，并测定其在规定龄期的抗折强度和抗压强度，来评定水泥强度等级。

不同品种不同强度等级的通用硅酸盐水泥，其各龄期的强度应符合表5-5的规定。

通用硅酸盐水泥各龄期强度（MPa）　　　　表5-5

品　　　种	强度等级	抗压强度		抗折强度	
		3d	28d	3d	28d
硅酸盐水泥	42.5	≥17.0	≥42.5	≥3.5	≥6.5
	42.5R	≥22.0		≥4.0	
	52.5	≥23.0	≥52.5	≥4.0	≥7.0
	52.5R	≥27.0		≥5.0	
	62.5	≥28.0	≥62.5	≥5.0	≥8.0
	62.5R	≥32.0		≥5.5	
普通硅酸盐水泥	42.5	≥17.0	≥42.5	≥3.5	≥6.5
	42.5R	≥22.0		≥4.0	
	52.5	≥23.0	≥52.5	≥4.0	≥7.0
	52.5R	≥27.0		≥5.0	
矿渣硅酸盐水泥 火山灰硅酸盐水泥 粉煤灰硅酸盐水泥 复合硅酸盐水泥	32.5	≥10.0	≥32.5	≥2.5	≥5.5
	32.5R	≥15.0		≥3.5	
	42.5	≥15.0	≥42.5	≥3.5	≥6.5
	42.5R	≥19.0		≥4.0	
	52.5	≥21.0	≥52.5	≥4.0	≥7.0
	52.5R	≥23.0		≥4.5	

注：R——早强型（表明3d强度较同强度等级水泥高）。

5.1.6　水泥石

硅酸盐水泥硬化后，在通常使用条件下具有较好的耐久性。但在某些腐蚀性液体或气体介质中，会逐渐受到腐蚀而导致破坏，强度下降以致全部崩溃，这种现象就称为水泥石的腐蚀。

1. 水泥石的腐蚀方式

（1）软水侵蚀（溶出性侵蚀）。当水泥石长期处于软水中，最先溶出的是氢氧化钙。在静水及无水压的情况下，由于周围的水易被溶出的氢氧化钙所饱和，使溶解作用中止，所以溶出仅限于表层，影响不大。但在流水及压力水作用下，氢氧化钙会不断溶解流失，而且，由于氢氧化钙浓度的继续降低，还会引起其他水化产物的分解溶蚀。使水泥石结构遭受进一步的破坏。

（2）盐类腐蚀。

1）硫酸盐腐蚀　硫酸盐腐蚀为膨胀性化学腐蚀。在海水、湖水、沼泽水、地下水、某些工业污水中常含钠、钾、铵等硫酸盐，它们与水泥石中的氢氧化钙起化学反应生成硫酸钙，硫酸钙又继续与水泥石中的水化铝酸钙作用，生成比原来体积增加 1.5 倍的高硫型水化硫铝酸钙（即钙矾石），而产生较大体积膨胀，对水泥石起极大的破坏作用。高硫型水化硫铝酸钙呈针状晶体，通常称为"水泥杆菌"。

2）镁盐腐蚀　在海水及地下水中，常含大量的镁盐，主要是硫酸镁和氯化镁。它们与水泥石中的氢氧化钙发生化学反应，生成的氢氧化镁松软而且无胶凝能力，氯化钙易溶于水，二水石膏则会引起硫酸盐破坏作用。

（3）酸类腐蚀

1）碳酸腐蚀　在工业污水、地下水中常溶解有较多的二氧化碳，对水泥石会产生腐蚀作用，二氧化碳与水泥石中的氢氧化钙作用生成碳酸钙；碳酸钙再与含碳酸的水作用转变成重碳酸钙而易溶于水。该化学反应是可逆反应，当水中含有较多的碳酸，并超过平衡浓度时，则反应向生成易溶于水的重碳酸钙进行，从而导致水泥石中的氢氧化钙损失，使得水泥石破坏。

2）一般酸性腐蚀　在工业废水、地下水、沼泽水中常含无机酸和有机酸，工业窑炉中的烟气常含有氧化硫，遇水后即生成亚硫酸。各种酸类对水泥石都有不同程度的腐蚀作用。它们与水泥石中的氢氧化钙作用后生成的化合物，或易溶于水，或体积膨胀，导致水泥石破坏。腐蚀作用最快的是无机酸中的盐酸、氢氟酸、硝酸、硫酸和有机酸中的醋酸、蚁酸和乳酸。

（4）强碱腐蚀

碱类溶液如浓度不大时一般对水泥石是无害的。但铝酸盐含量较高的硅酸盐水泥遇到强碱（如氢氧化钠）作用后也会破坏。氢氧化钠与水泥熟料中未水化的铝酸盐作用，生成易溶的铝酸钠。当水泥石被氢氧化钠浸透后又在空气中干燥，与空气中的二氧化碳作用而生成碳酸钠，碳酸钠在水泥石毛细孔中结晶沉积，而使水泥石胀裂。

除上述腐蚀类型外，对水泥石有腐蚀作用的还有一些其他物质，如糖、铵盐、动物脂肪、含环烷酸的石油产品等。

综上所述，引起水泥石腐蚀的原因主要有两方面：一是外因，即有腐蚀性介质存在的外界环境因素；二是内因，即水泥石中存在的易腐蚀物质，如氢氧化钙、水化铝酸钙等。水泥石本身不密实，存在毛细孔通道，侵蚀性介质会进入其内部，从而产生破坏。

2. 防止水泥石腐蚀的措施

根据以上对腐蚀原因的分析，在工程中要防止水泥石的腐蚀，可采用下列措施：

（1）根据所处环境的侵蚀性介质的特点，合理选用水泥品种。对处于软水中的建筑部位，应选用水化产物中氢氧化钙含量较少的水泥，这样可提高其对软水等侵蚀作用的抵抗能力；而对处于有硫酸盐腐蚀的建筑部位，则应选用铝酸三钙含量低于5%的抗硫酸盐水泥。水泥中掺入活性混合材料，可大大提高其对多种腐蚀性介质的抵抗作用。

（2）提高水泥石的密实程度。提高水泥石的密实程度，可大大减少侵蚀性介质渗入内部。在实际工程中，提高混凝土或砂浆密实度有各种措施，如合理设计配合比，降低水灰比，选择质量符合要求的骨料或掺入外加剂，以及改善施工方法等，另外在混凝土或砂浆表面进行碳化或氟硅酸处理，生成难溶的碳酸钙外壳，或氟化钙及硅胶薄膜，也可以起到减少腐蚀性介质渗入，提高水泥石抵抗腐蚀的能力。

（3）加做保护层。当侵蚀作用较强时，可在混凝土及砂浆表面加做耐腐蚀且不透水的保护层。一般可用耐酸石料、耐酸陶瓷、玻璃、塑料、沥青等材料，以避免腐蚀性介质与水泥石直接接触。

5.1.7　通用硅酸盐水泥的特性及应用

1. 硅酸盐水泥

又称波特兰水泥，是最早生产的水泥品种，其主要特点及适用范围如下。

（1）凝结硬化快，早期强度和后期强度均较高。适用于有早强要求的工程（如冬期施工、预制及现浇等工程）、高强度混凝土工程。

（2）抗冻性较好。适用于抗冻性要求高的工程。

（3）水化热高。水泥水化后产生大量的水化热，容易使混凝土构件内外温差较大，从而产生温度裂缝，因此不宜用于大体积混凝土工程，但较高的水化热有利于低温或冬期施工工程。

（4）耐腐蚀性能差。硅酸盐水泥水化后氢氧化钙和水化铝酸钙的含量较多。不宜用于与流水接触以及有水压作用的工程，也不适用于受海水作用的工程。

（5）抗碳化性能好。硅酸盐水泥水化后氢氧化钙含量较多，其水泥石的碱度不易降低，对钢筋的保护作用较强。适用于空气中二氧化碳浓度较高的环境。

（6）耐热性差。不适用于承受高温作用的混凝土工程。

（7）耐磨性好。适用于高速公路、道路和地面工程。

2. 普通硅酸盐水泥

普通硅酸盐水泥中混合材料的掺量较少，因此其特点与硅酸盐水泥差别不大，适用范围与硅酸盐水泥也基本相同。

3. 矿渣硅酸盐水泥

矿渣硅酸盐水泥中由于掺加了大量的粒化高炉矿渣，熟料含量相对较少，因此，其特点及适用范围与硅酸盐水泥相差较大。

（1）早期强度低，后期强度高，且泌水性大。能应用于所有地上工程，但不适用于早期强度要求较高的混凝土工程。施工时要严格控制混凝土用水量，尽量排除混凝土表面泌水，加强养护工作，否则，不但强度会过早停止发展，而且能产生较大干缩，导致开裂。

（2）耐腐蚀性能较强。适用于地下或水中工程，以及经常受较高水压的工程。对于要求耐淡水侵蚀和耐硫酸盐侵蚀的水工或海工工程尤其适宜。

（3）水化热较低。适用于大体积混凝土工程。

（4）对温度敏感。最适用于蒸汽养护的预制构件。矿渣硅酸盐水泥构件经蒸汽养护后，不但能获得较好的力学性能，而且浆体结构的微孔变细，能改善制品和构件的抗裂性和抗冻性。

（5）耐热性较好。适用于受热 200℃ 以下的混凝土工程。还可掺加耐火砖粉等耐热掺料，配制成耐热混凝土。

（6）抗冻性较差。不适用受冻融或干湿交替环境的混凝土，也不适用于低温或冬期施工工程。

4. 火山灰质硅酸盐水泥

火山灰质硅酸盐水泥的特点与矿渣硅酸盐水泥相近，其适用范围也与矿渣硅酸盐水泥相同，但其干缩值较大，不宜用于干燥环境和高温环境的混凝土。

5. 粉煤灰硅酸盐水泥

粉煤灰硅酸盐水泥与火山灰质硅酸盐水泥相比较有许多相同的特点，但由于掺加的混合材料不同，因此亦有不同。粉煤灰硅酸盐水泥干缩值较小，抗裂性能较好，除使用于地面工程外，还非常适用于大体积混凝土以及水中结构工程。但因其泌水较快，易引起失水裂缝，因此在混凝土硬化期应加强养护。

6. 复合硅酸盐水泥

复合硅酸盐水泥的特性与矿渣硅酸盐水泥、火山灰质硅酸盐水泥、粉煤灰硅酸盐水泥相似，并取决于所掺混合材料的种类及相对比例。

5.2 专 用 水 泥

专用水泥是指具有专门用途的水泥，如道路硅酸盐水泥、大坝水泥、砌筑水泥等。

5.2.1 道路硅酸盐水泥

1. 定义

由道路硅酸盐水泥熟料，0~10% 活性混合材料和适量石膏磨细制成的水硬性胶凝材料，称为道路硅酸盐水泥（简称道路水泥）。道路硅酸盐水泥熟料以硅酸钙为主要成分，含有较多铁铝酸钙的熟料。

2. 技术要求

根据《道路硅酸盐水泥》GB 13693—2017 规定，道路硅酸盐水泥的技术要求见表 5-6。

道路硅酸盐水泥的技术要求（GB/T 13693—2017） 表 5-6

项 目	技术要求
氧化镁	道路水泥中氧化镁的含量不得超过 5.0%
三氧化硫	道路水泥中三氧化硫含量不得超过 3.5%
烧失量	道路水泥中的烧失量不得大于 3.0%
比表面积	比表面积为 $300\sim450m^2/kg$
凝结时间	初凝不得早于 90min，终凝不得迟于 10h
安定性	用沸煮法检验必须合格
干缩率	28d 干缩率不得大于 0.10%
耐磨性	28d 磨损量应不大于 $3.00kg/m^2$
碱含量	碱含量由供需双方商定。若使用活性骨料，用户要求提供低碱水泥时，水泥中碱含量应不超过 0.60%
氯离子	氯离子的含量(质量分数)不大于 0.06%

注：表中的百分数均指占水泥质量的百分数。

道路硅酸盐水泥各龄期的强度不得低于表 5-7 的规定。

水泥等级及各龄期强度 表 5-7

强度等级	抗折强度（MPa）		抗压强度（MPa）	
	3d	28d	3d	28d
7.5	≥4.0	≥7.5	≥21.0	≥42.5
8.5	≥5.0	≥8.5	≥26.0	≥52.5

3. 特性及应用

道路硅酸盐水泥具有早期强度高、抗折强度高、耐磨性好、干缩率小的特性，适用于道路路面和对耐磨、抗干缩等性能要求较高的工程。

5.2.2 砌筑水泥

1. 定义

凡由一种或一种以上的水泥混合材料，加入适量硅酸盐水泥熟料和石膏，经磨细制成的水硬性胶凝材料，称为砌筑水泥，代号 M。水泥中混合材料掺加量按质量百分比计应大于 50%，允许掺入适量的石灰石或窑灰。混合材料掺加量不得与矿渣硅酸盐水泥重复。

2. 技术要求

根据《砌筑水泥》GB/T 3183—2017 规定：三氧化硫含量（质量分数）不大于 3.5%，氯离子含量（质量分数）不大于 0.06%；细度通过 $80\mu m$ 筛筛余不得超过 10.0%；初凝时间不小于 60min，终凝时间不大于 720min；安定性用沸煮法检验必须合格；保水率应不低于 80%；强度分为 12.5 和 22.5 两个等级，其强度要求见表 5-8。

砌筑水泥的强度要求　　　　　　　　　　　　表 5-8

强度等级	抗折强度（MPa）			抗压强度（MPa）		
	3d	7d	28d	3d	7d	28d
12.5	—	≥7.0	≥12.5	—	≥1.5	≥3.0
22.5	—	≥10.0	≥22.5	—	≥2.0	≥4.0
32.5	≥10.0	—	≥32.5	≥2.5	—	≥5.5

3. 特性及应用

砌筑水泥具有强度较低，和易性好的特性，主要用于工业与民用建筑拌制砌筑砂浆和抹面砂浆。由于强度低，不得用于混凝土结构。作其他用途时，必须通过强度试验。

5.3　特　性　水　泥

5.3.1　快硬高强型水泥

随着建筑业的发展，高强、早强类混凝土的应用量日益增加，快硬高强型水泥的品种与产量也随之增多，这类水泥最大的特点就是凝结硬化速度快，早期强度高，有些品种还具有一定的抗渗和抗硫酸盐腐蚀的能力。在工程中主要应用于有快硬、早强、高强、抗渗和抗硫酸盐腐蚀要求的工程部位。目前，我国快硬、高强水泥已有 5 个系列，近 10 个品种，是世界上少有的品种齐全的国家之一。下面介绍几种典型的快硬高强水泥。

1. 快硬硅酸盐水泥

凡以硅酸钙为主要成分的水泥熟料，加入适量石膏，经磨细制成的具有早期强度增进率较快的水硬性胶凝材料，称为快硬硅酸盐水泥，简称快硬水泥。熟料中硬化最快的矿物成分是铝酸三钙和硅酸三钙。制造快硬水泥时，应适当提高它们的含量，通常硅酸三钙为 50%~60%，铝酸三钙为 8%~14%，铝酸三钙和硅酸三钙的总量应不少于 60%~65%。为加快硬化速度，可适当提高水泥的粉磨细度。快硬水泥以 3d 强度确定其强度等级。快硬水泥主要用于配制早强混凝土，适用于紧急抢修工程和低温施工工程。

2. 快硬高强铝酸盐水泥

凡以铝酸钙为主要成分的熟料，加入适量的硬石膏，磨细制成的具有快硬高强性能的水硬性胶凝材料，称为快硬高强铝酸盐水泥。其强度增进率较快，早期（1d）强度能达到很高的水平。该水泥适用于早强、高强、抗渗、抗腐蚀及抢修等特殊工程。为了发挥该水泥的快硬高强特性，在配制混凝土时，每 $1m^3$ 混凝土的水泥用量不小于 300kg，砂率控制在 30%~34% 之间，坍落度以 20~40mm 为宜。

3. 快硬硫铝酸盐水泥

以适当成分的生料，烧成以无水硫铝酸钙和硅酸二钙为主要矿物成分的熟料，加入适量石膏和 0%～10% 的石灰石，磨细制成的早期强度高的水硬性胶凝材料，称为快硬硫铝酸盐水泥，代号 R·SAC。该水泥具有快凝、早强、不收缩的特点，可用于配制早强、抗渗和抗硫酸盐侵蚀的混凝土，适用于负温施工（冬期施工）、浆锚、喷锚支护、抢修、堵漏工程及一般建筑工程。由于这种水泥的碱度低，适用于玻璃纤维增强水泥制品，但碱度低易使钢筋锈蚀，使用时应予注意。

4. 快硬铁铝酸盐水泥

以适当成分的生料，经煅烧所得以无水硫铝酸钙、铁相和硅酸二钙为主要矿物成分的熟料，加入适量石膏和 0%～10% 的石灰石，磨细制成的早期强度高的水硬性胶凝材料，称为快硬铁铝酸盐水泥，代号 R·FAC。该水泥适用于要求快硬、早强、耐腐蚀、负温施工的海工、道路等工程。

5.3.2　膨胀型水泥

一般的水泥品种，在凝结硬化后体积都有一定程度的收缩，这种收缩很容易在水泥石中产生收缩裂缝。而膨胀型水泥在凝结硬化后会产生体积膨胀，这种特性可减少和防止混凝土的收缩裂缝，增加密实度，也可用于生产自应力水泥砂浆或混凝土。膨胀型水泥根据所产生的膨胀量（自应力值）和用途可分为两类：收缩补偿型膨胀水泥（简称膨胀水泥）和自应力型膨胀水泥（简称自应力水泥）。膨胀水泥的膨胀量较小，自应力值小于 2.0MPa，通常为 0.5MPa；而自应力水泥的膨胀量较大，其自应力值不小于 2.0MPa。

膨胀型水泥的品种较多，根据其基本组成有硅酸盐膨胀水泥、明矾石膨胀水泥、铝酸盐膨胀水泥、铁铝酸盐膨胀水泥、硫铝酸盐膨胀水泥等。

膨胀型水泥适用于补偿收缩混凝土结构工程，防渗抗裂混凝土工程，补强和防渗抹面工程，大口径混凝土管及其接缝，梁柱和管道接头，固接机器底座和地脚螺栓。

5.3.3　白色和彩色硅酸盐水泥

1. 白色硅酸盐水泥

由白色硅酸盐水泥熟料加入适量石膏，经磨细制成的水硬性胶凝材料，称为白色硅酸盐水泥（简称白水泥）。磨细时可加入 5% 以内的石灰石或窑灰。

白水泥系采用含极少量着色物质的原料，如纯净的高岭土、纯石英砂、纯石灰石或白垩等，在较高温度（1500～1600℃）烧成以硅酸盐为主要成分的熟料。为了保持其白度，在煅烧、粉磨和运输时均应防止着色物质混入，常采用天然气、煤气或重油作燃料，在球磨机中用硅质石材或坚硬的白色陶瓷作为衬板及研磨体。

白水泥的很多技术性质与普通水泥相同，按照国家标准《白色硅酸盐水泥》GB/T 2015—2017 规定：氧化镁含量不得超过 4.5%，白度值不低于 87；而对三氧化硫含量、细度、安定性的要求与普通硅酸盐水泥相同。初凝时间不小于 45min，终凝时间不大于 600min。白水泥按规定龄期的抗压强度和抗折强度划分为 32.5、42.5、52.5 三个强度等级，各强度等级白水泥的各龄期强度不得低于表 5-9 的规定。

白水泥的白度分为一级、二级 2 个级别。白度是指水泥色白的程度。各等级白度不得低于表 5-10 所规定的数值。

白水泥的强度要求　　　　　　　　　　　　表 5-9

强度等级	抗折强度（MPa）		抗压强度（MPa）	
	3d	28d	3d	28d
32.5	≥3.0	≥6.0	≥12.0	≥42.5
42.5	≥3.5	≥6.5	≥17.0	≥42.5
52.5	≥4.0	≥7.0	≥22.0	≥52.5

白水泥白度等级　　　　　　　　　　　　表 5-10

白度等级	一级（P.W-1）	二级（P.W-2）
白度（%）	≥89	≥87

2. 彩色硅酸盐水泥

彩色硅酸盐水泥，简称彩色水泥。按其生产方法可分为两类：一类是在白水泥的生料中加入少量金属氧化物，直接烧成彩色水泥熟料，然后再加入适量石膏磨细制成。另一类是采用白色硅酸盐水泥熟料、适量石膏和耐碱矿物颜料共同磨细而制成。

耐碱矿物颜料对水泥不起有害作用，常用的有：氧化铁（红、黄、褐、黑色）、氧化锰（褐、黑色）、氧化铬（绿色）、赭石（赭色）、群青（蓝色）以及普鲁士红等。

还有一种配制简单的彩色水泥，可将颜料直接与水泥粉混合而成。但这种彩色水泥颜料用量大，且色泽也不易均匀。

白色和彩色硅酸盐水泥，主要用于建筑物内外的表面装饰工程中，如地面、楼面、楼梯、墙、柱及台阶等。其可做成水泥拉毛、彩色砂浆、水磨石、水刷石、斩假石等饰面，也可用于雕塑及装饰部件或制品。使用白色或彩色硅酸盐水泥时，应以彩色大理石、石灰石、白云石等彩色石子或石屑和石英砂作粗细骨料。制作方法可以在工地现场浇制，也可在工厂预制。

5.4　通用水泥的质量等级、验收与保管

5.4.1　通用水泥的质量等级

《通用水泥质量等级》JC/T 452—2009 规定，通用水泥按质量水平划分为优等品、一等品和合格品 3 个等级。

优等品：水泥产品标准必须达到国际先进水平，且水泥实物质量水平与国际同类产品相比达到近五年内的先进水平。一等品：水泥产品标准必须达到国际一般水平，且水泥实物质量水平达到国外同类产品的一般水平。合格品：按中国现行水泥产品标准（国家标准、行业标准或企业标准）组织生产，水泥实物质量水平必须达到相应产品标准的要求。

通用水泥实物质量在符合相应标准技术要求的基础上，进行实物质量水平的

评定。实物质量水平根据 3d、28d 抗压强度和终凝时间进行等级评定。实物质量要求见表 5-11。

水泥实物质量要求 表 5-11

项　　目		质量等级			
		优等品		一等品		合格品

项　　目		优等品		一等品		合格品
		硅酸盐水泥 普通硅酸盐水泥	矿渣硅酸盐水泥 火山灰质硅酸盐水泥 粉煤灰硅酸盐水泥 复合硅酸盐水泥	硅酸盐水泥 普通硅酸盐水泥	矿渣硅酸盐水泥 火山灰质硅酸盐水泥 粉煤灰硅酸盐水泥 复合硅酸盐水泥	硅酸盐水泥 普通硅酸盐水泥 矿渣硅酸盐水泥 火山灰质硅酸盐水泥 粉煤灰硅酸盐水泥 复合硅酸盐水泥
抗压强度	3d ≥	24.0MPa	22.0MPa	20.0MPa	17.0MPa	符合通用水泥各品种的技术要求
	28d ≥	48.0MPa	48.0MPa	46.0MPa	38.0MPa	
	≤	$1.1\overline{R}^a$	$1.1\overline{R}^a$	$1.1\overline{R}^a$	$1.1\overline{R}^a$	
终凝时间 (min) ≤		300	330	360	420	
氯离子含量(%) ≤		0.06				

[a] 同品种同温度等级水泥28d抗压强度上月平均值，至少以20个编号平均，不足20个编号时，可两个月或三个月合并计算，对于62.5（含62.5）以上水泥、28d抗压强度不大于$1.1\overline{R}$的要求不作规定。

5.4.2 通用水泥的验收

水泥进入施工现场后必须进行验收，以检测水泥是否合格，确定水泥是否能够用于工程中。水泥的验收包括包装标志和数量的验收、检查出厂合格证和试验报告、复验、仲裁检验四个方面。

1. 包装标志和数量的验收

（1）包装标志验收　水泥的包装方法有袋装和散装两种。

袋装水泥是采用多层纸袋或多层塑料编织袋进行包装。在水泥包装袋上应清楚地标明产品名称、代号、净含量、强度等级、生产许可证编号、生产者名称和地址、出厂编号、执行标准号、包装年月日等主要标志。掺火山灰质混合材料的普通硅酸盐水泥，必须在包装上标明"掺火山灰"字样。包装袋两侧应印有水泥名称和强度等级。硅酸盐水泥和普通硅酸盐水泥的印刷采用红色；矿渣硅酸盐水泥的印刷采用绿色；火山灰质硅酸盐水泥和粉煤灰硅酸盐水泥的印刷采用黑色。

散装水泥一般采用散装水泥输送车运输至施工现场，采用气动输送至散装水泥储仓中储存。散装水泥与袋装水泥相比，免去了包装，可减少纸或塑料的使用，符合绿色环保，且能节约包装费用，降低成本。散装水泥直接由水泥厂供货，质量容易保证。

散装水泥在供应时必须提交与袋装水泥标志相同内容的卡片。

（2）数量验收　袋装水泥每袋净含量为 50kg，且不得少于标志质量的 98%；随机抽取 20 袋总质量不得少于 1000kg。

2. 质量的验收

（1）检查出厂合格证和试验报告　水泥交货时的质量验收可抽取实物试样以其检验结果为依据，也可以水泥厂同编号水泥的试验报告为依据。采用何种方法验收由买卖双方商定，并在合同或协议中注明。

以水泥厂同编号水泥的试验报告为验收依据时，在发货前或交货时，买方在同编号水泥中抽取试样，双方共同签封后保存 3 个月；或委托卖方在同编号水泥中抽取试样，签封后保存 3 个月。在 3 个月内，买方对质量有疑问时，则买卖双方应将签封的试样，送交有关监督检验机构进行仲裁检验。

水泥出厂应有水泥生产厂家的出厂合格证书，内容包括厂别、品种、出厂日期、出厂编号和试验报告。试验报告内容应包括相应水泥标准规定的各项技术要求及试验结果，助磨剂、工业副产石膏、混合材料的名称和掺加量，属旋窑或立窑生产。当用户需要时，水泥厂应在水泥发出之日起 7d 内寄发除 28d 强度以外的各项试验结果。28d 强度数值，应在水泥发出日起 32d 内补报。

以抽取实物试样的检验结果为验收依据时，买卖双方应在发货前或交货地共同取样和签封。取样方法按《水泥取样方法》GB/T 12573—2008 进行，取样数量为 20kg，缩分为 2 等份。一份由卖方保存 40d，一份由买方按相应标准规定的项目和方法进行检验。在 40d 以内，买方检验认为产品质量不符合相应标准要求，而卖方又有异议时，则双方应将卖方保存的另一份试样送交有关监督检验机构进行仲裁检验。

（2）复验　按照《混凝土结构工程施工质量验收规范》GB 50204—2015 及工程质量管理的有关规定，用于承重结构及使用部位有强度等级要求的水泥，或水泥出厂超过 3 个月（或快硬水泥出厂超过 1 个月），进口水泥，在使用前必须进行复验，并提供试验报告。

水泥复验项目包括不溶物、氧化镁、三氧化硫、烧失量、细度、凝结时间、安定性、强度和碱含量 9 个项目。水泥生产厂家在水泥出厂时已经提供了标准规定的有关技术要求的试验结果。通常复验项目只检测水泥的安定性、凝结时间和强度 3 项。

（3）仲裁检验　水泥出厂后 3 个月内，如购货单位对水泥质量提出疑问或施工过程中出现与水泥质量有关问题需要仲裁检验时，用水泥厂同一编号水泥的封存样进行检验。

若用户对体积安定性、初凝时间有疑问而要求现场取样仲裁时，生产厂应在接到用户要求后，7d 内会同用户共同取样，送水泥质量监督检验机构检验。生产厂在规定时间内不去现场，用户可单独取样送验，结果同等有效。仲裁检验由国家指定的省级以上水泥质量监督机构进行。

3. 废品及不合格品的规定

（1）废品

凡氧化镁、三氧化硫、初凝时间、安定性中的任一项不符合相应标准规定的通用水泥，均为废品。废品水泥严禁用于工程中。

（2）不合格品

对于通用水泥，凡有下列情况之一者，均为不合格品。

1）硅酸盐水泥，普通硅酸盐水泥：凡不溶物、烧失量、细度、终凝时间中任一项不符合标准规定者；矿渣水泥、火山灰水泥、粉煤灰水泥、复合水泥：凡细度、终凝时间中任一项不符合标准规定者。

2）混合材料掺量超过最大限值或强度低于商品强度等级规定指标者。

3）水泥出厂的主要包装标志中水泥品种、强度等级、工厂名称和出厂编号不全。

5.4.3 水泥的保管

水泥进入施工现场后，必须妥善保管，一方面不使水泥变质，使用后能够确保工程质量；另一方面可以减少水泥浪费，降低工程造价。保管时需注意以下几个方面：

（1）不同品种和不同强度等级的水泥要分别存放，不得混杂。由于水泥品种不同，其性能差异较大，如果混合存放，容易导致混合使用，水泥性能可能会大幅度降低。

（2）防水防潮，做到"上盖下垫"。水泥临时库房应设置在干燥地方，地面比库房周围的地面要高出一定高度，库房周围要设排水沟。袋装水泥平放时，应垫高 200mm 以上，且不得靠墙堆放，离墙面至少 200mm。屋面用可靠性较高的材料盖好，不得漏雨，必要时在水泥堆垛表面要用塑料薄膜或毡布覆盖。

（3）堆垛不宜过高，一般不超过 10 袋，场地狭窄时最多不超过 15 袋。袋装水泥一般采用水平叠放。堆垛过高，则上部水泥重力全部作用在下面的水泥上，容易造成包装袋破裂而造成水泥浪费。

（4）储存期不能过长，通用水泥不超过 3 个月。水泥储存期超过 3 个月，水泥会受潮结块，强度大幅度降低，会影响水泥的使用。

复习思考题

1. 硅酸盐水泥熟料的主要矿物组成有哪些？各有何特点？

2. 水泥按用途和性能分为哪三类？

3. 通用硅酸盐水泥主要有哪些品种？各自定义如何？

4. 简述硅酸盐水泥的凝结硬化过程。

5. 何谓水泥安定性？引起水泥安定性不良的原因和危害有哪些？国家标准是如何规定的？如何测定？

6. 水泥石腐蚀的方式有哪几种？引起水泥石腐蚀的主要原因是什么？

7. 硅酸盐水泥技术检测中，哪些技术性能不符合要求时为不合格品水泥？哪些技术性能不符合要求时为废品水泥？对不合格品水泥和废品水泥应如何处理？

8. 制作水泥胶砂试件时采用的材料有哪些？一组试件中，各材料的用量如何？

9. 生产水泥时，掺入适量石膏起什么作用？

10. 与硅酸盐水泥相比，矿渣水泥、火山灰水泥和粉煤灰水泥在特性上有何不同？

11. 何谓混合材料？分为哪两类？

12. 不同品种、不同强度等级的水泥能否掺混使用？为什么？

13. 对某 42.5 强度等级的普通水泥进行强度检测，其水泥胶砂试件 3d、28d 的抗折、抗压破坏荷载见表 5-12，请判断该水泥是否达到其强度等级的要求。

水泥抗折、抗压破坏荷载记录表   表 5-12

龄期	抗折破坏荷载（N）	抗压破坏荷载（kN）
3d	1490、1500、1496	25.6、25.8、25.2、26.5、24.5、25.8
28d	2770、2778、2785	68.2、69.2、68.5、67.5、68.9、29.5

14. 水泥保管应注意哪些方面？

15. 白色硅酸盐水泥对原料和生产工艺有什么要求？

16. 膨胀水泥的膨胀过程与水泥安定性不良所产生的体积膨胀有何不同？

教学单元6 水泥混凝土及砂浆

6.1 水泥混凝土

6.1.1 概述

1. 混凝土及水泥混凝土

（1）混凝土

由胶凝材料、粗细骨料、水以及必要时掺入的化学外加剂组成，经胶凝材料凝结硬化后，形成具有一定强度和耐久性的人造石材，称为混凝土。由于胶凝材料、粗细骨料的品种很多，因此混凝土的种类也很多。该意义上的混凝土即广义的混凝土。

（2）水泥混凝土

由水泥、砂、石子、水以及必要时掺入的化学外加剂组成，经水泥凝结硬化后形成的，干体积密度为 $2000\sim2800kg/m^3$，具有一定强度和耐久性的人造石材，称为水泥混凝土，又称普通混凝土，简称为"混凝土"。这类混凝土在工程中应用极为广泛，因此本章主要讲述水泥混凝土。

（3）特种混凝土

除水泥混凝土外，其他混凝土均称为特种混凝土。主要品种有：

1）轻混凝土 体积密度小于 $2000kg/m^3$ 的混凝土，可分为轻骨料混凝土、多孔混凝土和无砂混凝土三类。轻混凝土具有体积密度小、孔隙率大、保温隔热性能好等优点，适用于建筑物的隔墙及有保温隔热性能要求的工程部位。

2）耐热混凝土 耐热混凝土是指能长期在高温（$200\sim900$℃）作用下保持所要求的物理力学性能的特种混凝土。按胶凝材料不同可分为硅酸盐水泥耐热混凝土、铝酸盐水泥耐热混凝土、水玻璃耐热混凝土等。耐热混凝土多用于高炉、焦炉、热工设备基础及围护结构、炉衬、烟囱等。

3）耐酸混凝土 耐酸混凝土是指能抵抗多种酸及大部分腐蚀性气体侵蚀作用的混凝土。一般以水玻璃为胶凝材料、氟硅酸钠为促硬剂，用耐酸粉料和耐酸粗细骨料，按一定比例配制而成，强度为 $10.0\sim40.0MPa$。主要用于有耐酸要求的工程部位。

4）防辐射混凝土 防辐射混凝土是指能屏蔽 X 射线、γ 射线及中子射线的混凝土。常用水泥、水及重骨料配制而成的体积密度在 $3500kg/m^3$ 以上的重混凝土作为防辐射混凝土。防辐射混凝土主要用于核电站及肿瘤医院等科技、国防工程中。

5）纤维混凝土 纤维混凝土是以混凝土为基体，外掺各种纤维材料而成。掺入纤维材料后，混凝土的抗拉强度、抗弯强度、冲击韧性得到提高，脆性也得到改善。目前主要用于非承重结构，以及对抗裂、抗冲击性要求高的工程，如机场跑道、高速公路、桥面面层、管道等。

2. 混凝土的分类

（1）按胶凝材料分

按混凝土中胶凝材料品种不同，将混凝土分为水泥混凝土、石膏混凝土、水玻璃混凝土、菱镁混凝土、硅酸盐混凝土、沥青混凝土、聚合物水泥混凝土、聚合物浸渍混凝土等品种。这类混凝土的名称中一般有胶凝材料的名称。

（2）按体积密度分

按体积密度大小，将混凝土分为重混凝土、普通混凝土和轻混凝土。

重混凝土的体积密度大于 $2800kg/m^3$。一般采用密度很大的重质骨料，如重晶石、铁矿石、钢屑等配制而成，具有防射线功能，又称为防辐射混凝土。

普通混凝土一般都是水泥混凝土，其体积密度为 $2000 \sim 2800kg/m^3$，一般在 $2400kg/m^3$ 左右。采用水泥和天然砂石配制，是工程中应用最广的混凝土，主要用作建筑工程的承重结构材料。

轻混凝土的体积密度小于 $2000kg/m^3$。主要用作轻质结构材料和保温隔热材料。

（3）按用途分

混凝土可分为结构混凝土、防水混凝土、耐热混凝土、道路混凝土、耐酸混凝土、装饰混凝土、大体积混凝土、膨胀混凝土、防辐射混凝土等。

（4）按施工方法分

混凝土可分为预拌混凝土（商品混凝土）、泵送混凝土、喷射混凝土、碾压混凝土、离心混凝土、挤压混凝土、压力灌浆混凝土、热拌混凝土等。

（5）按强度分

按强度可将混凝土分为普通混凝土、高强混凝土和超高强混凝土。

普通混凝土的强度等级一般在 C60 以下。高强混凝土的强度等级大于或等于 C60。超高强混凝土的抗压强度在 100MPa 以上。

（6）按配筋情况分

混凝土可分为素混凝土、钢筋混凝土、预应力混凝土、钢纤维混凝土等。

3. 混凝土的特点

混凝土具有抗压强度高、耐久、耐火、维修费用低等优点，混凝土硬化后的强度可达 100MPa 以上，是一种较好的结构材料。

水泥混凝土中 70%体积比以上为天然砂石，采用就地取材原则，可大大降低混凝土的成本。

混凝土拌合物具有良好的可塑性，可以根据需要浇筑成任意形状的构件，即混凝土具有良好的可加工性。

混凝土与钢筋具有良好粘结性能，且能较好的保护钢筋不锈蚀。

基于以上优点，混凝土广泛应用于钢筋混凝土结构中。

但混凝土也具有抗拉强度低（约为抗压强度的 $1/20 \sim 1/10$）、变形性能差、导热系数大 $[约为 1.8W/(m \cdot K)]$、体积密度大（约为 $2400kg/m^3$）、硬化较缓慢等缺点。

在工程中尽量利用混凝土的优点，采取相应的措施防止混凝土缺点对使用造成影响。

6.1.2　水泥混凝土的组成材料

水泥混凝土由水泥、砂、石子、水以及必要时掺入的化学外加剂组成，其中水泥为胶凝材料，砂为细骨料，石子为粗骨料。

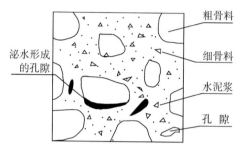

图 6-1　水泥混凝土结构断面示意图

水泥和水形成水泥浆，填充砂子之间的空隙并包裹砂子表面形成水泥砂浆；水泥砂浆再填充石子之间的空隙并略有富余，即形成混凝土拌合物（又称新拌混凝土）；水泥凝结硬化后即形成硬化混凝土。硬化后的混凝土结构断面如图 6-1 所示。

在硬化混凝土的体积中，水泥石大约占 25%，砂石占 70% 以上，孔隙占 1%~5%。各组成材料在混凝土硬化前后的作用见表 6-1。

各组成材料在混凝土硬化前后的作用　　　　　　　　　　　　　　表 6-1

组成材料	硬化前的作用	硬化后的作用
水泥+水	润滑作用	胶结作用
砂+石子	填充作用	骨架作用和抑制水泥石收缩的作用
外加剂	改善混凝土拌合物性能	改善硬化混凝土性能

砂在混凝土中可以使混凝土结构均匀，同时可以抑制和减小水泥石硬化过程中产生的体积收缩，避免或减少混凝土硬化后产生收缩裂纹。

水泥混凝土的质量和性能，主要与组成材料的性能、组成材料的相对含量，以及混凝土的施工工艺（配料、搅拌、运输、浇筑、成型、养护等）等因素有关。为了保证混凝土的质量，提高混凝土的技术性能和降低成本，必须合理地选择各组成材料。

1. 水泥

水泥是混凝土中重要的组成材料，应正确选择水泥品种和强度等级。

配制水泥混凝土的水泥品种，应根据混凝土的工程特点和所处的环境条件，结合水泥的特性，且考虑当地生产的水泥品种情况等，进行合理地选择，这样不仅可以保证工程质量，而且可以降低成本。

水泥强度等级应根据混凝土设计强度等级进行选择。原则上，高强度等级水泥用于配制高强度等级混凝土，低强度等级水泥用于配制低强度等级混凝土。一般情况下，水泥强度等级为混凝土强度等级的 1.5~2.0 倍。配制高强混凝土时，可选择水泥强度等级为混凝土强度等级的 1 倍左右。

当用低强度等级水泥配制较高强度等级混凝土时，水泥用量会过大，一方面混凝土硬化后的收缩和水化热增大；另一方面也不经济。当用高强度等级的水泥配制较低强度等级混凝土时，水泥用量偏小，水灰比偏大，混凝土拌合物的和易性与耐久性较差，此时可掺入一定数量的外掺料（如粉煤灰），但掺量必须经过试验确定。

2. 砂

砂是混凝土中的细骨料，为粒径在 4.75mm 以下的岩石颗粒。

按照砂的产源可分为天然砂和人工砂两大类。天然砂是由自然风化、水流搬运和分选、堆积形成的粒径小于 4.75mm 的岩石颗粒，但不包括软质岩、风化岩石的颗粒。天然砂包括河砂、湖砂、山砂和淡化海砂，山砂和海砂含杂质较多，拌制的混凝土质量较差；河砂颗粒坚硬、含杂质较少，拌制的混凝土质量较好。工程中常用河砂拌制混凝土。人工砂是经除土处理的机制砂和混合砂的统称。机制砂由机械破碎、筛分制成的，粒径小于 4.75mm 的岩石颗粒，但不包括软质岩、风化岩石的颗粒。混合砂是由机制砂和天然砂混合制成的砂。

按照砂的技术要求，将其分为Ⅰ类、Ⅱ类、Ⅲ类。Ⅰ类砂宜用于强度等级大于 C60 的混凝土；Ⅱ类砂宜用于强度等级为 C30～C60 及有抗冻、抗渗或其他要求的混凝土；Ⅲ类砂宜用于强度等级小于 C30 的混凝土和建筑砂浆。

水泥混凝土用砂的技术要求如下：

（1）颗粒级配和粗细程度

砂的颗粒级配是指各粒级的砂按比例搭配的情况；粗细程度是指各粒级的砂搭配在一起总体的粗细情况。砂的公称粒径用砂筛分时筛余颗粒所在筛的筛孔尺寸表示，相邻两公称粒径的尺寸范围称为砂的公称粒级。

颗粒级配较好的砂，颗粒之间搭配适当，大颗粒之间的空隙由小一级颗粒填充，这样颗粒之间逐级填充，能使砂的空隙率达到最小，从而可减少水泥用量，达到节约水泥的目的，或者在水泥用量一定的情况下可提高混凝土拌合物的和易性。砂颗粒总的来说越粗，则其总表面积越小，包裹砂颗粒表面的水泥浆数量可减少，也可减少水泥用量，达到节约水泥的目的，或者在水泥用量一定的情况下可提高混凝土拌合物的和易性。因此，在选择和使用砂时，应尽量选择在空隙率较小的条件下尽可能粗的砂，即选择级配适宜、颗粒尽可能粗的砂配制混凝土。

砂的颗粒级配和粗细程度采用筛分法测定。筛分试验采用的标准砂筛，其筛孔尺寸为 9.50mm、4.75mm、2.36mm、1.18mm、600μm、300μm 和 150μm。

称取烘干至恒量的砂样 500g，倒入按筛孔尺寸从大到小排列的标准砂筛中，按规定方法进行筛分后，测定 4.75mm～150μm 各筛的筛余量 m_1、m_2、m_3…m_6。计算各号筛的分计筛余率和累计筛余率。试验方法详见试验部分。

水泥混凝土用砂，按 600μm 筛的累计筛余率（A_4）大小划分为 1 区、2 区和 3 区三个级配区，各号筛累计筛余百分率范围见表 6-2。砂的颗粒级配应符合表 6-2 的规定。

　　配制混凝土时，宜优先选择级配在 2 区的砂，使混凝土拌合物获得良好的和易性。1 区砂颗粒偏粗，配制的混凝土流动性大，但黏聚性和保水性较差，应适当提高砂率，以保证混凝土拌合物的和易性；3 区砂颗粒偏细，配制的混凝土黏聚性和保水性较好，但流动性较差，应适当减小砂率，以保证混凝土硬化后的强度。

砂的颗粒级配区　　表 6-2

方筛孔	累计筛余率（%）		
	1 区	2 区	3 区
9.50mm	0	0	0
4.75mm	0~10	0~10	0~10
2.36mm	5~35	0~25	0~15
1.18mm	35~65	10~50	0~25
600μm	71~85	41~70	16~40
300μm	80~95	70~92	55~85
150μm	90~100	90~100	90~100

　　注：1. 砂的实际颗粒级配与表中所列数字相比，除 4.75mm 和 600μm 筛外，可以略有超出，但超出总量应小于 5%。

　　　　2. 1 区人工砂中 150μm 筛孔的累计筛余可以放宽到 85~100，2 区人工砂中 150μm 筛孔的累计筛余可以放宽到 80~100，3 区人工砂中 150μm 筛孔的累计筛余可以放宽到 75~100。

　　砂的粗细程度用细度模数表示。细度模数的计算如下：

$$M_x = \frac{(A_2 + A_3 + A_4 + A_5 + A_6) - 5A_1}{100 - A_1}$$
(6-1)

式中　　　　　　　　　M_x——细度模数；

A_1、A_2、A_3、A_4、A_5、A_6——分别为 4.75mm、2.36mm、1.18mm、600μm、300μm、150μm 筛的累计筛余百分率（%）。

　　混凝土用砂按细度模数的大小分为粗砂、中砂和细砂三种。

　　粗砂：$M_x = 3.1 \sim 3.7$；中砂：$M_x = 2.3 \sim 3.0$；细砂：$M_x = 1.6 \sim 2.2$。

　　（2）含泥量、泥块含量和石粉含量

　　含泥量是指天然砂中粒径小于 75μm 的颗粒含量；泥块含量是指砂中原粒径大于 1.18mm，经水浸洗、手捏后小于 600μm 的颗粒含量；石粉含量是指人工砂中粒径小于 75μm 的颗粒含量。

　　人工砂在生产时会产生一定的石粉，虽然石粉与天然砂中的泥均是指粒径小于 75μm 的颗粒，但石粉的成分、粒径分布和在砂中所起的作用不同。

　　天然砂中所含的泥会影响砂与水泥石的粘结，增加混凝土拌合用水量，降低混凝土的强度和耐久性，同时使得混凝土硬化后的干缩性变大。人工砂中适量的石粉对混凝土是有一定益处。人工砂颗粒坚硬、多棱角，拌制的混凝土在同样条件下比天然砂的和易性差，而人工砂中适量的石粉可弥补人工砂形状和表面特征引起的不足，起到完善砂级配的作用。

　　按《建设用砂》GB/T 14684—2011 的规定，天然砂中含泥量和泥块含量应符合表 6-3 的规定；人工砂中石粉含量和泥块含量应符合表 6-4 的规定。

天然砂中含泥量和泥块含量规定　　　　　　　表 6-3

项　目	指　标		
	Ⅰ类	Ⅱ类	Ⅲ类
含泥量,按质量计(%)	≤1.0	≤3.0	≤5.0
泥块含量,按质量计(%)	0	≤1.0	≤2.0

人工砂中石粉含量和泥块含量规定　　　　　　　表 6-4

项目		指　标		
		Ⅰ类	Ⅱ类	Ⅲ类
亚甲蓝试验	$MB≤1.40$ 或快速法试验合格	MB 值	≤0.5	≤1.0	≤1.4 或合格
		石粉含量,按质量计(%)	≤10.0		
		泥块含量,按质量计(%)	0	≤1.0	≤2.0
	$MB>1.40$ 或快速法试验不合格	石粉含量,按质量计(%)	≤1.0	≤3.0	≤5.0
		泥块含量,按质量计(%)	0	≤1.0	≤2.0
根据使用地区和用途,在试验验证的基础上,可由供需双方商定					

注：亚甲蓝 MB 值,是指用于判定人工砂中粒径小于 $75\mu m$ 颗粒含量主要是泥土,还是与被加工母岩化学成分相同的石粉的指标。

（3）有害物质含量

混凝土用砂中不应有草根、树叶、树枝、塑料、煤块、炉渣等杂物。砂中如含有云母、轻物质、有机物、硫化物及硫酸盐、氯盐等有害物质,其含量应符合表 6-5 的规定。

砂中有害物质含量规定　　　　　　　表 6-5

项　目	指　标		
	Ⅰ类	Ⅱ类	Ⅲ类
云母,按质量计(%)	≤1.0	≤2.0	≤2.0
轻物质,按质量计(%)	≤1.0	≤1.0	≤1.0
有机物(比色法)	合格	合格	合格
硫化物及硫酸盐,按 SO_3 质量计(%)	≤0.5	≤0.5	≤0.5
氯化物,以氯离子质量计(%)	≤0.01	≤0.02	≤0.06

注：轻物质是指表观密度小于 $2000kg/m^3$ 的物质。

（4）坚固性

砂的坚固性是指砂在自然风化和其他外界物理化学因素作用下抵抗破坏的能力。天然砂采用硫酸钠溶液法进行试验，砂样经 5 次循环后其质量损失应符合相关规定。

（5）表观密度、堆积密度、空隙率

砂表观密度、堆积密度、空隙率应符合如下规定：表观密度大于 $2500kg/m^3$；松散堆积密度大于 $1350kg/m^3$；空隙率小于 47%。

（6）碱-骨料反应

碱-骨料反应是指水泥、外加剂及环境中的碱与骨料中碱活性矿物在潮湿环境下缓慢发生膨胀反应，并导致混凝土开裂破坏。国家标准规定，经碱-骨料反应试验后，由砂制备的试件无裂缝、酥裂、胶体外溢等现象，且在规定试验龄期的膨胀率应小于 0.10%。

3. 卵石和碎石

水泥混凝土用粗骨料有卵石和碎石两种，为粒径大于或等于 4.75mm 的岩石颗粒。卵石是由自然风化、水流搬运和分选、堆积形成的岩石颗粒，按产源不同分为山卵石、河卵石和海卵石等，其中河卵石应用较多。碎石是采用天然岩石经机械破碎、筛分制成的岩石颗粒。

卵石和碎石的规格按粒径尺寸分为单粒粒级和连续粒级，亦可以根据需要采用不同单粒级卵石、碎石混合成特殊粒级的卵石、碎石。

卵石、碎石按技术要求分为Ⅰ类、Ⅱ类、Ⅲ类。Ⅰ类宜用于强度等级大于 C60 的混凝土；Ⅱ类用于强度等级为 C30~C60 及有抗冻、抗渗或其他要求的混凝土；Ⅲ类宜用于强度等级小于 C30 的混凝土。

水泥混凝土用卵石、碎石的技术要求如下：

（1）颗粒级配

粗骨料的颗粒级配也是通过筛分试验确定的。采用方孔筛的尺寸为 2.36mm、4.75mm、9.50mm、16.0mm、19.0mm、26.5mm、31.5mm、37.5mm、53.0mm、63.0mm、75.0mm 和 90mm，共十二个筛进行筛分。按规定方法进行筛分试验，计算各号筛的分计筛余百分率和累计筛余百分率，判定卵石、碎石的颗粒级配。具体的试验方法见后面试验部分。按国家标准《建设用卵石、碎石》GB/T 14685—2011 的规定，卵石、碎石的颗粒级配应符合表 6-6 的规定。

粗骨料的级配分为连续级配和间断级配两种。

连续级配是指颗粒从大到小连续分级，每一粒级的累计筛余百分率均不为零的级配，如天然卵石。连续级配具有颗粒尺寸级差小，上下级粒径之比接近 2，颗粒之间的尺寸相差不大等特点，因此采用连续级配拌制的混凝土具有和易性较好，不易产生离析等优点，在工程中的应用较广泛。

间断级配是指为了减小空隙率，人为地筛除某些中间粒级的颗粒，大颗粒之间的空隙，直接由粒径小很多的小颗粒填充的级配。间断级配的颗粒相差大，上下粒径之比接近6，空隙率大幅度降低，拌制混凝土时可节约水泥。但混凝土拌合物易产生离析现象，造成施工较困难。间断级配适用于配制采用机械拌合、振捣的低塑性及干硬性混凝土。

单粒粒级主要适用于配制所要求的连续粒级，或与连续粒级配合使用以改善级配或粒度。工程中不宜采用单粒粒级的粗骨料配制混凝土。

卵石、碎石的颗粒级配　　　　　　　　　　　　　　　表6-6

公称粒级 （mm）		累计筛余（%）											
		方孔筛（mm）											
		2.36	4.75	9.50	16.0	19.0	26.5	31.5	37.5	53.0	63.0	75.0	90.0
连续粒级	5~16	95~100	85~100	30~60	0~10	0							
	5~20	95~100	90~100	40~80	—	0~10	0						
	5~25	95~100	90~100	—	30~70	—	0~5	0					
	5~31.5	95~100	90~100	70~90	—	15~45	—	0~5	0				
	5~40	—	95~100	70~90	—	30~65	—	—	0~5	0			
单粒粒级	5~10	95~100	80~100	0~15	0								
	10~16		95~100	80~100	0~15								
	10~20		95~100	85~100		0~15	0						
	16~25			95~100	55~70	25~40	0~10						
	16~31.5		95~100		85~100			0~10	0				
	20~40			95~100		80~100		0~10	0				
	40~80					95~100		70~100			30~60	0~10	0

（2）最大粒径

粗骨料的最大粒径是指公称粒级的上限值。粗骨料的粒径越大，其比表面积越小，达到一定流动性时包裹其表面的水泥砂浆数量减小，可节约水泥；或者在和易性一定、水泥用量一定时，可以减少混凝土的单位用水量，提高混凝土的强度。

但粗骨料的最大粒径不宜过大，实践证明当粗骨料的最大粒径超过40mm时，会造成混凝土施工操作较困难，混凝土不易密实，引起强度降低和耐久性变差。

按《混凝土结构工程施工质量验收规范》GB 50204—2015的规定，混凝土用粗骨料的最大粒径须同时满足：不得超过构件截面最小边长的1/4；不得超过钢筋间最小净距的3/4；对于混凝土实心板，可允许采用最大粒径达板厚1/2的粗骨料，但最大粒径不得超过50mm；对于泵送混凝土，最大粒径与输送管内径之比，碎石宜小于或等于1：3；卵石宜小于或等于1：2.5。

（3）含泥量和泥块含量

卵石、碎石的含泥量是指粒径小于75μm的颗粒含量；泥块含量是指卵石、碎石中原粒径大于4.75mm，经水洗、手捏后小于2.36mm的颗粒含量。含泥量和泥块含量过大时，会影响粗骨料与水泥石之间的黏结，降低混凝土的强度和耐久性。卵石、碎石中的含泥量和泥块含量应符合表6-7的规定。

卵石、碎石含泥量和泥块含量　　表 6-7

项　目	指　标		
	Ⅰ类	Ⅱ类	Ⅲ类
含泥量，按质量计（%）	≤0.5	≤1.0	≤1.5
泥块含量，按质量计（%）	0	≤0.2	≤0.5

（4）针、片状颗粒含量

粗骨料中针状颗粒，是指卵石和碎石颗粒的长度大于该颗粒所属相应粒级的平均粒径 2.4 倍者；片状颗粒是指厚度小于平均粒径 0.4 倍者。平均粒径是指该粒级上下限粒径的平均值。

针、片状颗粒本身的强度不高，在承受外力时容易产生折断，因此不仅会影响混凝土的强度，而且会增大石子的空隙率，使混凝土的和易性变差。

针、片状颗粒含量分别采用针状规准仪和片状规准仪测定。卵石和碎石中针片状颗粒含量应符合表 6-8 的规定。

卵石、碎石中针片状颗粒含量　　表 6-8

项　目	指　标		
	Ⅰ类	Ⅱ类	Ⅲ类
针、片状颗粒总含量，按质量计（%）	≤5	≤10	≤15

（5）有害物质含量

卵石、碎石中不应混有草根、树叶、树枝、塑料、煤块和炉渣等杂物。其他有害物质含量应符合表 6-9 的规定。

卵石、碎石中有害物质含量　　表 6-9

项　目	指　标		
	Ⅰ类	Ⅱ类	Ⅲ类
有机物	合格	合格	合格
硫化物和硫酸盐，按 SO_3 质量计（%）	≤0.5	≤1.0	≤1.0

（6）坚固性

坚固性是指卵石、碎石在自然风化和其他外界物理化学因素作用下抵抗破裂的能力。某些页岩、砂岩等，配制混凝土时容易遭受冰冻、内部盐类结晶等作用而导致破坏。骨料越密实、强度越高、吸水率越小时，其坚固性越好；而结构疏松、矿物成分复杂、构造不均匀的骨料，其坚固性差。

粗骨料的坚固性采用硫酸钠溶液法进行试验，卵石和碎石经 5 次循环后，其质量损失应符合表 6-10 的规定。

卵石、碎石的坚固性指标　　　　　　　表 6-10

项　目	指　标		
	Ⅰ类	Ⅱ类	Ⅲ类
质量损失（%）	≤5	≤8	≤12

（7）强度

粗骨料的强度可采用抗压强度和压碎指标来表示。抗压强度适用于碎石，而压碎标准既适用于卵石，又适用于碎石。

测定粗骨料的抗压强度，首先应利用碎石母岩，制成 50mm×50mm×50mm 的立方体试件或 φ50mm×50mm 的圆柱体试件，浸没于水中浸泡 48h，再测定其抗压极限强度。在水饱和状态下，其抗压强度：火成岩应不小于 80MPa，变质岩应不小于 60MPa，沉积岩应不小于 30MPa。

测定压碎指标时，先将一定质量气干状态下粒径为 9.5～19.0mm 的石子，装入标准圆模内，放在压力机上均匀加荷至 200kN，卸载后称取试样质量 G_1，然后用孔径为 2.36mm 的筛筛除被压碎的颗粒，称出剩余在筛上的试样质量 G_2，按下式计算压碎指标值 Q_c。

$$Q_c = \frac{G_1-G_2}{G_1}\times100\% \tag{6-2}$$

卵石、碎石的压碎指标值越小，则表示石子抵抗压碎的能力越强。按国家标准《建设用卵石、碎石》GB/T 14685—2011 规定，卵石、碎石的压碎指标值应符合表 6-11 的规定。

石子压碎指标　　　　　　　表 6-11

项　目	指　标		
	Ⅰ类	Ⅱ类	Ⅲ类
碎石压碎指标（%）	≤10	≤20	≤30
卵石压碎指标（%）	≤12	≤14	≤15

（8）表观密度、堆积密度、空隙率

卵石、碎石的表观密度、堆积密度、空隙率应符合如下规定：表观密度大于 2500kg/m³；松散堆积密度大于 1350kg/m³；空隙率小于 47%。

（9）碱-骨料反应

碱-骨料反应是指水泥、外加剂及环境中的碱与骨料中碱活性矿物在潮湿环境下缓慢发生膨胀反应，并导致混凝土开裂破坏。标准规定，经碱-骨料反应试验后，由卵石、碎石制备的试件无裂缝、酥裂、胶体外溢等现象，在规定的试验龄期，其膨胀率应小于 0.10%。

4. 拌合用水

混凝土拌合用水，不得影响混凝土的凝结硬化；不得降低混凝土的耐久性；

不加快钢筋锈蚀和预应力钢丝脆断。混凝土拌合用水，按水源分为饮用水、地表水、地下水、海水，以及经适当处理的工业废水。混凝土拌合用水宜选择洁净的饮用水。根据《混凝土用水标准》JGJ 63—2006 规定，混凝土拌合用水中各种物质含量限值应符合表 6-12 的规定。

混凝土拌合用水中物质含量限值 表 6-12

项 目	预应力混凝土	钢筋混凝土	素混凝土
pH 值	≥5.0	≥4.5	≥4.5
不溶物(mg/L)	≤2000	≤2000	≤5000
可溶物(mg/L)	≤2000	≤5000	≤10000
氯化物,以 Cl^- 计(mg/L)	≤500	≤1200	≤3500
硫酸盐,以 SO_4^{2-} 计(mg/L)	<600	<2700	<2700
碱含量(mg/L)	≤1500	≤1500	≤1500

注：碱含量按 $Na_2O+0.658K_2O$ 计算值表示。

当采用饮用水以外的水时，在不影响混凝土的和易性和凝结，不损害混凝土的强度，不污染混凝土表面，不降低混凝土耐久性，不腐蚀钢筋的原则下，需注意以下几个方面：

1）地表水和地下水，常溶解有较多的有机质和矿物盐，必须按标准规定的方法检验合格后，方可使用。

2）海水中含有较多的硫酸盐和氯盐，会影响混凝土的耐久性和加速混凝土中钢筋的锈蚀，因此对于钢筋混凝土结构和预应力混凝土结构，不得采用海水拌制；对有饰面要求的混凝土，也不得采用海水拌制，以免因表面盐析产生白斑而影响装饰效果。但是，在无法获得水源的情况下，海水可用于素混凝土。

3）工业废水在环保处理后，经检验合格达到用水标准，方可用于拌制混凝土。

5. 外加剂

混凝土外加剂是在混凝土拌合过程中掺入的，能够改善混凝土性能的化学药剂，掺量一般不超过水泥用量的 5%。

混凝土外加剂在掺量较少的情况下，可以明显改善混凝土的性能，包括改善混凝土拌合物和易性、调节凝结时间、提高混凝土强度及耐久性等。混凝土外加剂在工程中的应用越来越广泛，被誉为混凝土的第五种组成材料。

根据国家标准《混凝土外加剂》GB 8076—2008 的规定，混凝土外加剂按照其主要功能分为四类：

改善混凝土拌合物流变性能的外加剂，如减水剂、引气剂和泵送剂等。

调节混凝土凝结时间、硬化性能的外加剂，如缓凝剂、早强剂和速凝剂等。

改善混凝土耐久性的外加剂，如引气剂、防水剂和阻锈剂等。

改善混凝土其他性能的外加剂，如加气剂、膨胀剂、防冻剂、着色剂、防水剂和泵送剂等。

在建筑工程中，最常用的外加剂是减水剂、早强剂等，因此本教材主要讲述混凝土减水剂和早强剂，对其他外加剂，只作简单介绍。

（1）减水剂

混凝土减水剂是指在保持混凝土拌合物和易性一定的条件下，具有减水和增强作用的外加剂，又称为"塑化剂"。根据减水剂的作用效果及功能不同，减水剂可分为普通减水剂、高效减水剂、早强减水剂、缓凝减水剂、引气减水剂、缓凝高效减水剂等。

在水泥混凝土中掺入减水剂后，具有以下效果：

1）减少混凝土拌合物的用水量，提高混凝土的强度。在混凝土中掺入减水剂后，可在混凝土拌合物坍落度基本一定的情况下，减少混凝土的单位用水量 5%～25%（普通型 5%～15%，高效型 10%～30%），从而降低了混凝土水灰比，使混凝土强度提高。

2）提高混凝土拌合物的流动性。在混凝土各组成材料用量一定的条件下，加入减水剂能明显提高混凝土拌合物的流动性，一般坍落度可提高 100～200mm。

3）节约水泥。在混凝土拌合物坍落度、强度一定的情况下，拌合物用水量减少的同时，水泥用量也可以减少，可节约水泥 5%～20%。

4）改善混凝土的其他性能。掺入减水剂后，可以减少混凝土拌合物的泌水、离析现象；延缓拌合物的凝结时间；减缓水泥水化放热速度；显著提高混凝土硬化后的抗渗性和抗冻性，提高混凝土的耐久性。

减水剂是目前应用最广的外加剂，按化学成分分为木质素系减水剂、萘系减水剂、树脂系减水剂、糖蜜系减水剂及腐殖酸系减水剂等。各系列减水剂的性能及适用范围见表 6-13。

常用减水剂的品种及性能　　　　　　　　　　　　表 6-13

种类	木质素系	萘系	树脂系	糖蜜系	腐殖酸系
类别	普通减水剂	高效减水剂	早强减水剂（高效减水剂）	缓凝减水剂	普通减水剂
适宜掺量	0.2%～0.3%	0.2%～1%	0.5%～2%	0.2%～0.3%	0.3%
减水率	10%左右	15%以上	20%～30%	6%～10%	8%～10%
早强效果	—	显著	显著（7d 可达 28d 强度）	—	有早强型、缓凝型两种
缓凝效果	1～3h	—	—	3h 以上	—
引气效果	1%～2%	部分品种<2%	—	—	—
适用范围	一般混凝土工程及大模板、滑模、泵送、大体积及夏期施工的混凝土工程	适用于所有混凝土工程，特别适用于配制高强混凝土及大流动性混凝土	因价格较高，宜用于有特殊要求的混凝土工程	大体积混凝土工程及滑模、夏期施工的混凝土工程作为缓凝剂	一般混凝土工程

（2）早强剂

早强剂是指掺入混凝土中能够提高混凝土早期强度，对后期强度无明显影响的外加剂。早强剂可在不同温度下加速混凝土强度发展，多用于要求早拆模、抢修工程及冬期施工的工程。

工程中常用早强剂的品种主要有无机盐类、有机物类和复合早强剂。常用早强剂的品种、掺量等见表6-14。

常用早强剂的品种、掺量及作用效果　　　　　　　　表 6-14

种　类	无机盐类早强剂	有机物类早强剂	复合早强剂
主要品种	氯化钙、硫酸钠	三乙醇胺、三异丙醇胺、尿素等	二水石膏+亚硝酸钠+三乙醇胺
适宜掺量	氯化钙 1%～2%；硫酸钠 0.5%～2%	0.02%～0.05%	2%二水石膏＋1%亚硝酸钠＋0.05%三乙醇胺
作用效果	氯化钙:可使 2～3d 强度提高 40%～100%,7d 强度提高 25%	—	能使 3d 强度提高 50%

注：氯盐会锈蚀钢筋，掺量必须符合有关规定，复合早强剂的早强效果显著，适用于严格禁止使用氯盐的钢筋混凝土。

6.1.3　水泥混凝土的主要技术性能

1. 和易性

（1）和易性的概念

和易性是指混凝土拌合物便于施工操作（主要包括搅拌、运输、浇筑、成型、养护等），能够获得结构均匀、成型密实的混凝土的性能。和易性是一项综合性能，主要包括流动性、黏聚性和保水性三个方面的内容。

流动性是指混凝土拌合物在本身自重或施工机械振捣作用下，能产生流动并且均匀密实地填满模板的性能。流动性好的混凝土拌合物，施工操作方便，易于使混凝土成型密实。

黏聚性是指混凝土拌合物各组成材料之间具有一定的内聚力，在运输和浇筑过程中不致产生离析和分层现象的性质。

保水性是指混凝土拌合物具有一定的保持内部水分的能力，在施工过程中不致发生泌水现象的性质。保水性差的混凝土拌合物，其内部固体颗粒下沉、水分上浮，在拌合物表面析出一部分水分，内部水分向表面移动过程中产生毛细管通道，使混凝土的密实度下降、强度降低、耐久性下降，且混凝土硬化后表面容易起砂。

混凝土拌合物的流动性、黏聚性和保水性，三者之间是对立统一的关系。流动性好的拌合物，黏聚性和保水性往往较差；而黏聚性、保水性好的拌合物，一般流动性可能较差。在实际工程中，应尽可能达到三者统一，既满足混凝土施工时要求的流动性，同时也具有良好的黏聚性和保水性。

（2）和易性的评定

混凝土拌合物和易性的评定，通常采用测定混凝土拌合物的流动性，辅以直观经验评定黏聚性和保水性的方法。定量测定流动性的常用方法主要有坍落度法和维勃稠度法两种。

1）坍落度法。塑性混凝土和流动性混凝土拌合物的流动性采用坍落度表示（mm），是指混凝土拌合物在自重作用下产生的变形值。将混凝土拌合物按规定的试验方法装入坍落度筒内，提起坍落度筒后，混凝土拌合物因自重而向下坍落，坍落的尺寸即为拌合物的坍落度值（mm），如图 6-2 所示。在测定坍落度时观察黏聚性和保水性，具体方法

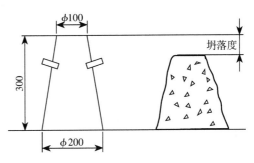

图 6-2 坍落度的测定

见试验部分。坍落度法适用于骨料最大粒径不大于 40mm、坍落度值不小于 10mm 的混凝土的流动性测定。

2）维勃稠度法。干硬性混凝土的流动性采用维勃稠度表示（s）。维勃稠度法的原理是测定使混凝土拌合物密实所需要的时间（s）。适用于骨料最大粒径不大于 40mm、维勃稠度在 5～30s 之间的干硬性混凝土拌合物的流动性测定。

按《混凝土质量控制标准》GB 50164—2011 规定，混凝土拌合物按坍落度和维勃稠度的大小划分为不同等级，见表 6-15 和表 6-16。

混凝土拌合物的坍落度等级划分 表 6-15

等级	坍落度（mm）	等级	坍落度（mm）
S1	10～40	S4	160～210
S2	50～90	S5	≥220
S3	100～150		

混凝土拌合物的维勃稠度等级划分 表 6-16

等级	维勃稠度（s）	等级	维勃稠度（s）
V0	≥31	V3	6～10
V1	21～30	V4	3～5
V2	11～20		

（3）混凝土施工时坍落度的选择

混凝土拌合物坍落度的选择，应根据施工条件、构件截面尺寸、配筋情况、施工方法等因素来确定。一般情况，构件截面尺寸较小、钢筋较密，或采用人

工拌合与插捣时，坍落度应选择大些。按《混凝土结构工程施工质量验收规范》GB 50204—2015 规定，混凝土浇筑时的坍落度，宜按表 6-17 选用。

混凝土浇筑时的坍落度 表 6-17

结 构 种 类	坍落度（mm）
基础或地面等的垫层，无配筋的大体积结构（挡土墙、基础等）或配筋稀疏的结构	10~30
板、梁和大型及中型截面的柱子等	30~50
配筋密列的结构（如薄壁、斗仓、筒仓、细柱等）	50~70
配筋特密的结构	70~90

（4）影响混凝土拌合物和易性的因素

混凝土拌合物的和易性主要决定于组成材料的品种、规格以及组成材料之间的数量比例、外加剂、外部环境条件等因素。

1）水泥浆数量和单位用水量。在混凝土骨料用量、水灰比一定的条件下，填充在骨料之间的水泥浆数量越多，水泥浆对骨料的润滑作用越充分，混凝土拌合物的流动性越大。但增加水泥浆数量过多，不仅浪费水泥，而且会使拌合物的黏聚性、保水性变差，产生分层、泌水现象。

2）骨料的品种、级配和粗细程度。采用级配合格、2 区的中砂，拌制混凝土时，因其空隙率较小且比表面积小，填充颗粒之间的空隙及包裹颗粒表面的水泥浆数量可减少；在水泥浆数量一定的条件下，可提高拌合物的流动性，且黏聚性和保水性也相应提高。

天然卵石呈圆形或卵圆形，表面较光滑，颗粒之间的摩擦阻力较小；碎石形状不规则，表面粗糙多棱角，颗粒之间的摩擦阻力较大。在其他条件完全相同的情况下，采用卵石拌制的混凝土，比用碎石拌制的混凝土的流动性好。另外在允许的情况下，应尽可能选择最大粒径较大的石子，可降低粗骨料的总表面积，使水泥浆的富余量加大，可提高拌合物的流动性。但砂、石子过粗，会使混凝土拌合物的黏聚性和保水性下降，同时也不易拌合均匀。

3）砂率。砂率是指混凝土中砂的质量占砂、石子总质量的百分数。用公式表示如下：

$$\beta_s = \frac{m_s}{m_s + m_g} \times 100\% \tag{6-3}$$

式中　β_s——混凝土砂率（%）；

　　　m_s——混凝土中砂用量（kg）；

　　　m_g——混凝土中石子用量（kg）。

在混凝土骨料中，砂的比表面积大，砂率的改变会使混凝土骨料的总表面积发生较大变化。合适的砂率，既能保证拌合物具有良好的流动性，而且能使拌合物的黏聚性、保水性良好，这一砂率称为"合理砂率"。

合理砂率是指在水泥浆数量一定的条件下，能使拌合物的流动性（坍落度）达到最大，且黏聚性和保水性良好时的砂率；或者是在流动性（坍落度）、强度一定，黏聚性良好时，水泥用量最小时的砂率。合理砂率通过试验确定，如图 6-3 所示。

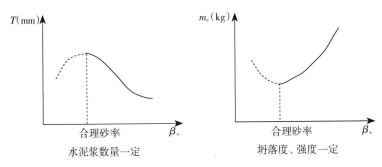

图 6-3　合理砂率的确定

4）外加剂。在混凝土中掺入一定数量的外加剂，如减水剂、引气剂等，在组成材料用量一定的条件下，可以提高拌合物的流动性，同时也提高黏聚性和保水性。

影响混凝土拌合物和易性的因素还很多，如施工环境的温度、搅拌制度（如投料顺序、搅拌时间）等。这里不作详细描述。

2. 强度

混凝土的强度包括抗压、抗拉、抗剪和抗折强度等。其中抗压强度最高，因此在使用中主要利用混凝土抗压强度高的特点，用于承受压力的工程部位。混凝土的抗压强度与其他强度之间有一定的相关性，可根据抗压强度值的大小，估计其他强度值。

（1）抗压强度和强度等级

根据检测强度指标所用试件不同，混凝土的抗压强度又分为立方体抗压强度和轴心抗压强度两种。立方体抗压强度是评定混凝土质量的主要指标。轴心抗压强度是钢筋混凝土结构设计的主要依据。

1）立方体抗压强度。按照《混凝土强度检验评定标准》GB/T 50107—2010，以及《混凝土结构工程施工质量验收规范》GB 50204—2015 的规定，混凝土立方体抗压强度是指制作边长为 150mm 的标准立方体试件，在温度为 20±2℃，相对湿度为 95% 以上的潮湿环境或 $Ca(OH)_2$ 饱和溶液中，经 28d 养护，采用标准试验方法测得的混凝土极限抗压强度，用 f_{cu} 表示。

立方体抗压强度测定采用的标准试件尺寸为 150mm×150mm×150mm。也可根据粗骨料的最大粒径选择尺寸为 100mm×100mm×100mm 和 200mm×200mm×200mm 的非标准试件，但强度测定结果必须乘以换算系数，具体见表 6-18。

试件的尺寸选择及换算系数　　　　　　表 6-18

试件种类	试件尺寸(mm)	粗骨料最大粒径(mm)	换算系数
标准试件	150×150×150	40	1.00
非标准试件	100×100×100	30	0.95
	200×200×200	60	1.05

2）轴心抗压强度。轴心抗压强度又称棱柱体抗压强度，是以尺寸为 150mm× 150mm×300mm 的标准试件，在标准养护条件下养护 28d，测得的极限抗压强度，以 f_{cp} 表示。

如确有必要，可采用非标准尺寸的棱柱体试件，但其高宽比应控制在 2~3 范围内。非标准尺寸的棱柱体试件的截面尺寸为 100mm×100mm 和 200mm×200mm，测得的抗压强度值应分别乘以换算系数 0.95 和 1.05。

混凝土的棱柱体抗压强度是钢筋混凝土结构设计的依据。在钢筋混凝土结构计算中，计算轴心受压构件时以棱柱体抗压强度作为依据，因为其接近于混凝土构件的实际受力状态。由于棱柱体抗压强度受压时受到的摩擦力作用范围比立方体试件的小，因此棱柱体抗压强度值比立方体抗压强度值低，实际 $f_{cp} = (0.70 \sim 0.80) f_{cu}$，在结构设计计算时，一般取 $f_{cp} = 0.67 f_{cu}$。

3）强度等级。混凝土强度等级是根据混凝土立方体抗压强度标准值划分的级别，以"C"和"混凝土立方体抗压强度标准值（$f_{cu,k}$）"表示。有 C15，C20，C25，C30，C35，C40，C45，C50，C55，C60，C65，C70，C75，C80，C85，C90，C95 和 C100 十八个强度等级。

混凝土立方体抗压强度标准值（$f_{cu,k}$）系指对按标准方法制作和养护的边长为 150mm 的立方体试件，在 28d 龄期，用标准试验方法测得的抗压强度总体分布中的一个值，强度低于该值的百分率不超过 5%。

在工程设计时，应根据建筑物不同部位承受荷载情况不同，选取不同强度等级的混凝土。混凝土强度等级的选用见表 6-19。

混凝土强度等级的选择　　　　　　　　表 6-19

强度等级	一般应用范围
C15	用于基础垫层、地坪及受力不大的结构
C20~C30	用于梁、板、柱、楼梯、屋架等水泥混凝土结构
≥C30	用于大跨度构件、预应力构件、吊车梁及特种结构

（2）抗拉强度

混凝土的抗拉强度采用劈裂抗拉试验法测得，其值较低，一般为抗压强度的

1/20～1/10。在工程设计时，一般没有考虑混凝土的抗拉强度。但混凝土的抗拉强度对抵抗裂缝的产生具有重要意义，在结构设计中，混凝土抗拉强度是确定混凝土抗裂度的重要指标。

（3）抗折强度

道路路面用混凝土，以抗折强度（又称抗弯拉强度）为主要强度指标，而立方体抗压强度作为参考指标。

抗弯拉强度是以标准方法制作的 150mm×150mm×550mm 的标准试件，在标准养护条件下养护 28d，按三分点加荷，如图 6-4 所示，测定其极限抗折强度，用 f_{cf} 表示。

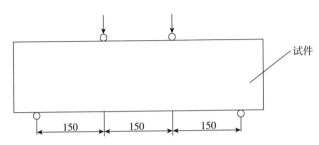

图 6-4　混凝土抗折强度试验示意图（单位：mm）

抗折强度按下式计算，精确至 0.01MPa。

$$f_{cf} = \frac{FL}{bh^2} \tag{6-4}$$

式中　f_{cf}——试件的抗折强度（MPa）；

　　　F——试件破坏的最大荷载（N）；

　　　L——两个支座之间的距离（mm）；

　　　b——试件的宽度（mm）；

　　　h——试件的高度（mm）。

根据我国《公路水泥混凝土路面设计规范》JTG D40—2011 规定，不同交通量分级的水泥混凝土路面的计算抗折强度应符合表 6-20 的规定。

水泥混凝土弯拉强度标准值			表 6-20
交通荷载等级	极重、特种、重	中等	轻
水泥混凝土的弯拉强度标准值（MPa）	≥5.0	≥4.5	≥4.0
钢纤维混凝土的弯拉强度标准值（MPa）	≥6.0	≥5.5	≥5.0

（4）影响混凝土强度的主要因素

由于混凝土是由多种材料组成，由人工经配制和施工操作后形成的，因此影响混凝土抗压强度的因素较多。概括起来主要有五个方面的因素，即人、机械、材料、施工工艺及环境条件。本书主要从材料方面的影响进行阐述。

1）水泥的强度和水灰比。在混凝土中，水泥石与骨料黏结，使混凝土成为具有一定强度的人造石材，因此水泥强度直接影响混凝土的强度。在配合比相同的情况下，所用水泥强度越高，则水泥石与骨料的黏结强度越大，混凝土的强度越高。

水灰比是混凝土中拌合用水量与水泥用量的比值。在拌制混凝土时，为了使拌合物具有较好的和易性，通常加入较多的水，约占水泥质量的 40%~70%。而水泥水化需要的水分大约只占水泥质量的 23% 左右，剩余的水分或泌出，或积聚在水泥石与骨料黏结的表面，会增大混凝土内部孔隙和降低水泥石与骨料之间的黏结力。水灰比越小，则混凝土的强度越高。但水灰比过小，拌合物和易性不易保证，硬化后的强度反而降低。

水灰比、灰水比的大小对混凝土抗压强度的影响分别如图 6-5 和图 6-6 所示。

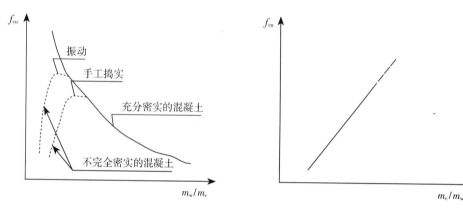

图 6-5　水灰比与混凝土强度的关系　　　　　图 6-6　灰水比与混凝土强度的关系

根据大量试验结果及工程实践，水泥强度及灰水比与混凝土强度有如下关系：

$$f_{cu} = \alpha_a \cdot f_{ce} \ (m_c/m_w - \alpha_b) \tag{6-5}$$

式中　f_{cu}——混凝土 28d 龄期的抗压强度值（MPa）；

　　　f_{ce}——水泥 28d 抗压强度的实测值（MPa）；

　m_c/m_w——混凝土灰水比，即水灰比的倒数；

　α_a、α_b——回归系数。与水泥、骨料的品种有关。其值见表 6-23。

利用上述经验公式，可以根据水泥强度和水灰比值的大小估计混凝土的强度；也可以根据水泥强度和要求的混凝土强度计算混凝土的水灰比。

2）粗骨料的品种。粗骨料在混凝土硬化后主要起骨架作用。由于水泥石的强度、粗骨料的强度均高于混凝土的抗压强度，因此在混凝土抗压破坏时，一般不会出现水泥石和骨料先破坏的情况，最薄弱的环节是水泥石与骨料黏结的表面。水泥石与骨料的黏结强度不仅取决于水泥石的强度，而且还与粗骨料的品种有关。碎石形状不规则，表面粗糙、多棱角，与水泥石的黏结强度较高；卵石呈圆形或卵圆形，表面光滑，与水泥石的黏结强度较低。因此，在水泥石强度及其他条件相同时，碎石混凝土的强度高于卵石混凝土的强度。

3）养护条件。为混凝土创造适当的温度、湿度条件以利其水化和硬化的工序称为养护。养护的基本条件是温度和湿度。只有在适当的温度和湿度条件下，水泥的水化反应才能顺利进行，混凝土的强度才能顺利发展。

混凝土所处的温度环境对水泥的水化反应影响较大：温度越高，水化反应速度越快，混凝土的强度发展也越快。为了加快混凝土强度发展，在工程中采用自然养护时，可以采取一定的措施，如覆盖、利用太阳能养护。另外，采用热养护，如蒸汽养护、蒸压养护，可以加速混凝土的硬化，提高混凝土的早期强度。当环境温度低于0℃时，混凝土中的大部分或全部水分结成冰，水泥不能与固态的冰发生化学反应，混凝土的强度将停止发展。

环境的湿度是保证混凝土中水泥正常水化的重要条件。在适当的湿度下，水泥能正常水化，有利于混凝土强度的发展。湿度过低，混凝土表面会产生失水，迫使内部水分向表面迁移，在混凝土中形成毛细管通道，使混凝土的密实度、抗冻性、抗渗性下降，强度较低；或者混凝土表面产生干缩裂缝，不仅强度较低，而且影响表面质量和耐久性。

为了使混凝土正常硬化，必须保证混凝土成型后，在一定时间内保持一定的温度和湿度。在自然环境中，利用自然气温进行的养护称为自然养护。《混凝土结构工程施工质量验收规范》GB 50204—2015 规定，对已浇筑完毕的混凝土，应在12h 内加以覆盖和浇水。覆盖可采用锯末、塑料薄膜、麻袋片等；浇水养护时间，对于硅酸盐水泥、普通硅酸盐水泥或矿渣硅酸盐水泥拌制的混凝土，浇水养护时间不得少于7 昼夜，对掺缓凝型外加剂或有抗渗要求的混凝土不得少于14 昼夜，浇水次数应能保持混凝土表面长期处于潮湿状态。当环境温度低于5℃时，不得浇水养护。

4）龄期。龄期是指混凝土在正常养护条件下所经历的时间。在正常的养护条件下，混凝土的抗压强度随龄期的增加而不断发展，在7～14d 内强度发展较快，以后逐渐减慢，28d 后强度发展更慢。由于水泥水化的原因，混凝土的强度发展可持续数十年。

试验证明，采用普通水泥拌制的中等强度等级混凝土，在标准养护条件下，混凝土的抗压强度与其龄期的对数成正比。

$$\frac{f_n}{\lg n} = \frac{f_{28}}{\lg 28} \tag{6-6}$$

式中 f_n、f_{28}——分别为混凝土在第 n、28d 龄期的抗压强度（MPa）。其中 $n>3$。

根据上述经验公式，可以根据测定出的混凝土 n 天抗压强度，推算出混凝土某一天（包括28d）的强度。

5）外加剂。在混凝土拌合过程中掺入适量减水剂，可在保持混凝土拌合物和易性不变的情况下，减少混凝土的单位用水量，提高混凝土的强度。掺入早强剂可以提高混凝土的早期强度，而对后期强度无影响。

（5）提高混凝土抗压强度的主要措施

根据影响混凝土抗压强度的主要因素，在工程实践中，可采取以下一些措施：

1）采用高强度等级水泥；

2）采用单位用水量较小、水灰比较小的干硬性混凝土；

3）采用合理砂率，以及级配合格、强度较高、质量良好的碎石；

4）改进施工工艺，加强搅拌和振捣；

5）采用加速硬化措施，提高混凝土的早期强度；

6）在混凝土拌合时掺入减水剂或早强剂。

3. 耐久性

（1）混凝土耐久性的概念及主要内容

混凝土的耐久性是指混凝土在长期使用过程中，能抵抗各种外界因素的作用，而保持其强度和外观完整性的能力。混凝土的耐久性主要包括抗冻性、抗渗性、抗侵蚀性、抗碳化性及碱—骨料反应等。

1）抗渗性。混凝土的抗渗性是指混凝土抵抗压力水渗透的能力。混凝土渗水的主要原因是由于混凝土内部存在连通的毛细孔和裂缝，形成了渗水通道。渗水通道主要来源于水泥石内的孔隙、水泥浆泌水形成的泌水通道、收缩引起的微小裂缝等。因此，提高混凝土的密实度，可以提高抗渗性。

混凝土的抗渗性用抗渗等级表示。抗渗等级是以 28d 龄期的标准试件，按规定方法进行试验时所能承受的最大静水压力来确定。可分为 P4、P6、P8、P10 和 P12 五个等级，分别表示混凝土能抵抗 0.4、0.6、0.8、1.0 和 1.2MPa 的静水压力而不发生渗透。

2）抗冻性。混凝土的抗冻性是指混凝土在饱和水状态下，能抵抗冻融循环作用而不发生破坏，强度也不显著降低的性质。在寒冷地区，特别是在严寒地区处于潮湿环境或干湿交替环境的混凝土，抗冻性是评定混凝土耐久性的重要指标。

混凝土的耐久性用抗冻等级表示。抗冻等级是以 28d 龄期的混凝土标准试件，在饱和水状态下，强度损失不超过 25%，且质量损失不超过 5%时，混凝土所能承受的最大冻融循环次数来表示，有 F10、F15、F25、F50、F100、F200、F250 和 F300 八个抗冻等级。

混凝土的抗冻性主要决定于混凝土的孔隙率及孔隙特征、含水程度等因素。孔隙率较小且具有封闭孔隙的混凝土，其抗冻性较好。

3）抗侵蚀性。混凝土的抗侵蚀性主要取决于水泥石的抗侵蚀性。选择合理水泥品种、提高混凝土制品的密实度均可以提高抗侵蚀性。有关水泥石侵蚀的内容见教学单元 4 的有关内容。

4）抗碳化性。混凝土的碳化主要指水泥石的碳化。水泥石的碳化是指水泥石中的 $Ca(OH)_2$ 与空气中的 CO_2 在潮湿条件下发生化学反应。混凝土碳化，一方面会使其碱度降低，从而使混凝土对钢筋的保护作用降低，钢筋易锈蚀；另一方面，会引起混凝土表面产生收缩而开裂。

5）碱—骨料反应。碱—骨料反应是指水泥、外加剂及环境中的碱与骨料中碱活性矿物在潮湿环境下缓慢发生膨胀反应，并导致混凝土开裂破坏。常见的碱—骨料反应为碱—氧化硅反应，碱—骨料反应后，会在骨料表面形成复杂的碱硅酸凝胶，吸水后凝胶不断膨胀而使混凝土产生膨胀性裂纹，严重时会导致结构破坏。为了防止碱—骨料反应，应严格控制水泥中碱的含量和骨料中碱活性物质的含量。

（2）提高混凝土耐久性的措施

混凝土所处的环境条件不同，其耐久性的含义也有所不同，应根据混凝土所处环境条件采取相应的措施来提高耐久性。提高混凝土耐久性的主要措施有以下几种。

1）合理选择混凝土的组成材料。应根据混凝土的工程特点或所处的环境条件，选择合理水泥品种；选择质量良好、技术要求合格的骨料。

2）提高混凝土制品的密实度。严格控制混凝土的水灰比和水泥用量。混凝土的最大水灰比和最小水泥用量必须符合表 6-21 的规定。

混凝土的最大水灰比和最小水泥用量　　　　　　　　　　　表 6-21

环境条件		结构物类别	最大水灰比			最小水泥用量		
			素混凝土	钢筋混凝土	预应力混凝土	素混凝土	钢筋混凝土	预应力混凝土
干燥环境		正常的居住或办公用房屋	不作规定	0.65	0.60	200	260	300
潮湿环境	无冻害	高湿度的室内部件 室外部件 在非侵蚀性土和（或）水中的部件	0.70	0.60	0.60	225	280	300
	有冻害	经受冻害的室外部件 在非侵蚀性土和（或）水中且经受冻害的部件 高湿度且经受冻害的室内部件	0.55	0.55	0.55	250	280	300
有冻害和除冰剂的潮湿环境		经受冻害和除冰剂作用的室内和室外部件	0.50	0.50	0.50	300	300	300

选择级配良好的骨料及合理砂率值，保证混凝土的密实度。

掺入适量减水剂，可减少混凝土的单位用水量，提高混凝土的密实度。

严格按操作规程进行施工操作，加强搅拌、合理浇筑、振捣密实、加强养护，确保施工质量，提高混凝土制品的密实度。

3）改善混凝土的孔隙结构。在混凝土中掺入适量引气剂，可改善混凝土内部的孔隙结构。封闭孔隙的存在，可以提高混凝土的抗渗性、抗冻性及抗侵蚀性。

6.1.4　水泥混凝土配合比

1. 配合比及其表示方法

混凝土的配合比是指混凝土各组成材料用量之比。混凝土的配合比有"质量比"和"体积比"两种表示方法。工程中常用"质量比"表示。

混凝土的质量比，在工程中有两种表示方法：

（1）以 1m³ 混凝土中各组成材料的实际用量表示。例如水泥 $m_c = 295 kg$，砂

$m_s = 648\text{kg}$，石子 $m_g = 1330\text{kg}$，水 $m_w = 165\text{kg}$。

（2）以各组成材料用量之比表示。例如也可表示为：$m_c : m_s : m_g = 1 : 2.20 : 4.51$，$m_w / m_c = 0.56$。

2. 配合比设计及要求

配合比设计是指确定混凝土配合比的过程。混凝土配合比设计的要求包括质量要求和经济要求两方面。质量要求包括：良好的和易性、强度满足所设计的强度等级要求、良好的耐久性。在满足质量要求的基础上，要尽量节约原材料，降低成本，经济合理。

3. 配合比设计进程

（1）确定混凝土的施工配制强度 $f_{cu,0}$

为了使混凝土强度达到所设计的强度等级要求，在施工配制混凝土时应在强度等级要求的基础上提高混凝土的强度，该强度称为混凝土的施工配制强度。根据混凝土强度分布规律，施工配制强度按下式计算：

$$f_{cu,0} \geq f_{cu,k} + 1.645\sigma$$

式中　$f_{cu,0}$——混凝土施工配制强度（MPa）；

　　　$f_{cu,k}$——混凝土立方体抗压强度标准值，即混凝土强度等级值（MPa）；

　　　σ——混凝土强度标准差（MPa）。

1）混凝土强度标准差可根据同类混凝土统计资料确定，计算公式如下：

$$\sigma = \sqrt{\dfrac{\sum\limits_{i=1}^{n} f_{cu,i}^2 - n\bar{f}_{cu}}{n-1}} \tag{6-7}$$

式中　$f_{cu,i}$——统计周期内同类混凝土第 i 组试件的强度值（MPa）；

　　　$\bar{f}_{cu}$——统计周期内同类混凝土 n 组试件强度平均值（MPa）；

　　　n——统计周期内同类混凝土试件组数，$n \geq 25$ 组。

混凝土试件组数应不少于 25 组；当混凝土强度等级为 C20 和 C25，其强度标准差计算值 $\sigma < 2.5\text{MPa}$ 时，应取 $\sigma = 2.5\text{MPa}$；当混凝土强度等级等于或大于 C30，其强度标准差计算值 $\sigma < 3.0\text{MPa}$ 时，应取 $\sigma = 3.0\text{MPa}$。

2）当无统计资料计算混凝土强度标准差时，其值按现行《混凝土结构工程施工质量验收规范》GB 50204—2015 的规定取用，见表 6-22。

混凝土强度标准差　　　　　　　　　　　　　　　　　表 6-22

强度等级	≤C20	C25~C45	C50~C55
标准差 σ（MPa）	4.0	5.0	6.0

在工程实践中，遇有下列情况时，应提高混凝土的配制强度：

① 现场条件与试验室条件有显著差异时；

② C30 及以上强度等级的混凝土，采用非统计方法评定时。

（2）确定混凝土水灰比 m_w / m_c

1）按混凝土强度要求计算水灰比 m_w / m_c。

当混凝土强度等级小于 C60 时，混凝土水灰比宜按下式计算：

$$\frac{m_w}{m_c} = \frac{\alpha_a \cdot f_{ce}}{f_{cu,0} + \alpha_a \cdot \alpha_b \cdot f_{ce}} \tag{6-8}$$

式中　　α_a、α_b——回归系数；

f_{ce}——水泥 28d 抗压强度实测值（MPa）。

当无水泥 28d 抗压强度实测值时，f_{ce} 值可按下式确定：

$$f_{ce} = \gamma_c \cdot f_{ce,g}$$

式中　　γ_c——水泥强度等级值的富余系数，可按实际统计资料确定；

$f_{ce,g}$——水泥强度等级值（MPa）。

回归系数 α_a 和 α_b 应根据工程所用的水泥、骨料，通过试验由建立的水灰比与混凝土强度关系式确定；当不具备上述试验统计资料时，其回归系数可按表 6-23 采用。

回归系数 α_a 和 α_b 选用表

表 6-23

回归系数	碎石	卵石
α_a	0.46	0.48
α_b	0.07	0.33

2）按耐久性要求复核水灰比。为了使混凝土耐久性符合要求，按强度要求计算的水灰比值不得超过表 6-20 规定的最大水灰比值，否则混凝土耐久性不合格，此时取规定的最大水灰比值作为混凝土的水灰比值。

（3）确定单位用水量 m_{w0}

1）水灰比在 0.40~0.80 范围内时，塑性混凝土和干硬性混凝土单位用水量应根据粗骨料的品种、最大粒径及施工要求的混凝土拌合物流动性，其单位用水量分别按表 6-24 和表 6-25 选取。

塑性混凝土的单位用水量（kg）

表 6-24

拌合物流动性		卵石最大粒径（mm）				碎石最大粒径（mm）			
项目	指标	10	20	31.5	40	16	20	31.5	40
坍落度（mm）	10~30	190	170	160	150	200	185	175	165
	35~50	200	180	170	160	210	195	185	175
	55~70	210	190	180	170	220	205	195	185
	75~90	215	195	185	175	230	215	205	195

注：1. 本表用水量系采用中砂时的平均取值。采用细砂时，每立方米混凝土用水量可增加 5~10kg；采用粗砂时，则可减少 5~10kg。

2. 掺用各种外加剂或掺合料时，用水量应相应调整。

干硬性混凝土的单位用水量（kg）　　　表 6-25

拌合物流动性		卵石最大粒径（mm）			碎石最大粒径（mm）		
项目	指标	10	20	40	16	20	40
维勃稠度（s）	16～20	175	160	145	180	170	155
	11～15	180	165	150	185	175	160
	5～10	185	170	155	190	180	165

水灰比小于 0.40 的混凝土以及采用特殊成型工艺的混凝土单位用水量应通过试验确定。

2）流动性和大流动性混凝土的单位用水量宜按下列步骤计算：

以表 6-25 中坍落度 90mm 的单位用水量为基础，按坍落度每增大 20mm，单位用水量增加 5kg，计算出流动性和大流动性混凝土的单位用水量。

3）掺外加剂时，混凝土的单位用水量可按下式计算：

$$m_{wa} = m_{w0}（1-\beta）\tag{6-9}$$

式中　m_{wa}——掺外加剂时混凝土的单位用水量（kg）；

m_{w0}——未掺外加剂时混凝土的单位用水量（kg）；

β——外加剂的减水率。外加剂的减水率应经试验确定。

（4）计算单位水泥用量 m_c

1）按下式计算每立方米混凝土中的水泥用量 m_{c0}。

$$m_{c0} = \frac{m_{w0}}{m_w/m_c}\tag{6-10}$$

2）复核耐久性。将计算出的单位水泥用量与表 6-22 规定的最小水泥用量比较：如计算水泥用量不低于最小水泥用量，则混凝土耐久性合格；如计算水泥用量低于最小水泥用量，则混凝土耐久性不合格，此时应取表 6-22 规定的最小水泥用量。

（5）确定砂率 β_s

当无历史资料可参考时，混凝土砂率应符合下列规定：

1）坍落度为 10～60mm 的混凝土砂率，可根据粗骨料品种、粒径及水灰比按表 6-26 选取。

2）坍落度大于 60mm 的混凝土砂率，可经试验确定，也可在表 6-26 的基础上，按坍落度每增大 20mm，砂率增大 1% 的幅度予以调整。

3）坍落度小于 10mm 的混凝土，其砂率应经试验确定。

混凝土砂率（%）　　　表 6-26

水灰比 m_w/m_c	卵石最大粒径（mm）			碎石最大粒径（mm）		
	10	20	40	16	20	40
0.40	26～32	25～31	24～30	30～35	29～34	27～32
0.50	30～35	29～34	28～33	33～38	32～37	30～35

水灰比	卵石最大粒径（mm）			碎石最大粒径（mm）		
m_w/m_c	10	20	40	16	20	40
0.60	33~38	32~37	31~36	36~41	35~40	33~38
0.70	36~41	35~40	34~39	39~44	38~43	36~41

注：1. 本表数值系中砂的选用砂率，对细砂或粗砂，可相应减少或增大砂率。

2. 只用一个单粒级粗骨料配制混凝土时，砂率应适当增大。

3. 对薄壁构件，砂率取偏大值。

（6）计算单位砂、石子用量 m_{s0}、m_{g0}

1）体积法。体积法的原理为：$1m^3$ 混凝土中的各组成材料——水泥、砂、石子、水经过拌合均匀、成型密实后，混凝土拌合物的体积为 $1m^3$，用公式表示为下式。

$$V_c + V_s + V_g + V_w + V_a = 1 \tag{6-11}$$

式中　V_c、V_s、V_g、V_w、V_a——分别表示 $1m^3$ 混凝土中水泥、砂、石子、水、空气（孔隙）的体积（m^3）。

用材料的质量和密度表示体积后，可建立下式。

$$\begin{cases} \dfrac{m_{c0}}{\rho_c} + \dfrac{m_{s0}}{\rho_s} + \dfrac{m_{g0}}{\rho_g} + \dfrac{m_{w0}}{\rho_w} + \alpha = 1 \\[2mm] \beta_s = \dfrac{m_{s0}}{m_{s0} + m_{g0}} \times 100\% \end{cases} \tag{6-12}$$

式中　ρ_c、ρ_s、ρ_g、ρ_w——分别为水泥的密度、砂的表观密度、石子的表观密度、水的密度（kg/m^3）。水泥的密度可取 $2900 \sim 3100kg/m^3$；

　　　α——混凝土的含气量，以百分率计。在不使用引气型外加剂时，可取 $\alpha = 1\%$。

联解方程组可解得 m_{s0}、m_{g0}。

2）质量法。质量法又称为假定体积密度法。假定混凝土拌合物的体积密度为 ρ_{cu}（kg/m^3）。则 $1m^3$ 混凝土的总质量为 $\rho_{cu} \times 1$（kg），可建立下式。

$$\begin{cases} m_{c0} + m_{s0} + m_{g0} + m_{w0} = \rho_{cu} \times 1 \\[2mm] \beta_s = \dfrac{m_{s0}}{m_{s0} + m_{g0}} \times 100\% \end{cases} \tag{6-13}$$

式中　m_{c0}、m_{s0}、m_{g0}、m_{w0}——分别为 $1m^3$ 混凝土中水泥、砂、石子、水的用量（kg）；

　　　ρ_{cu}——混凝土拌合物的假定体积密度（kg/m^3）。可取 $2350 \sim 2450kg/m^3$。

联解方程组可解得 m_{s0}、m_{g0}。

（7）确定初步配合比

上述按经验公式和经验数据计算出的配合比，称为初步配合比，可采用配合比的两种表示方法表示。

（8）试配、调整、确定实验室配合比

1）采用工程中实际使用的原材料，按初步配合比试配少量混凝土。

混凝土试配时，混凝土的最小搅拌量应符合表6-27的规定。混凝土的搅拌方法，宜与生产时使用的方法相同。当采用机械搅拌时，其搅拌量不应小于搅拌机额定搅拌量的1/4。

混凝土试配时的最小搅拌量　　　　　　表 6-27

骨料最大粒径（mm）	拌合物数量（L）
31.5 及以下	15
40	25

2）检验和易性。当试配的混凝土拌合物坍落度或维勃稠度不能满足要求，或黏聚性和保水性不好时，应在保证水灰比不变的条件下相应调整用水量或砂率，直到符合要求时为止。然后测定达到和易性要求的混凝土拌合物的体积密度 $\rho_{c,t}$（kg/m^3），提出混凝土强度试验用的配合比。

3）检验强度。混凝土强度试验时至少应采用三个不同的配合比，其中一个应为计算出的基准配合比，另外两个配合比的水灰比，较初步配合比分别增加和减少0.05；用水量与初步配合比相同，砂率可分别增加或减少1%。

制作混凝土强度试验试件时，应检验混凝土拌合物的坍落度或维勃稠度、黏聚性、保水性及拌合物的体积密度，并以此结果代表相应配合比的混凝土拌合物性能。每种配合比至少应制作一组试件（三块），标准养护至28d时，上机检测试件的立方体抗压强度。

4）确定实验室配合比。根据试验得出的混凝土强度与其相应灰水比（m_c/m_w）关系，用作图法或计算法求出与混凝土施工配制强度（$f_{cu,0}$）相对应的灰水比，并按下列原则确定1m^{3}混凝土中的组成材料用量：

单位用水量（m_w）应在初步配合比用水量的基础上，根据制作强度试件时测得的坍落度或维勃稠度进行调整确定；

单位水泥用量（m_c）应以用水量乘以选定出来的灰水比计算确定；

单位砂石用量（m_s、m_g）应在初步配合比的用量基础上，按选定的灰水比进行调整后确定。

5）经试配确定配合比后，还应按下列步骤进行校正：

将按上述方法确定的各组成材料用量代入下式，计算混凝土的体积密度计算值 $\rho_{c,c}$：

$$\rho_{c,c}=m_c+m_s+m_g+m_w \qquad (6\text{-}14)$$

按下式计算混凝土配合比校正系数 δ：

$$\delta=\frac{\rho_{c,t}}{\rho_{c,c}} \qquad (6\text{-}15)$$

式中　$\rho_{c,t}$——混凝土体积密度实测值（kg/m^3）；

$\rho_{c,c}$——混凝土体积密度计算值（kg/m^3）。

当混凝土体积密度实测值与计算值之差的绝对值不超过计算值的 2% 时，无需调整，即得实验室配合比；当两者之差超过 2% 时，应将配合比中各组成材料用量均乘以校正系数 δ，即为实验室配合比。

（9）计算施工配合比

实验室配合比中的砂、石子均以干燥状态下的用量为准。施工现场的骨料一般采用露天堆放，其含水率随气候的变化而变化，因此必须在实验室配合比的基础上进行调整。

假定现场砂、石子的含水率分别为 $a\%$ 和 $b\%$，则施工配合比中 $1m^3$ 混凝土的各组成材料用量分别为：

$$m'_c = m_c$$
$$m'_s = m_s(1+a\%)$$
$$m'_g = m_g(1+b\%)$$
$$m'_w = m_w - m_s \times a\% - m_g \times b\% \qquad (6\text{-}16)$$

4. 配合比设计应用实例

【例 6-1】某工程现浇室内钢筋混凝土梁，混凝土设计强度等级为 C30。施工采用机械拌合和振捣，选择的混凝土拌合物坍落度为 35～50mm。施工单位无混凝土强度统计资料。所用原材料如下：

水泥：普通水泥，强度等级 42.5，实测 28d 抗压强度为 48.0MPa，密度 $\rho_c = 3.1g/cm^3$；

砂：中砂，级配 2 区合格，表观密度 $\rho_s = 2.65g/cm^3$；

石子：卵石，最大粒径 40mm，表观密度 $\rho_g = 2.60g/cm^3$；

水：自来水，密度 $\rho_w = 1.00g/cm^3$。

试用体积法和质量法确定该混凝土的初步配合比。

【解】

（1）计算混凝土的施工配制强度 $f_{cu,0}$

根据题意可得：$f_{cu,k} = 30.0MPa$，查表 6-22 取 $\sigma = 5.0MPa$，则

$$f_{cu,0} = f_{cu,k} + 1.645\sigma$$
$$= 30.0 + 1.645 \times 5.0 = 38.2MPa$$

（2）确定混凝土水灰比 m_w/m_c

按强度要求计算混凝土水灰比 m_w/m_c。

根据题意可得：$f_{ce} = 48.0MPa$，$\alpha_a = 0.48$，$\alpha_b = 0.33$，则混凝土水灰比为：

$$\frac{m_w}{m_c} = \frac{\alpha_a \cdot f_{ce}}{f_{cu,0} + \alpha_a \cdot a_b \cdot f_{ce}}$$
$$= \frac{0.48 \times 48.0}{38.2 + 0.48 \times 0.33 \times 48.0} = 0.50$$

按耐久性要求复核：室内钢筋混凝土梁，属于正常的居住或办公用房屋，查表 6-21 知混凝土的最大水灰比值为 0.65，计算出的水灰比 0.50 未超过规定的最大水灰比值，因此 0.50 能够满足混凝土耐久性要求。

（3）确定单位用水量 m_{w0}

根据题意，骨料为中砂、卵石，最大粒径为 40mm，查表 6-24 取 $m_{w0} = 160kg$。

（4）计算单位水泥用量 m_{c0}

计算：$m_{c0} = \dfrac{m_{w0}}{m_w/m_c} = \dfrac{160}{0.50} = 320kg$

复核耐久性：室内钢筋混凝土梁，属于正常的居住或办公用房屋，查表 6-21 知每立方米混凝土的水泥最小用量为 260kg，计算出的水泥用量 320kg 不低于最小水泥用量，因此混凝土耐久性合格。

（5）确定砂率 β_s

根据题意，混凝土采用中砂、卵石（最大粒径 40mm）、水灰比 0.50，查表 6-26 可得 $\beta_s = 28\% \sim 33\%$，取 $\beta_s = 30\%$。

（6）计算单位砂、石子用量 m_{s0}、m_{g0}

1）体积法　将已知数据和已确定的数据代入体积法的计算公式，取 $\alpha = 1\%$，可得：

$$\begin{cases} \dfrac{m_{s0}}{2650} + \dfrac{m_{g0}}{2600} = 1 - \dfrac{320}{3100} - \dfrac{160}{1000} - 0.01 \\ \dfrac{m_{s0}}{m_{s0} + m_{g0}} \times 100\% = 30\% \end{cases}$$

解方程组，可得 $m_{s0} = 570kg$、$m_{g0} = 1330kg$。

2）质量法　假定混凝土拌合物的体积密度为 $\rho_{cu} = 2400kg/m^3$，则 $1m^3$ 混凝土拌合物的总质量为 $m_{cp} = \rho_{cu} \times 1 = 2400kg$。

将已知数据和已确定的数据代入质量法计算公式，可得：

$$\begin{cases} m_{s0} + m_{g0} = 2400 - 320 - 160 \\ \dfrac{m_{s0}}{m_{s0} + m_{g0}} \times 100\% = 30\% \end{cases}$$

解方程组，可得 $m_{s0} = 576kg$、$m_{g0} = 1344kg$。

（7）确定初步配合比

（体积法）$m_{c0} : m_{s0} : m_{g0} = 320 : 570 : 1330 = 1 : 1.78 : 4.16$，$m_w/m_c = 0.50$；

（质量法）$m_{c0} : m_{s0} : m_{g0} = 320 : 576 : 1344 = 1 : 1.80 : 4.20$，$m_w/m_c = 0.50$。

6.1.5　其他品种混凝土简介

1. 高强混凝土

高强混凝土是指强度等级为 C60 及以上的混凝土。高强混凝土的组成材料及配合比应符合以下规定。

（1）组成材料

1）应选用质量稳定、强度等级不低于42.5的硅酸盐水泥或普通硅酸盐水泥。

2）对强度等级为C60的混凝土，其粗骨料最大粒径不应大于31.5mm；对强度等级高于C60级的混凝土，其粗骨料最大粒径不应大于25mm；粗骨料的针片状颗粒含量不宜大于5.0%，含泥量不应大于0.5%，泥块含量不宜大于0.2%；其他质量指标应符合现行国家标准《建设用卵石、碎石》GB/T 14685—2011的规定。

3）细骨料细度模数宜大于2.6，含泥量不应大于2.0%，泥块含量不应大于0.5%。其他质量指标应符合现行国家标准《建设用砂》GB/T 14684—2011的规定。

4）配制高强混凝土时应掺用高效型减水剂或缓凝高效减水剂。

5）配制高强混凝土时应掺用活性较好的矿物掺合料，且宜复合使用矿物掺合料。

（2）配合比及试配要求

高强混凝土的配合比计算方法和试配步骤除与水泥混凝土配合比一致外，还应符合以下规定：

1）基准配合比中的水灰比，可根据现有试验资料选取。

2）配制高强混凝土所用砂率及所采用的外加剂和矿物掺合料的品种、掺量，应通过试验确定。

3）计算高强混凝土配合比时，其用水量按水泥混凝土配合比设计的规定确定。

4）$1m^3$ 高强混凝土中的水泥用量不应大于550kg、水泥和矿物掺合料的总量不应大于600kg。

5）高强混凝土配合比的试配按水泥混凝土配合比试配步骤进行。当采用三个不同配合比进行混凝土强度试验时，其中一个应为基准配合比，另外两个配合比的水灰比，应较基准配合比分别增加和减少0.02～0.03。设计配合比确定后，还应使用该配合比进行不少于6次的重复试验进行验证，其平均值不应低于施工配制强度。

2. 泵送混凝土

泵送混凝土是指混凝土拌合物的坍落度不低于100mm，并用泵送法施工的混凝土。泵送混凝土的组成材料及配合比应符合以下规定：

（1）组成材料

1）泵送混凝土应选用硅酸盐水泥、普通硅酸盐水泥、矿渣硅酸盐水泥和粉煤灰硅酸盐水泥，不宜采用火山灰质硅酸盐水泥。

2）粗骨料宜采用连续级配，其针片状颗粒含量不宜大于10%；粗骨料的最大粒径与输送管内径之比宜符合表6-28的规定。

3）泵送混凝土宜采用中砂，其通过 $300\mu m$ 筛孔的颗粒含量不应少于15%。

4）泵送混凝土应掺用泵送剂或减水剂，并宜掺用粉煤灰或其他活性矿物掺合料，其质量应符合国家现行有关标准的规定。

<table>
<tr><td colspan="3">粗骨料的最大粒径与输送管径之比</td><td>表 6-28</td></tr>
</table>

石子品种	泵送高度（m）	粗骨料最大粒径与输送管径比
碎石	<50	≤1：3.0
	50～100	≤1：4.0
	>100	≤1：5.0
卵石	<50	≤1：2.5
	50～100	≤1：3.0
	>100	≤1：4.0

（2）配合比及试配要求

泵送混凝土配合比的计算和试配步骤除与水泥混凝土配合比一致外，还应符合以下规定：

1）泵送混凝土的用水量与水泥和矿物掺合料的总量之比不宜大于 0.60。

2）1m^3 泵送混凝土中的水泥和矿物掺合料总量不宜小于 300kg。

3）泵送混凝土的砂率宜为 35%～45%。

4）掺用引气型外加剂时，其混凝土含气量不宜大于 4%。

5）泵送混凝土试配时的坍落度应按下式计算：

$$T_t = T_p + \Delta T \tag{6-17}$$

式中　T_t——试配时要求的坍落度（mm）；

T_p——入泵时要求的坍落度（mm）；

ΔT——试验测得在预计时间内的坍落度经时损失值（mm）。

6.2　砂　　浆

6.2.1　概述

建筑砂浆是由胶凝材料、细骨料、掺加料和水按适当比例配制而成的一种复合型建筑材料。在砖石结构中，砂浆可以把单块的砖、石块以及砌块胶结起来，构成砌体。砖墙勾缝和大型墙板的接缝也要用砂浆来填充。墙面、地面及梁柱结构的表面都需要用砂浆抹面，起保护结构和装饰的效果。镶贴大理石、贴面砖、瓷砖、陶瓷锦砖以及制作水磨石等都要使用砂浆。此外，还有一些绝热、吸声、防水、防腐等特殊用途的砂浆以及专门用于装饰方面的装饰砂浆。

根据砂浆中胶凝材料的不同，可分为水泥砂浆、石灰砂浆、石膏砂浆和混合砂浆。混合砂浆有水泥石灰砂浆、水泥黏土砂浆和石灰黏土砂浆等。根据用途，砂浆可分为砌筑砂浆、抹面砂浆、装饰砂浆及特种砂浆等。

6.2.2　砌筑砂浆

用于砌筑砖、石、砌块等砌体工程的砂浆称为砌筑砂浆。它起着黏结砌块、构筑砌体、传递荷载和提高墙体使用功能的作用，是砌体的重要组成部分。

1. 砌筑砂浆的组成材料

（1）水泥

常用品种的水泥都可以用来配制砌筑砂浆。为了合理利用资源、节约原材料，在配制砂浆时要尽量采用强度较低的水泥或砌筑水泥。对于一些特殊用途如配制构件的接头、接缝或用于结构加固、修补裂缝，应采用膨胀水泥。水泥的强度等级一般为砂浆强度等级的 4.0~5.0 倍，常用 42.5 强度等级的水泥。

（2）细骨料

砂浆用细骨料主要为天然砂，它应符合混凝土用砂的技术要求。由于砂浆层较薄，对砂的最大粒径有所限制。对于毛石砌体用砂宜选用粗砂，其最大粒径应小于砂浆层厚度的 1/5 ~ 1/4。对于砖砌体以使用中砂为宜，粒径不得大于 2.36mm。对于光滑的抹面及勾缝的砂浆则应采用细砂。砂的含泥量对砂浆的强度、变形性、稠度及耐久性影响较大。对 M5 以上的砂浆，砂中含泥量不应大于 5%；M5 以下的水泥混合砂浆，砂中含泥量可大于 5%，但不应超过 10%。

若采用人工砂、山砂、炉渣等作为细骨料配制砂浆，应根据经验或经试配确定其技术指标。

（3）拌合用水

砂浆拌合水的技术要求与混凝土拌合水相同。应选用无杂质的洁净水来拌制砂浆。

（4）掺加料

掺加料是指为了改善砂浆的和易性而加入的无机材料。常用的掺加料有石灰膏、黏土膏、电石膏、粉煤灰以及一些其他工业废料等。为了保证砂浆的质量，需将石灰预先充分"陈伏"熟化制成石灰膏，然后再掺入砂浆中使用。如采用生石灰粉或消石灰粉，则可直接掺入砂浆搅拌均匀后使用。当利用其他工业废料或电石膏等作为掺加料时，必须经过砂浆的技术性质检验，在不影响砂浆质量的前提下才能够使用。

（5）外加剂

与混凝土相似，为改善或提高砂浆的某些技术性能，更好地满足施工条件和使用功能的要求，可在砂浆中掺入一定种类的外加剂。对所选择的外加剂品种和掺量必须通过试验来确定。

2. 砌筑砂浆的技术性能

新拌砂浆要求具有良好的和易性。和易性良好的砂浆容易在粗糙的砖石表面上铺抹成均匀的薄层，而且能够和砖石表面紧密黏结。使用和易性良好的砂浆，既便于施工操作，提高劳动生产率，又能保证工程质量。砂浆和易性包括流动性和保水性两个方面。硬化后的砂浆则应具有所需的强度和良好的黏结力，并应具有适宜的变形性能。

（1）和易性

砂浆和易性是指砂浆便于施工操作的性能，包含有流动性和保水性两方面的含义。

1）砂浆的流动性（又称稠度）是指砂浆在自重或外力作用下产生流动的性能。流动性采用砂浆稠度测定仪测定，以沉入度（mm）表示，测定方法见试验部分。

砂浆的流动性和许多因素有关，胶凝材料的用量、用水量、砂粒粗细、形状、级配，以及砂浆搅拌时间都会影响砂浆的流动性。

砂浆流动性的选择与砌体材料及施工天气情况有关。一般可根据施工操作经验来掌握，但应符合《砌体结构工程施工质量验收规范》GB 50203—2011 规定。具体情况可参考表 6-29。

砌筑砂浆的稠度（沉入度）选择   表 6-29

砌 体 种 类	砂浆稠度（mm）
烧结普通砖砌体 蒸压粉煤灰砖砌体	70~90
混凝土实心砖、混凝土多孔砖砌体 普通混凝土小型空心砌块砌体 蒸压灰砂砖砌体	50~70
烧结多孔砖、空心砖砌体 轻骨料小型空心砌块砌体 蒸压加气混凝土砌块砌体	60~80
石砌体	30~50

2）新拌砂浆能够保持水分的能力称为保水性。

保水性差的砂浆，在施工过程中很容易泌水、分层、离析，由于水分流失而使流动性变坏，不易铺成均匀的砂浆层。砂浆内胶凝材料充足，尤其是掺入了掺加料的混合砂浆，其保水性较好。砂浆中掺入适量的加气剂或塑化剂也能改善砂浆的保水性和流动性。通常可掺入微沫剂以改善新拌砂浆的性质。

砂浆的保水性用分层度（mm）表示。搅拌均匀的砂浆，先测其沉入度，再装入分层度测定仪，静置 30min 后，去掉上部 200mm 厚的砂浆，测其剩余部分砂浆的沉入度，先后两次沉入度的差值即为分层度。分层度值越小，则保水性越好。砌筑砂浆的分层度以在 30mm 以内为宜。分层度大于 30mm 的砂浆，容易产生离析，不便于施工。分层度接近于零的砂浆，容易发生干缩裂缝。

（2）砂浆的强度

砂浆强度是以边长为 70.7mm×70.7mm×70.7mm 的立方体试件，在温度为 20±3℃，一定湿度下标准养护 28d，测得的极限抗压强度。具体测定方法见试验部分。

砂浆按其抗压强度平均值分为 M2.5、M5.0、M7.5、M10、M15、M20 六个强度等级。在一般工程中，办公楼、教学楼以及多层建筑物宜选用 M5.0~M10 的砂浆，平房商店等多选用 M2.5~M5.0 的砂浆，仓库、食堂、地下室以及工业厂房等多选用 M2.5~M10 的砂浆，而特别重要的砌体宜选用 M10 以上的砂浆。

砂浆的养护温度对其强度影响较大。温度越高，砂浆强度发展越快，早期强度越高。另外，底面材料的不同，影响砂浆强度的因素也不同。

1）用于砌筑不吸水底材（如密实的石材）砂浆的强度，主要取决于水泥强度和水灰比。计算公式见式（6-18）。

$$f_{\mathrm{m}} = 0.29 f_{\mathrm{ce}} \left(\frac{m_{\mathrm{c}}}{m_{\mathrm{w}}} - 0.4 \right) \tag{6-18}$$

式中　f_{m}——砂浆 28d 抗压强度（MPa）；

f_{ce}——水泥的 28d 实测强度（MPa）；

$\dfrac{m_{\mathrm{c}}}{m_{\mathrm{w}}}$——灰水比。

2）用于砌筑吸水底材（如砖或其他多孔材料）时，即使砂浆用水量不同，但因砂浆具有良好保水性能，经过底材吸水后，保留在砂浆中的水分几乎是相同的。因此，砂浆强度主要取决于水泥强度与水泥用量，而与砌筑前砂浆中的水灰比没有关系。计算公式见式（6-19）。

$$f_{\mathrm{m}} = \frac{\alpha \cdot Q_{\mathrm{c}} \cdot f_{\mathrm{ce}}}{1000} + \beta \tag{6-19}$$

式中　f_{m}——砂浆 28d 抗压强度（MPa）；

Q_{c}——每立方米砂浆的水泥用量（kg）；

α、β——砂浆的特征系数，其中 $\alpha = 3.03$，$\beta = -15.09$；

f_{ce}——水泥的 28d 实测强度（MPa）。

由于砂浆组成材料较复杂，变化也较多，很难用简单的公式准确计算出其强度，因此式（6-19）计算的结果还必须通过具体试验来确定。

（3）黏结力

砌体是靠砂浆把块状的砖石材料黏结成为一个坚固整体。因此要求砂浆对于砖石必须有一定的黏结力。一般情况下，砂浆的强度等级越高其黏结力也越大。此外，砂浆黏结力的大小与砖石表面状态、清洁程度、湿润情况以及施工养护条件等因素有关。如砌筑烧结普通砖要事先浇水湿润，表面清洁不沾泥土，就可以提高砂浆与砖之间的黏结力，保证墙体的质量。

3. 砌筑砂浆的配合比

根据《砌筑砂浆配合比设计规程》JGJ/T 98—2010 的规定，砌筑砂浆配合比的确定，应按下列步骤进行。

（1）计算砂浆配制强度。为了保证砂浆具有 85% 的强度保证率，可按下式计算：

$$f_{\mathrm{m,0}} = f_2 + 0.645 \sigma \tag{6-20}$$

式中　$f_{\mathrm{m,0}}$——砂浆的强度（MPa）；

f_2——砂浆抗压强度平均值（MPa）；

σ——砂浆强度标准差（MPa）。

砂浆强度标准差与施工水平有着密切的关系，当现场有统计资料时，通过统计分析可计算得出 σ 值；当不具有近期统计资料，砂浆强度标准差 σ 值可按表 6-30 取值。

砂浆强度标准差 σ （MPa）选用值　　　　　表 6-30

施工水平	M2.5	M5.0	M7.5	M10	M15	M20
优　良	0.50	1.00	1.50	2.00	3.00	4.00
一　般	0.62	1.25	1.88	2.50	3.75	5.00
较　差	0.75	1.50	2.25	3.00	4.50	6.00

（2）计算单位水泥用量。单位水泥用量即是指配制 $1m^3$ 砂浆时，每立方米砂浆中水泥的用量，可按下式计算：

$$Q_c = \frac{1000(f_{m,0} - \beta)}{\alpha \cdot f_{ce}} \tag{6-21}$$

式中　Q_c——$1m^3$ 砂浆的水泥用量（kg）；

$f_{m,0}$——砂浆的配制强度（MPa）；

α、β——砂浆的特征系数，其中 $\alpha = 3.03$，$\beta = -15.09$；

f_{ce}——水泥的 28d 实测强度（MPa）。

当水泥砂浆中水泥的单位用量不足 $200kg/m^3$ 时，应按 $200kg/m^3$ 选用。

（3）按下式计算掺加料的单位用量

$$Q_D = Q_A - Q_c \tag{6-22}$$

式中　Q_D——$1m^3$ 砂浆中掺加料的用量（kg）；

Q_A——$1m^3$ 水泥混合砂浆中水泥和掺加料的总量，一般在 $300 \sim 350kg$ 之间；

Q_c——$1m^3$ 砂浆的水泥用量（kg）。

（4）确定单位用砂量。砂浆中水、胶凝材料和掺加料是用来填充砂子的空隙，因此，$1m^3$ 的砂子就构成了 $1m^3$ 的砂浆。按下式计算砂的单位用量。

$$Q_s = 1 \times \rho'_{s0} \tag{6-23}$$

式中　Q_s——每立方米砂浆的砂用量（kg）；

ρ'_{s0}——砂干燥状态下的堆积密度（kg/m^3）。

（5）每立方米砂浆中的用水量，根据砂浆稠度等要求来选用。由于用水量多少对砂浆强度影响不大，因此一般可根据经验以满足施工所需稠度即可。通常情况下可选用 $240 \sim 310kg$。

（6）确定初步配合比。按上述步骤得到的配合比称为砂浆的初步配合比，常用"质量比"表示。

（7）试配与调整

采用工程实际使用的材料，按初步配合比试配少量砂浆，测定其稠度和分层度，若不能满足要求，则应调整组成材料用量，直至符合要求为止；然后，再检验砂浆的强度是否能达到强度等级的要求（具体方法同混凝土）。经过这一系列步骤，砂浆配合比达到了实际工程的具体要求，可以用于实际工程中。最后确定出砂浆的配合比。

4. 砂浆配合比设计实例

【例 6-2】确定用于砌筑多孔砌块，强度等级为 M5 的水泥混合砂浆的初步配合比。采用强度等级为 32.5 矿渣水泥（实测 28d 抗压强度为 35MPa）；砂的干燥堆积密度为 1450kg/m³；该工程队施工质量水平优良。

【解】

（1）计算砂浆的配制强度

查表 6-31，取 $\sigma = 1.0\text{MPa}$。

$$f_{m,0} = f_2 + 0.645\sigma$$
$$= 5.0 + 0.645 \times 1.0 = 5.6\text{MPa}$$

（2）计算单位水泥用量

$$Q_c = \frac{1000(f_{m,0} - \beta)}{\alpha \cdot f_{ce}}$$
$$= \frac{1000 \times (5.6 + 15.09)}{3.03 \times 35.0}$$
$$= 195\text{kg}$$

（3）计算单位石灰膏用量

$$Q_D = Q_A - Q_c$$
$$= 350 - 195 = 155\text{kg}$$

（4）计算单位砂的用量

$$Q_s = 1 \times \rho'_{s0}$$
$$= 1 \times 1450 = 1450\text{kg}$$

（5）得到砂浆初步配合比

采用质量比表示，$Q_c : Q_D : Q_s = 195 : 155 : 1450 = 1 : 0.79 : 7.44$

6.2.3　抹面砂浆

凡以薄层涂抹在建筑物或建筑构件表面的砂浆，统称为抹面砂浆，也称为抹灰砂浆。

根据抹面砂浆功能的不同，一般可将抹面砂浆分为普通抹面砂浆、装饰砂浆、防水砂浆和具有某些特殊功能的抹面砂浆（如绝热砂浆、耐酸砂浆、防射线砂浆）等。

抹面砂浆的组成材料要求与砌筑砂浆基本相同。根据抹面砂浆的使用特点，其主要技术性能的要求是具有良好的和易性和较高的黏结力，使砂浆容易抹成均匀平整的薄层，而且能与基层黏结牢固。为了防止砂浆层开裂，有时需加入纤维增强材料，如麻刀、纸筋、稻草、玻璃纤维等；为了使其具有某些特殊功能也需要选用特殊骨料或掺加料。

1. 普通抹面砂浆

普通抹面砂浆对建筑物墙体起保护作用。它可以抵抗风、雨、雪等自然环境对建筑物的侵蚀，提高建筑物的耐久性。此外，经过砂浆抹面的墙面或其他构件的表面又可以达到平整、光洁和美观的效果。

普通抹面砂浆通常分为三层进行施工。各层抹灰要求不同，所以每层所选用的砂浆也不一样。

底层抹灰的作用是使砂浆与基层牢固黏结，因此要求砂浆具有良好的和易性及较高的黏结力，且保水性良好，否则水分就容易被底面材料吸掉而影响砂浆的黏结力。底材表面粗糙有利于与砂浆的黏结。用于砖墙的底层抹灰，多用石灰砂浆或石灰炉灰砂浆；用于板条墙或板条顶棚的底层抹灰多用麻刀石灰灰浆；混凝土墙、梁、柱、顶板等底层抹灰多用混合砂浆。

中层抹灰主要是为了找平，多采用混合砂浆或石灰砂浆。

面层抹灰要达到平整美观的表面效果。面层抹灰多用混合砂浆、麻刀石灰灰浆或纸筋石灰灰浆。在容易碰撞或潮湿的地方，应采用水泥砂浆，如墙裙、踢脚板、地面、雨篷、窗台以及水池、水井等处一般多用1:2.5水泥砂浆。在硅酸盐砌块墙面上做抹面砂浆或粘贴饰面材料时，最好在砂浆层内夹一层事先固定好的钢丝网，以免日后剥落。普通抹面砂浆的配合比，可参考表6-31。

普通抹面砂浆参考配合比　　　　　　　　　　　　表6-31

材　　料	配合比(体积比)	材　　料	配合比(体积比)
水泥:砂	1:2~1:3	石灰:石膏:砂	1:0.4:2~1:2:4
石灰:砂	1:2~1:4	石灰:黏土:砂	1:1.1:4~1:1.1:8
水泥:石灰:砂	1:1.1:6~1:1.2:9	石灰膏:麻刀	100:1.3~100:2.5(质量比)

2. 装饰砂浆

以薄层涂抹在基层表面，具有美观和装饰效果的抹面砂浆统称为装饰砂浆。装饰砂浆的底层和中层抹灰与普通抹面砂浆基本相同。面层要选用具有一定颜色的胶凝材料和骨料，或采用某种特殊的施工工艺，使表面呈现出各种不同的色彩、线条与花纹等装饰效果。装饰砂浆所采用的胶凝材料有白水泥、彩色水泥，或是在常用水泥中掺加些耐碱矿物颜料配成彩色水泥以及石灰、石膏等。骨料常采用大理石、花岗石等带颜色的细石碴或玻璃、陶瓷碎粒等。

一般外墙面的装饰砂浆有如下：

(1) 干粘石

在水泥浆面层的表面上，黏结粒径5mm以下的彩色石粒、小石子或彩色玻璃碎粒。要求石粒黏结牢固不脱落。干粘石多用于建筑物的外墙装饰，具有一定的质感，经久耐用。干粘石的装饰效果与水刷石相同，但其施工采用干操作，避免了水刷石的湿操作，施工效率高，污染小，也节约材料。

(2) 水刷石

用颗粒细小（约5mm）的石粒所拌成的水泥石子浆做面层，在水泥初凝时，即喷水冲刷表面，使石粒半露而不脱落。水刷石由于施工污染大，费工费时，目前工程中已逐渐被干粘石所取代。

（3）水磨石

用普通水泥、白色水泥或彩色水泥拌合各种色彩的大理石石粒做面层。硬化后采用机械磨平抛光表面。水磨石多用于地面装饰，可事先设计图案和色彩，抛光后更具有艺术效果。除可用做地面之外，还可预制做成楼梯踏步、窗台板、柱面、台面、踢脚板和地面板等。

（4）斩假石

斩假石又称剁斧石。它是在水泥砂浆硬化后，用斧刃将表面剁毛并露出石粒。斩假石表面具有粗面花岗岩的装饰效果。

（5）假面砖

将普通砂浆用木条在水平方向压出砖缝印痕，用钢片在竖面方向压出砖印，再涂刷涂料，即可在平面上做出清水砖墙图案效果。

此外，装饰砂浆还可采取喷涂、弹涂、辊压等新工艺方法，做成多种多样的装饰面层，操作方便，施工效率高。

复习思考题

1. 普通混凝土的组成材料有哪些？各自在混凝土不同阶段起什么作用？
2. 简述普通混凝土的优缺点。
3. 何谓细骨料的颗粒级配和粗细程度？各自指标是什么？采用什么方法检测？
4. 粗骨料的强度采用什么表示？
5. 粗细骨料中，有害物质有哪些？分别有什么不利影响？
6. 何谓混凝土拌合物的和易性？所包含的三方面内容是什么？影响因素有哪些？
7. 如何评定混凝土拌合物的和易性？
8. 硬化混凝土的强度指标有哪些？各自作用是什么？
9. 混凝土立方体抗压强度与立方体抗压强度标准值有何不同？对于同一混凝土，这两者之间有何关系？
10. 影响混凝土强度的因素主要有哪些？如何有效提高混凝土的强度？
11. 非标准试件与标准试件检测出的混凝土立方体抗压强度有何不同？
12. 混凝土的强度等级采用什么符号表示？代表什么含义？
13. 简述混凝土的耐久性，并说说其所包含的丰富内容。采用什么措施可以提高混凝土的耐久性？
14. 混凝土的施工配制强度与其强度等级之间的关系如何？
15. 混凝土实验室配合比能否直接用于施工现场？为什么？采用什么方法能换算为施工配合比？
16. 根据多年气象资料统计，我公司所在地区即将进入冬期施工。为确保冬期预拌混凝土质量，请阐述一下如何保证冬期施工混凝土质量？从哪些方面采取切实可行的措施？

17. 按初步配合比试配少量混凝土，各组成材料用量分别为：水泥 5.2kg，水 2.8kg，河砂 13.4kg，卵石 21.2kg。对混凝土拌合物和易性采用坍落度法检验，发现坍落度值偏小，于是掺入 5%的水泥浆进行调整并达到要求。测得混凝土拌合物的体积密度为 2380kg/m³。试计算该混凝土调整之后的配合比。

18. 采用质量法设计某教学楼 C40 梁板柱混凝土配合比。各组成材料分别采用：42.5 强度等级普通水泥，中砂、卵石级配合格，自来水，不掺外加剂。

19. 已知某混凝土的实验室配合比为 1：2.20：4.32，$m_w/m_c = 0.58$，并测得混凝土拌合物的体积密度为 2368kg/m³。试确定拌合 1m³ 混凝土所需的各种组成材料的用量。

20. 在混凝土拌合物和易性检测时，若出现下列情况，应如何调整配合比？

（1）坍落度值偏大；

（2）坍落度值偏小；

（3）黏聚性较差。

21. 简述混凝土的发展方向。

22. 简述建筑砂浆的定义。

23. 何谓砌筑砂浆的稠度和保水性？各自采用什么指标表示？

24. 砌筑砂浆的强度等级采用什么符号表示？如何判断砂浆的强度是否达到所设计强度等级要求？

25. 如何提高砌筑砂浆的黏结力？

26. 何谓抹面砂浆？主要有哪些品种？

教学单元7 沥青材料

沥青材料属于有机胶凝材料，是由多种有机化合物构成的复杂混合物。在常温下，呈固态、半固态或液态，颜色呈辉亮褐色以至黑色。

沥青材料与混凝土、砂浆、金属、木材、石料等材料具有很好的黏结性能。具有良好的不透水性、抗腐蚀性和电绝缘性。能溶解于汽油、苯、二硫化碳、四氯化碳、三氯甲烷等有机溶剂。高温时易于加工处理，常温下又很快地变硬，并且具有一定的抵抗变形的能力。因此被广泛地应用于建筑、铁路、道路、桥梁及水利工程中。

沥青按其在自然界中获得的方式，可分为地沥青和焦油沥青两大类。地沥青按产源可分为：天然沥青（是石油在自然条件下，长时间经受地球物理因素作用而形成的产物）、石油沥青。焦油沥青是各种有机物（煤、木材、页岩等）干馏加工得到的焦油，再经加工而得到的产品。

沥青分类见表7-1。

沥青分类　　　　　　　　　　　　　　　　　　　　　　表7-1

沥青	地沥青	石油沥青	石油原油经分馏提炼出各种轻质油品后的残留物,再经加工而得到的产物
		天然沥青	存在于自然界中的沥青
	焦油沥青	煤沥青	烟煤干馏得到煤焦油,煤焦油经分馏提炼出油品后的残留物,再经加工制得的产物即煤沥青
		木沥青	木材干馏得到木焦油,木焦油经加工后得到的沥青
		页岩沥青	油页岩干馏得到页岩焦油,页岩焦油经加工后得到的沥青

在工程中应用最为广泛的是石油沥青，其次是煤沥青，以及以沥青为原料通过加入表面活性物质而得到的乳化沥青或以沥青为原料通过加入改性材料而得到的改性沥青。

7.1 石油沥青

7.1.1 石油沥青的生产与分类

1. 石油沥青的生产

石油沥青是由石油或石油衍生物经常压或减压蒸馏，提炼出汽油、煤油、柴油、润滑油等轻油分后的残渣，经加工而得到的产品。其生产工艺如图7-1所示。

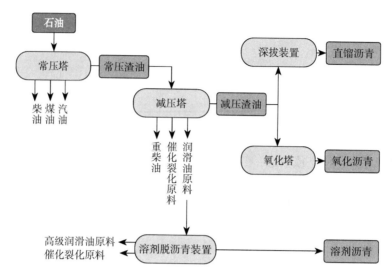

图 7-1　石油沥青生产工艺流程示意图

2. 石油沥青的分类

石油沥青的种类很多，从图 7-1 中就可以看出，石油沥青包括：常压渣油、减压渣油、直馏沥青、氧化沥青和溶剂沥青。

常压渣油和减压渣油都属于慢凝液体沥青。一般黏性较差，在常温时呈液体或黏稠膏状，低温时有粒状物质，加热时有熔蜡气味，粘在手上容易擦干净，拉之不易成丝而易中断。目前我国产的渣油，一般含蜡量较高（约 10%～20%）、稠度低、塑性差、黏结力较弱、热稳定性不好；但渣油也具有一些优点：闪点较高，一般在 200℃以上，施工比较安全；抗老化的性能较好；脆点很低，在低温时的塑性与抗裂性也较好。在 20 世纪 60～70 年代，渣油对改善我国一些交通量较大的公路的使用质量发挥了很大的作用。但是，由于上述渣油的缺点，它不能适应当前主要公路干线（如一、二级公路）和主要街道的交通情况，也不适宜修筑高级沥青面层。

直馏沥青、氧化沥青和溶剂沥青均为黏稠沥青。氧化沥青与原渣油相比，其中的油分和树脂减少，地沥青质增多，石蜡含量几乎没变。因此，氧化沥青的稠度和软化点增加了，但延伸度没有得到改善。

有时为施工需要，希望在常温下沥青具有较大的施工流动性，且在施工完成后又能快速凝固而具有较高的黏结性能，为此在黏稠沥青中掺入煤油或汽油等挥发速度较快的有机溶剂，从而得到中凝液体沥青和快凝液体沥青。

快凝液体沥青所需有机溶剂成本高，同时要求石料必须是干燥的。为了节约溶剂用量和扩大其使用范围，可以采用将沥青分散在有乳化剂的水中，而制成乳化沥青。

为了更好地发挥石油沥青和煤沥青的优点，也可以将这两种沥青按一定比例混合成一种稳定的胶体，这种胶体称为混合沥青。

石油沥青的种类繁多，有多种分类方式，见表 7-2。

石油沥青的分类　　表 7-2

分类方式	主要品种	主要特点
按获得的方法分	渣油	包括常压渣油、减压渣油
	直馏石油沥青	均为黏稠沥青
	氧化石油沥青	
	溶剂石油沥青	
按用途分	建筑石油沥青	稠度大，塑性小，耐热性好
	道路石油沥青	稠度小，塑性好，耐热度低
	普通石油沥青	含蜡量较高(5%~20%)，塑性、耐热性均差，且稠度过小，一般不能直接使用
按稠度大小分	黏稠石油沥青	在常温下为半固体或固体状态
	液体石油沥青	在常温下呈黏稠液体或液体状态

7.1.2　石油沥青的组分和结构

1. 石油沥青的组分

石油沥青的化学成分非常复杂，且其化学成分与其技术性质之间没有直接联系，有时虽然化学成分相同，但若原料或生产工艺及生产设备不同时，其技术性质仍然相差很大。因此，为了便于分析和研究，我们将石油沥青分离为化学性质相近，而且与其路用性质有一定联系的几个组，这些组就称为"组分"。

石油沥青的组分通常有三组分和四组分两种分析法。三组分分析法将石油沥青分为：油分、树脂和沥青质三个组分。四组分分析法将石油沥青分为：饱和分、芳香分、胶质和沥青质四个组分。除了上述组分外，石油沥青中还含有其他化学组分：石蜡及少量地沥青酸和地沥青酸酐。石油沥青各组分的情况见表 7-3 和表 7-4。

石油沥青三组分分析法的各组分情况　　表 7-3

	平均分子量	外观特征	对沥青性质的影响	在沥青中的含量
油分	200~700	淡黄色透明液体	使沥青具有流动性，但其含量较多时，沥青的温度稳定性较差	40%~60%
树脂	800~3000	红褐色黏稠半固体	使沥青具有良好塑性和黏结性能	15%~30%
沥青质	1000~5000	深褐色固体微末状微粒	决定沥青的温度稳定性和黏结性能	10%~30%

石油沥青四组分分析法的各组分情况　　　　　　　　　　　　表 7-4

	平均分子量	相对密度（g/cm³）	外观特征	对沥青性质的影响
饱和分	625	0.89	无色液体	使沥青具有流动性,其含量的增加会使沥青的稠度降低
芳香分	730	0.99	黄色至红色液体	使沥青具有良好的塑性
胶质	970	1.09	棕色黏稠液体	具有胶溶作用,使沥青质胶团能分散在饱和分和芳香分组成的分散介质中,形成稳定的胶体结构
沥青质	3400	1.15	深棕色至黑色固体	在有饱和分存在的条件下,其含量的增加可使沥青获得较低的感温性

　　我国富产石蜡基和中间基原油,因此我国产的石油沥青中石蜡的含量相对较高。石蜡是固体有害物质,会降低沥青的黏结性能、塑性、温度稳定性和耐热性能。使得沥青在高温时容易发软,导致沥青路面出现车辙;而在低温时变得脆硬,导致路面出现裂缝;沥青黏结性能的降低,会导致沥青与石子产生剥落,破坏沥青路面;更为严重的是,会导致沥青路面的抗滑性能降低,影响行车安全。生产中常采用氯盐处理、高温吹氧、溶剂脱蜡等方法,使得多蜡沥青的技术性质得到改善,使之满足使用要求。

　　石油沥青的技术性能与各组分之间的比例密切相关。液体沥青中油分和树脂的含量较多,因此其流动性较好,而黏稠沥青中树脂和沥青质的含量相对较多,所以其热稳定性较好,且黏结性能也较好。当然沥青中各组分的比例并不是固定不变的,在大气因素长期作用下,油分会向树脂转变,而树脂会向沥青质转变,于是沥青中的油分、树脂逐渐减少,沥青质含量逐渐增多,使得沥青的流动性、塑性逐渐变小,脆性增加,直至断裂,这就是我们所说的老化现象。

　　2. 石油沥青的结构

　　沥青为胶体结构。沥青的技术性能不仅取决于它的化学组分,而且也取决于它的胶体结构。

　　在沥青中,分子量很高的沥青质吸附了极性较强的胶质,胶质中极性最强的部分吸附在沥青质的表面,然后逐步向外扩散,极性逐渐减小,直至于芳香分接近,成为分散在饱和分中的胶团,形成稳定的胶体结构。

　　根据沥青中各组分的相对含量,沥青的胶体结构可分为三种类型:溶胶型结构、凝胶型结构和溶—凝胶型结构。

　　（1）溶胶型结构

　　当沥青中沥青质含量较少,同时有一定数量的胶质使得胶团能够完全胶溶而分散在芳香分和饱和分的介质中。此时,沥青质胶团相距较远,它们之间的吸引力很小,胶团在胶体结构中运动较为自由,这种胶体结构的沥青就称为溶胶型结构沥青。

　　这种结构沥青的特点是:稠度小,流动性大,塑性好,但温度稳定性较差。

通常，大部分直馏沥青都属于溶胶型沥青。这类沥青在路用性能上，具有较好的自愈性，低温时的变形能力较强，但高温稳定性较差。

（2）凝胶型结构

当沥青中沥青质含量较高，并有相当数量的胶质来形成胶团，这样，沥青质胶团之间的距离缩短，吸引力增加，胶团移动较为困难，形成空间网格结构，这就是凝胶型结构。

这种结构的沥青弹性和黏结性能较好，高温稳定性较好，但其流动性和塑性较差。在路用性能上表现为，虽然具有良好的高温稳定性，但其低温变形能力较差。

（3）溶—凝胶型结构

当沥青中沥青质含量适当，并且有较多数量的胶质，所形成的胶团数量较多，距离相对靠近，胶团之间有一定的吸引力，这种介于溶胶与凝胶之间的结构就称为溶-凝胶型结构。

这类沥青的路用性能较好，高温时具有较低的感温性，低温时又具有较好的变形能力。大多数优质的石油沥青都属于这种结构类型。

7.1.3　石油沥青的主要技术性质

1. 物理性质

（1）密度

沥青密度是指在规定温度条件下，单位体积的质量，单位为克每立方厘米（g/cm³）或千克每立方米（kg/m³）。沥青的密度与其化学组成有着密切的关系，通过对沥青密度的测定，可以大概了解沥青的化学组成。通常黏稠沥青的密度在 0.96~1.04 范围。

（2）热膨胀系数

沥青在温度上升 1℃时，长度或体积的增长量称为线膨胀系数或体膨胀系数，通称为热膨胀系数。沥青路面的开裂与沥青混合料的温缩系数有关，而沥青混合料的温缩系数主要取决于沥青的热膨胀系数。

（3）介电常数

沥青介电常数与沥青的耐久性有关。据英国道路研究所的研究认为，沥青的介电常数与沥青路面的抗滑性有很好的相关性。现代高等级沥青路面就要求其具有较高的抗滑性能。

（4）含水量

沥青几乎不溶于水，具有良好的防水性。但沥青并不是绝对不含水，沥青吸收水分取决于所含能溶解于水的盐，沥青的盐含量越多，水作用时间越长，沥青中的水分含量就越大。

由于沥青中含有一定量的水分，在其加热过程中水分会形成泡沫，泡沫的体积随温度升高而增大，易发生溢锅现象，产生安全隐患。

2. 黏滞性

沥青黏滞性（又称稠度）是指沥青材料在外力作用下其材料内部阻碍产生相对流动（变形）的能力。它是沥青最重要的技术性质，与沥青路面的力学性能密切相关，且随沥青的化学组分和温度的变化而变化。当沥青质数量增加或油分减少，沥青的稠度就增加。在很大的温度范围内，沥青面层，特别是沥青混凝土和沥青碎石混合料面层的性质取决于沥青的稠度。同时，沥青的稠度对沥青和矿料混合料的工艺性质（如拌合及摊铺过程中的和易性以及压实）也有很大的影响。为了获得耐久的道路面层，就要求沥青的稠度在道路面层工作的温度范围内变化程度要小些。

沥青的黏滞性通常用黏度表示。测定沥青黏度的方法有两种：绝对黏度法和相对黏度法（又称条件黏度法）。绝对黏度法比较复杂，工程实践中，常采用相对黏度测定法。

采用相对黏度测定法测定沥青黏度时，又根据沥青品种不同而不同。测定液体石油沥青、煤沥青和乳化沥青等的相对黏度，采用道路标准黏度计法，指标为黏度；测定黏稠沥青常采用针入度试验法，指标为针入度。

（1）标准黏度计法

液体沥青在规定温度（25℃或60℃）条件下，经规定直径（3mm、4mm、5mm和10mm）的孔，漏下50mL所需的时间秒数，即为黏度，以符号 $C_{T,d}$ 表示，其中 d 为孔径，T 为试验时沥青的温度。在相同温度和相同孔径条件下，流出定量沥青所需的时间越长，则沥青的黏度越大。其测定示意图如图7-2所示。

（2）针入度试验法

针入度试验是国际上经常用来测定黏稠沥青稠度的一种方法。黏稠沥青在规定温度（5℃、15℃、25℃和30℃）条件下，以规定质量的标准针（100g），经规定时间（5s）沉入沥青中的深度，即为针入度，沉入深度0.1mm就称为1度，用符号 $P_{T,m,t}$ 表示，其中 T 为试验温度，m 为标准针质量，t 为沉入时间。黏稠沥青的针入度值越大，表示其越软（稠度越小）。其测定示意图如图7-3所示。

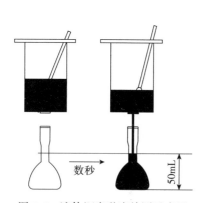

图7-2　液体沥青黏度检测示意图

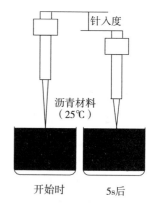

图7-3　黏稠沥青针入度检测示意图

3. 塑性

塑性（又称延性）是指沥青在外力作用下产生塑性变形而不破坏的性质。塑性能反应沥青开裂后自愈的能力以及受机械外力作用产生塑性变形而不破坏的能力。塑性与沥青的化学组分和温度有关。沥青之所以能被加工生产成柔性防水材料，很大程度上就取决于它的这种性质。同时，沥青矿料混合料的一个重要性质——低温变形能力与沥青的塑性也紧密相关。

沥青塑性用延度表示。按标准试验方法制作"8"字形标准试件，在规定温度（一般为25℃）和规定速度（5cm/min）条件下，在延伸仪上进行拉伸，直至试件断裂时伸长的长度为延度（cm）。具体测定见试验部分。

4. 温度敏感性

沥青在温度增高时变软，在温度降低时变脆，其黏度和塑性随温度的变化而变化的程度因沥青品种不同而不同，这就是沥青的温度敏感性。对温度变化较敏感的沥青，其黏度和塑性随温度的变化较大。作为屋面柔性防水材料，就有可能由于日照的作用而产生软化和流淌，从而失去防水作用；而对于沥青路面，则有可能产生车辙，降低路面的使用性能。

沥青的温度敏感性又分高温稳定性和低温脆裂性。高温稳定性用软化点表示，低温脆裂性用脆点表示。

（1）软化点

软化点是沥青材料由固体状态转变为具有一定流动性的粘塑状态的温度。采用"环球法"测定：将沥青试样装入规定尺寸的铜环中，并将规定尺寸和质量的钢球置于其上，再将两者放入有水或甘油的烧杯中，以5℃/min的加热速度加热，至沥青软化下垂达到25.4mm时的温度，就为沥青软化点。具体测定见试验部分。

（2）脆点

脆点是沥青材料由黏塑状态转变为固体状态，并产生条件脆裂时的温度。试验方法较多，常采用的试验方法是：将一定量的沥青均布在40mm×20mm的标准金属片上，然后将此片置于脆点仪弯曲器的夹钳上，将其置于温度下降速度为1℃/min的装置内，启动弯曲器，使得温度每降低1℃时，涂有沥青的金属片就被弯曲一次，直至弯曲时薄片上的沥青出现裂缝时的温度即为脆点。具体测定见试验部分。

5. 耐久性

采用现代技术修筑的高等级沥青路面，都要求具有较长的使用年限。沥青在使用过程中，长期受到环境热、阳光、大气、雨水以及交通等因素作用，各组分会不断递变，低分子的化合物会逐渐转变为高分子的物质，即表现为油分和树脂逐渐减少，地沥青质逐渐增多，从而使得沥青的流动性和塑性逐渐减小，硬度和脆性逐渐增加，直至脆裂，这个过程就称为沥青的老化。采用质量蒸发损失百分率和蒸发后的针入度表示。质量蒸发损失百分率是将沥青试样在160℃下加热蒸发5h，沥青所蒸发的质量与试样总质量的百分率。

6. 黏附性

沥青与骨料的黏附性直接影响沥青路面的使用质量和耐久性，不仅与沥青性质有关，而且与骨料的性质有关。常采用水煮法和水浸法检测（沥青混合料的最大粒径大于13.2mm时采用水煮法，小于或等于13.2mm时采用水浸法）。

水煮法时选取粒径为13.2~19mm形状接近正立方体的规则骨料5个，经沥青包裹后，在蒸馏水中沸煮 3min，按沥青剥落的情况来评定沥青与骨料的黏附性。水浸法时选取 9.5~13.2mm 的骨料，称量规定质量的骨料与一定质量的沥青在规定温度条件下拌合，冷却后在 80℃蒸馏水中保持 30min，然后按沥青剥落面积的百分率来评定黏附性。

7. 大气稳定性

大气稳定性是指石油沥青在大气因素的长期作用下抵抗老化的性能。沥青在大气因素如温度、阳光、空气和水的长期作用下，其组分是不稳定的，各组分之间会不断演变，油分和树脂会逐渐减少，沥青质含量会逐渐增加，从而使其物理性质也逐渐产生变化，稠度和脆性增加，这就是我们所说的老化现象。

沥青的老化分为两个阶段，第一阶段的老化可强化沥青的结构，使沥青与矿料颗粒表面的黏结得到加强；然后到达第二阶段——真正的老化阶段，这时沥青的稠度和脆性进一步增加，沥青结构遭到破坏，最终导致道路沥青面层的破坏。

沥青的大气稳定性除了与沥青本身的性能、大气因素作用的强烈程度有关外，还与其他一些因素有关，如：沥青使用过程中的温度状况、沥青混合料面层的密实程度。沥青在长时间加热或在高温下加热，会产生氧化和聚合反应，使得沥青结构发生变化，从而失去黏结的性能，同时也使得沥青在将来的使用过程中更容易老化。而且沥青混合料面层中存在的孔隙，会促使外界的空气和水进入，加速沥青的老化过程。

8. 加热稳定性

沥青加热时间过长或过热，其化学组成会发生变化，从而导致沥青的技术性质产生不良变化，这种性质就称为沥青加热稳定性。通常采用测定沥青加热一定温度、一定时间后，沥青试样的重量损失，以及加热前后针入度和软化点的改变来表示。

9. 施工安全性

施工时，黏稠沥青需要加热使用。在加热至一定温度时，沥青中的部分物质会挥发成为气态，这种气态物质与周围空气混合，遇火焰时会发生闪火现象；若温度继续升高，挥发的有机气体继续增加，在遇火焰时会发生燃烧（持续燃烧达 5s 以上）。开始出现闪火现象时的温度，称为闪点或闪火点；沥青产生燃烧时的温度，称为燃点。闪点和燃点的高低表明了沥青引起火灾或爆炸的可能性大小，关系到使用、运输、储存等方面的安全。

闪点和燃点是保证沥青加热质量和施工安全的一项重要指标。其试验方法是，将沥青试样盛于试验仪器的标准杯内，按规定加热速度进行加热。当加热达到某一温度时，点火器扫拂过沥青试样任何一部分表面，出现一瞬即灭的蓝色火焰状闪光时，此时的温度即为闪点；按规定的加热速度继续加热，至点火器扫拂过沥青试样表面时发生燃烧火焰，并持续 5s 以上，此时的温度即为燃点。

7.1.4　石油沥青的标号及技术要求

石油沥青的种类很多，按用途可分为道路石油沥青、建筑石油沥青、防水防潮石油沥青。而在《公路沥青路面施工技术规范》JTG F40—2004 中，公路路面工程常用的沥青品种有道路石油沥青、液体石油沥青、乳化沥青、煤沥青和改性沥青。

建筑石油沥青主要是指以天然原油的减压渣油经氧化或其他生产工艺制得的石油沥青，适用于建筑屋面和地下防水工程，按针入度不同可分为 10 号、30 号和 40 号三个牌号，其质量应符合《建筑石油沥青》GB/T 494—2010 的要求，见表 7-5。

建筑石油沥青的技术要求　　　　　　表 7-5

项　　目		质　量　指　标		
		10 号	30 号	40 号
针入度(25℃,100g,5s)(1/10mm)		10~35	26~35	36~50
针入度(45℃,100g,5s)(1/10mm)		报告[a]	报告[a]	报告[a]
针入度(0℃,200g,5s)(1/10mm)	不小于	3	6	6
强度(25℃,5cm/min)(cm)	不小于	1.5	2.5	3.5
软化点(环球法)(℃)	不低于	95	75	60
溶解度(三氯乙烯)(%)	不小于	99.0		
蒸发后质量变化(163℃,5h)(%)	不大于	1		
蒸发后 25℃针入度比(%)	不小于	65		
闪点(开口杯法)(℃)	不低于	260		

[a] 报告应为实测值。

道路石油沥青主要应用于道路工程，道路工程按交通量大小分为重交通量和中轻交通量。在行业标准《道路石油沥青》NB/SH/T 0522—2010 中，应用于中轻交通量道路沥青路面的道路石油沥青按针入度大小被划分为 200 号、180 号、140 号、100 号、60 号五个牌号，其技术要求见表 7-6。重交通道路石油沥青主要适用于修筑高速公路、一级公路和城市快速路、主干路等重交通量道路，按针入度范围分为 AH-130、AH-100、AH-90、AH-70、AH-50、AH30 六个牌号，其质量应符合《重交通道路石油沥青》GB/T 15180—2010 的要求，见表 7-7。

道路石油沥青的技术要求　　　　　　表 7-6

项　　目		质　量　指　标				
		200 号	180 号	140 号	100 号	60 号
针入度(25℃,100g,5s)(1/10mm)		200~300	150~200	110~150	80~110	50~80
延度(25℃)(cm)	不小于	20	100	100	90	70
软化点(℃)		30~45	35~45	38~48	42~52	45~55
溶解度(%)	不小于	99.0				
闪点(开口)(℃)	不低于	180	200	230		
蒸发后针入度比(%)	不小于	50	60		—	
蒸发损失(%)	不大于	1			—	
薄膜烘箱试验						
质量变化(%)		—			报告	
针入度比(%)		—			报告	
延度(25℃)(cm)		—			报告	

重交通道路石油沥青的技术要求 表 7-7

项　目		质量指标					
		AH-130	AH-110	AH-90	AH-70	AH-50	AH-30
针入度(25℃,100g,5s)(1/10mm)		120~140	100~120	80~100	60~80	40~60	20~40
延度(15℃)(cm)	不小于	100	100	100	100	80	报告
软化点(℃)		38~51	40~53	42~55	44~57	45~58	50~65
溶解度(%)	不小于	99.0	99.0	99.0	99.0	99.0	99.0
闪点(℃)	不小于	230					260
密度(25℃)(kg/m³)		报告					
蜡含量(%)	不大于	3.0	3.0	3.0	3.0	3.0	3.0
薄膜烘箱试验(163℃,5h)							
质量变化(%)	不大于	1.3	1.2	1.0	0.8	0.6	0.5
针入度比(%)	不小于	45	48	50	55	58	60
延度(15℃)(cm)	不小于	100	50	40	30	报告[a]	报告[a]

[a] 报告应为实测值。

在《公路沥青路面施工技术规范》JTG F40—2004 中，道路用的液体石油沥青主要适用于透层、黏层以及拌制冷拌沥青混合料，按照其凝结速度可分为快凝、中凝和慢凝液体石油沥青，每一种液体石油沥青又按黏度分为不同标号，快凝液体石油沥青有 AL(R)-1 和 AL(R)-2 两个标号，中凝液体石油沥青有 AL(M)-1、AL(M)-2、AL(M)-3、AL(M)-4、AL(M)-5、AL(M)-6 六个标号，慢凝液体石油沥青有 AL(S)-1、AL(S)-2、AL(S)-3、AL(S)-4、AL(S)-5、AL(S)-6 六个标号。液体石油沥青的技术要求应符合表 7-8 的规定。

道路用液体石油沥青的技术要求 表 7-8

试验项目		单位	快凝		中凝						慢凝					
			AL(R)-1	AL(R)-2	AL(M)-1	AL(M)-2	AL(M)-3	AL(M)-4	AL(M)-5	AL(M)-6	AL(S)-1	AL(S)-2	AL(S)-3	AL(S)-4	AL(S)-5	AL(S)-6
黏度	$C_{25.5}$	s	<20		<20						<20					
	$C_{60.5}$	s		5~15		5~15	16~25	26~40	41~100	101~200		5~15	16~25	26~40	41~100	101~200
蒸馏体积	225℃前	%	>25	>15	<10	<7	<3	<2	0	0						
	315℃前	%	>35	>30	<35	<25	<17	<14	<8	<5						
	360℃前	%	>45	>35	<50	<35	<30	<25	<20	<15	<40	<35	<25	<20	<15	<5
蒸馏后残留物	针入度(25℃)	dmm	60~200	60~200	100~300	100~300	100~300	100~300	100~300	100~300						
	延度(25℃)	cm	>60	>60	>60	>60	>60	>60	>60	>60						
	浮漂度(5℃)	s									<20	<20	<30	<40	<45	<50
闪点(TOC法)		℃	>30	>30	>65	>65	>65	>65	>65	>65	>70	>70	>100	>100	>120	>120
含水量　不大于		%	0.2	0.2	0.2	0.2	0.2	0.2	0.2	0.2	2.0	2.0	2.0	2.0	2.0	2.0

防水防潮石油沥青主要用作油毡的涂覆材料以及建筑屋面和地下防水的黏结材料，按针入度指数大小可分为 3 号、4 号、5 号、6 号四个牌号，质量应符合《防水防潮石油沥青》SH/T 0002—90 的要求，见表7-9。

防水防潮石油沥青的技术要求   表 7-9

项　　目		质量指标			
牌号		3 号	4 号	5 号	6 号
软化点(℃)	不低于	85	90	100	95
针入度(1/10mm)		25~45	20~40	20~40	30~50
针入度指数	不小于	3	4	5	6
蒸发损失(%)	不大于	1	1	1	1
闪点(开口)(℃)	不低于	250	270	270	270
溶解度(%)	不小于	98	98	95	92
脆点(℃)	不高于	−5	−140	−15	−20
垂度(mm)	不大于	—	—	8	10
加热安定性(℃)	不大于	5	5	5	5

7.1.5 石油沥青在工程中的应用

沥青材料最早的应用就与水利工程有关。在 3000 年前，天然沥青与砂石混合就曾应用于底格里斯河石堤的防水中。

建筑石油沥青稠度较大，软化点较高，耐热性能较好，但塑性较差，主要用作于生产柔性防水卷材、防水涂料和沥青嵌缝材料，它们绝大部分用于建筑屋面防水、建筑地下防水，以及沟槽防水和管道防腐等工程部位。常用的柔性防水卷材有：纸胎油毡、石油沥青玻璃布油毡、石油沥青玻璃纤维胎油毡、铝箔面油毡、SBS 改性沥青防水卷材、APP 改性沥青防水卷材以及各种合成高分子防水卷材；常用的防水涂料有：沥青冷底子油、沥青胶、水乳型沥青防水涂料、改性沥青防水涂料以及有机合成高分子防水涂料；常用的建筑密封材料有：沥青嵌缝油膏、聚氨酯密封膏、聚氯乙烯接缝膏、丙烯酸酯密封膏以及硅酮密封膏。在应用沥青过程中，为了避免夏季流淌，一般屋面选用的沥青材料，其软化点应该比该地区屋面最高温度高 20℃。若选择低了，则沥青容易产生夏季流淌；若选择过高，则沥青在冬季低温时易产生硬脆，甚至开裂。

在道路工程中选用沥青材料时，应根据工程的性质、当地的气候条件以及工作环境来选用沥青。道路石油沥青主要用于道路路面等工程，一般拌制成沥青混合料或沥青砂浆使用。在应用过程中需控制好加热温度和加热时间。沥青在使用过程中若加热温度过高或加热时间过长，都将使沥青的技术性能发生变化；若加热温度过低，则沥青的黏滞度就不会满足施工要求。沥青合适的加热温度和加热时间，应根据达到施工最小黏滞度的要求并保证沥青最低程度地改变原来性能的原则，并根据当地实际情况来加以确定。同时，在应用过程中还应进行严格的质量控制。其主要内容应包括：在施工现场随机抽取试样，按沥青材料的标准试验方法进行检验，并判断沥青的质量状况；若沥青中含有水分，则应在使用前脱水，脱水时应将含有水分的沥青徐徐倒入锅中，其数量以不超过油锅容积的一半为度，并保持沥青温度为

80~90℃。在脱水过程中应经常搅动，以加速脱水速度，并防止溢锅，待水分脱净后，方可继续加入含水沥青，沥青脱水后方可抽取试样进行试验。

7.2 煤 沥 青

煤沥青是炼焦厂和煤气厂生产的副产物。烟煤在干馏过程中的挥发物质，经冷凝而成的黑色黏稠液体称为煤焦油，煤焦油再经分馏加工提取出轻油、中油、重油、蒽油后，所得的残渣即为煤沥青。

煤沥青与石油沥青一样，其化学成分也非常复杂，主要是由芳香族碳氢化合物及其氧、氮和硫的衍生物构成的混合物。由于其化学成分非常复杂，为了便于分析和研究，对煤沥青化学组分的研究与前述石油沥青的方法相同，也是按性质相近，且与沥青路用性能有一定联系的组分划分为游离碳、树脂和油分三个组分。

油分是液态化合物，与石油沥青中的油分类似，使得煤沥青具有流动性。

树脂使煤沥青具有良好塑性和黏结性能，类似于石油沥青中的树脂。

游离碳又称自由碳，是一种固态的碳质颗粒，其相对含量在煤沥青中增加时，可提高煤沥青的黏度和温度稳定性，但游离碳含量超过一定限度时，煤沥青会呈现出脆性。煤沥青中的游离碳相当于石油沥青中的沥青质，只是其颗粒比沥青质大得多。

煤沥青与石油沥青相比较，在技术性质上和外观以及气味上都存在较大差异。技术性质上的差异：由于煤沥青中含有较多的不饱和碳氢化合物，因此，其抗老化的性能较差，且温度稳定性较低，表现为：受热易流淌，受冷易脆裂；但煤沥青与矿质骨料的黏附性较好；煤沥青中还含有酚、蒽及萘等成分，具有较强的毒性和刺激性臭味，但它同时具有较好的抗微生物腐蚀的作用。石油沥青与煤沥青的主要区别见表7-10。

石油沥青与煤沥青的主要区别   表7-10

	项目	石油沥青	煤沥青
技术性质	密度（g/cm³）	近于1.0	1.25~1.28
	塑性	较好	低温脆性较大
	温度稳定性	较好	较差
	大气稳定性	较好	较差
	抗腐蚀性	差	强
	与矿料颗粒表面的黏附性能	一般	较好
外观及气味	气味	加热后有松香味	加热后有臭味
	烟色	接近白色	呈黄色
	溶解	能全部溶解于汽油或煤油，溶液呈黑褐色	不能全部溶解，且溶液呈黄绿色
	外观	呈黑褐色	呈灰黑色，剖面看似有一层灰
	毒性	无毒	有刺激性的毒性

煤沥青按其稠度可分为：软煤沥青（液体、半固体的沥青）和硬煤沥青（固体沥青）两大类。按分馏加工的程度不同，煤沥青可分为：低温沥青、中温沥青、高温沥青。

道路用煤沥青的质量应符合《公路沥青路面施工技术规范》JTG F40—2017的要求，见表 7-11。

表 7-11

道路用煤沥青的技术要求

项　目		T-1	T-2	T-3	T-4	T-5	T-6	T-7	T-8	T-9
黏度（s）	$C_{30.5}$	5~25	26~70							
	$C_{30.10}$			5~25	26~50	51~120	121~200			
	$C_{50.10}$							10~75	76~200	
	$C_{60.10}$									35~65
蒸馏试验馏出量（%），<	170℃前	3	3	3	2	1.5	1.5	1.0	1.0	1.0
	270℃前	20	20	20	15	15	15	10	10	10
	300℃前	15~35	15~35	30	30	25	25	20	20	15
300℃蒸馏残渣软化点（环球法）（℃）		30~35	30~45	35~65	35~65	35~65	35~65	40~70	40~70	40~70
水分（%），<		1.0	1.0	1.0	1.0	1.0	0.5	0.5	0.5	0.5
甲苯不溶物（%），<		20	20	20	20	20	20	20	20	20
含萘量（%），<		5	5	5	4	4	3.5	3	2	2
焦油酸含量（%），<		4	4	3	3	2.5	2.5	1.5	1.5	1.5

7.3　乳化沥青

乳化沥青是将黏稠沥青加热至流动状态，经机械作用，而形成细小颗粒（粒径约为 0.002~0.005mm）分散在有乳化剂-稳定剂的水中，形成均匀稳定的乳状液。

乳化沥青有许多优点：稠度小，具有良好流动性，可在常温下进行冷施工，操作简便，节约能源；以水为溶剂，无毒、无嗅，施工中不污染环境，且对操作人员的健康无有害影响；可在潮湿的基层表面上使用，能直接与湿骨料拌合，黏结力不降低。但乳化沥青液存在缺点：存储稳定性较差，储存期一般不宜超过 6 个月；且乳化沥青修筑道路的成型期较长，最初要控制车辆的行驶速度。

在乳化沥青中，水是分散介质，沥青是分散相，两者在乳化剂和稳定剂的作用下才能形成稳定的结构。乳化剂是一种表面活性剂，是乳化沥青形成的关键材料。从化学结构上看，它是一种"两亲性"分子，分子的一部分具有亲水性，而另一部分具有亲油性，具有定向排列、吸附的作用。我们都知道，有机的油与无机溶剂的水是不相溶的，但如果把表面活性剂加入其中，则油能通过表面活性剂的作用被分散在水中，有机的沥青也是依靠表面活性剂的作用才能被分散在无机溶剂的水中。稳定剂是为了使乳化沥青具有良好的储存稳定性，以及在施工中所需的良好稳定性。

7.4　改性沥青

通常，沥青的性能不一定能完全满足使用的要求，因此就需要采用不同措施对沥青的性能进行改善，改善后的沥青就称为改性沥青。沥青改性的方法有多种，可采用不同的生产工艺方式进行改性，也可采用掺入某种材料来进行改性。改性沥青的种类很多，主要有：橡胶改性沥青、树脂改性沥青、橡胶-树脂改性沥青和矿物改性沥青。

7.4.1　橡胶改性沥青

橡胶改性沥青是在沥青中掺入适量橡胶后使其改性的产品。沥青与橡胶的相溶性较好，混溶后的改性沥青高温变形性能提高，同时低温时仍具有一定的塑性。由于橡胶品种不同，掺入的方法也不同，因而各种橡胶改性沥青的性能也存在差异。

（1）氯丁橡胶沥青是在沥青中掺入氯丁橡胶而制成。其气密性、低温抗裂性、耐化学腐蚀性、耐老化性和耐燃性能均有较大的提高。

（2）丁基橡胶沥青具有优异的耐分解性和良好的低温抗裂性、耐热性。

（3）再生橡胶沥青是将废旧橡胶先加工成 1.5mm 以下的颗粒，再与石油沥青混合，经加热脱硫而成。其具有一定弹性、塑性，以及良好的黏结力。

7.4.2　树脂改性沥青

树脂掺入石油沥青后，可大大改进沥青的耐寒性、黏结性和不透气性。由于石油沥青中芳香化合物含量很少，因此与树脂的相溶性较差，可以用于改性的树脂品种也较少。常用的有：聚乙烯树脂改性沥青、无规聚丙烯树脂改性沥青等。

7.4.3　橡胶和树脂改性沥青

橡胶和树脂同时用于沥青改性，可使沥青获得两者的优点，效果良好。橡胶、树脂和沥青在加热熔融状态下，发生相互作用，形成具有网状结构的混合物。

7.4.4　矿物改性沥青

矿物改性沥青是在沥青中掺入适量矿物粉料或纤维，经混合均匀而成。矿物填料掺入沥青后，能被沥青包裹形成稳定的混合物，由于沥青对矿物填料的湿润和吸附作用，使得沥青能成单分子状排列在矿物颗粒的表面，形成"结构沥青"，从而提高沥青的黏滞性、高温稳定性和柔韧性。常用的矿物填料主要有：滑石粉、石灰石粉、硅藻土和石棉等。

复习思考题

1. 简述石油沥青的组分与其技术性能之间的关系。

2. 石油沥青有哪几种胶体结构？各种胶体结构的石油沥青有何特点？

3. 简述石油沥青的"三大指标"，这三大指标分别是石油沥青哪些技术性能的指标？

4. 简述煤沥青与石油沥青的区别。

5. 简述乳化沥青的形成机理。

6. 简述改性沥青的主要种类及其特性。

教学单元8 沥青混合料

8.1 概　述

8.1.1 定义

沥青混合料是采用人工组配的矿质混合料，与适量沥青材料，在一定温度下经拌合而成的高级路面材料。沥青混合料经摊铺、碾压成型，即成为各种类型的沥青路面。

沥青混合料是沥青混凝土混合料和沥青碎石混合料的总称。

1. 沥青混凝土混合料

沥青混凝土混合料是由适当比例的粗骨料、细骨料及填料组成符合规定级配的矿质混合料，与沥青在严格控制条件下拌合而成的沥青混合料，代号AC。

2. 沥青碎石混合料

沥青碎石混合料是由适当比例的粗骨料、细骨料及填料（或不加填料）与沥青拌合而成的沥青混合料，代号AM。它很少或没有填料成分，粗骨料较多，空隙率较大（大于10%），这种沥青混合料铺筑的路面渗水性较大，耐久性较差，优点是热稳定性较好，不易变软和起波浪。

8.1.2 沥青混合料特点

沥青混合料是现代高等级路面的主要材料。沥青混合料之所以能发展成为高等级路面最主要的材料，是由于它具有以下优点：

（1）良好的力学性能。沥青混合料是一种黏弹塑性材料，可保证路面平整无接缝，使得汽车在高速行驶时平稳、舒适，而且轮胎磨损低。

（2）噪声小。在繁重交通条件下，噪声是公害之一，它对人体健康产生不良影响。沥青混合料路面具有柔性，且能吸收部分噪声。

（3）良好的抗滑性。沥青混合料路面平整、粗糙，能保证高速行驶车辆的安全。

（4）施工效率高，维护方便，经济耐久。采用现代工艺配制的沥青混合料可保证在15~20年内不大修。施工操作方便，进度快，施工完后可立即通车。而且其造价比水泥混凝土低得多。维修方便，路面修补时，新沥青混合料能很好的与老路面黏结。

（5）排水良好，雨天不泥泞，晴天无尘埃。

沥青混合料路面也存在缺点，需进一步研究克服。沥青材料易老化，在长期大气因素影响下，其化学组分会逐渐变化，沥青质含量逐渐增多，饱和分含量逐渐减少，使得其脆性加大，产生老化现象，从而导致沥青混合料路面变脆，产生裂缝，强度降低；沥青混合料路面的使用年限比水泥混凝土路面短，需要经常养护修补；沥青材料的温度稳定性较差，夏季高温时易软化，使得路面易产生车辙、波浪、推移等病害，冬季低温时易变硬脆，在车辆冲击荷载的作用下易产生裂缝。

8.1.3　沥青混合料的分类

沥青混合料的种类很多，主要有五种分类方式，见表 8-1。

表 8-1

沥青混合料的种类

分类方式	沥青混合料种类	说明
按沥青胶结料分	石油沥青混合料	以石油沥青为胶凝材料
	煤沥青混合料	以煤沥青为胶凝材料
按沥青混合料拌制和摊铺温度分	热拌热铺沥青混合料	沥青与矿料在加热状态下拌制、摊铺压实
	常温沥青混合料	以乳化沥青或稀释沥青为胶凝材料,与矿料在常温状态下拌制、摊铺压实
按矿质骨料的级配类型分	连续级配沥青混合料	采用的矿质混合料为由大到小各粒级的颗粒
	间断级配沥青混合料	采用间断级配的矿质混合料
按沥青混合料密实度分	密级配沥青混合料	按密实级配原则设计的连续型密级配沥青混合料,压实后空隙率小于 10%,空隙率在 3%~6% 的为I型,空隙率在 4%~10% 的为II型
	开级配沥青混合料	原料主要由粗骨料组成,细骨料较少。压实后空隙率大于 15%
按最大粒径分	粗粒式沥青混合料	骨料最大粒径等于或大于 26.5mm
	中粒式沥青混合料	骨料最大粒径为 16mm 或 19mm
	细粒式沥青混合料	骨料最大粒径为 9.5mm 或 13.2mm
	砂粒式沥青混合料	骨料最大粒径等于或小于 4.75mm(圆孔筛 5mm)

8.2　热拌沥青混合料

热拌沥青混合料是经人工组配的矿质混合料与黏稠沥青在专门设备中加热拌合，并采用保温运输工具运送到施工现场，在热态下进行摊铺、压实的沥青混合料。它是沥青混合料中最典型的品种，其他品种均由其发展而来。本教学单元主要从其组成材料、主要技术性能、配合比及其设计三个方面进行阐述。

8.2.1　沥青混合料的组成材料

沥青混合料主要是由沥青材料和粗骨料、细骨料以及填料按一定比例拌合而成。沥青混合料的技术性质取决于其组成材料的性质、组成材料配合的比例以及沥青混合料的制备工艺等因素。要保证沥青混合料的质量，首先要正确选择符合技术性质要求的、质量合格的各种组成材料。

1. 沥青材料

应根据当地气候条件、交通情况以及沥青混合料的类型和施工条件，正确选择沥青材料。

按我国现行国家标准《沥青路面施工及验收规范》GB 50092—1996 规定，高速公路、一级公路、城市快速路、主干路用沥青混合料的沥青应采用重交通量道路石油沥青，而对于其他公路和城市道路用沥青混合料的沥青应符合中、轻交通量道路石油沥青。煤沥青不能用于面层。

沥青路面面层用沥青的标号，应根据当地气候条件，施工季节，路面类型，施工条件和方法，以及矿料类型等按表 8-2 选择。

热拌沥青混合料用沥青标号的选择 　　　　表 8-2

气候分区	年内最低月平均气温(℃)	沥青种类	沥青标号	
			沥青碎石混合料	沥青混凝土混合料
寒冷地区	低于-10	石油沥青	AH-90,AH-110,AH-130,A-100,A-140	AH-90,AH-110,AH-130,A-100,A-140
		煤沥青	T-6,T-7	T-7,T-8
温和地区	0~-10	石油沥青	AH-90,AH-110,A-100,A-140	AH-70,AH-90,A-60,A-100
		煤沥青	T-7,T-8	T-7,T-8
较热地区	高于0	石油沥青	AH-50,AH-70,AH-90,A-60,A-100	AH-50,AH-70,A-60,A-100
		煤沥青	T-7,T-8	T-8,T-9

当沥青标号不符合使用要求时，可采用不同标号的沥青掺配的方法，但掺配后的沥青其技术性质应符合要求。

2. 粗骨料

粗骨料应尽量选用高强度、碱性的岩石轧制而成的近似正方形、表面粗糙、棱角分明、级配合格的颗粒，主要种类有碎石、破碎砾石和矿渣等。对于花岗岩、石英岩等酸性岩石轧制的粗骨料，在使用时宜选用针入度较小的沥青，并需要采取有效的抗剥离措施。常用的抗剥离措施有以下几种。

（1）用干燥的生石灰粉或消石灰粉、水泥作为填料的一部分，其用量宜为矿料总量的 1%~2%。

（2）在沥青中掺入抗剥离剂。

（3）将粗骨料用石灰浆处理后使用。

为提高骨料与沥青黏结性能，骨料还应洁净、干燥、无风化颗粒且杂质含量不超过规定。另外，在力学性质方面也应符合相应标准的规定。具体要求见表 8-3。

沥青混合料用粗骨料的技术要求　　　　表 8-3

指标		单位	高速公路及一级公路		其他等级公路
			表面层	其他层次	
石料压碎值	不大于	%	26	28	30
洛杉矶磨耗损失	不大于	%	28	30	35
表观相对密度	不小于	t/m³	2.60	2.50	2.45
吸水率	不大于	%	2.0	3.0	3.0
坚固性	不大于	%	12	12	—
针片状颗粒含量(混合料)	不大于	%	15	18	20
其中粒径大于 9.5mm	不大于	%	12	15	—
其中粒径小于 9.5mm	不大于	%	18	20	—
水洗法小于 0.075mm 颗粒含量	不大于	%	1	1	1
软石含量	不大于	%	3	5	5

3. 细骨料

沥青混合料用细骨料应选用洁净、干燥、无风化颗粒、杂质含量较少，且级配合格的天然砂、人工砂或石屑。但应注意，用于高速公路、一级公路、城市快速路、主干路的沥青混凝土面层和抗滑面层时，石屑的用量不宜超过砂的用量。

沥青混合料对细骨料的技术要求见表 8-4。

沥青混合料用细骨料的技术要求　　　　表 8-4

项目		单位	高速公路、一级公路	其他等级公路
表观相对密度	不大于	t/m³	2.50	2.45
坚固性(大于 0.3mm 部分)	不小于	%	12	—
含泥量(小于 0.075mm 的含量)	不大于	%	3	5
砂当量	不小于	%	60	50
亚甲蓝值	不大于	g/kg	25	—
棱角性(流动时间)	不小于	s	30	—

细骨料应与沥青具有良好黏结能力。若使用与沥青黏结性能差的天然砂或用花岗岩、石英岩等酸性岩石破碎的人工砂或石屑，同样也应采取有效的抗剥离措施。

4. 填料

沥青混合料中的填料宜选用石灰岩或岩浆岩中的碱性岩石（憎水性石料），经磨细得到的矿粉。矿粉要求干燥、洁净，其质量应符合表 8-5 的要求。应注意若采用水泥、石灰、粉煤灰作填料，其用量不宜超过矿质混合料总量的 2%。

沥青混合料用填料的技术要求　　　　　　　　表 8-5

项　目		单位	高速公路、一级公路	其他等级公路
表观相对密度	不小于	t/m³	2.50	2.45
含水量	不大于	%	1	1
粒度范围<0.6mm		%	100	100
<0.15mm		%	90~100	90~100
<0.075mm		%	75~100	70~100
外观		—	无团粒结块	
亲水系数		—	<1	
塑性指数		—	<4	

5. 矿质混合料

粗骨料、细骨料和填料按一定比例组配成为符合规范要求级配的矿质混合料，简称"矿料"。矿质混合料是沥青混合料的骨架，为保证沥青混合料的质量，就要求矿质混合料必须具有足够的密实度和较高的初始内摩擦角，其级配应符合表 8-6 的规定。

8.2.2　沥青混合料的结构类型与强度理论

1. 沥青混合料的结构类型

沥青混合料的结构类型有悬浮—密实结构、骨架—空隙结构和密实—骨架结构三种，如图 8-1 所示。

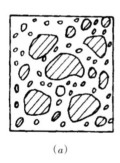 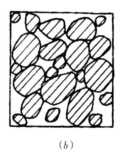 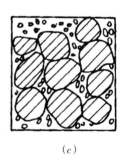

（a）　　　　　　　　　（b）　　　　　　　　　（c）

图 8-1　沥青混合料结构类型示意图
（a）悬浮—密实结构；（b）骨架—空隙结构；（c）密实—骨架结构

（1）悬浮—密实结构：这种结构的沥青混合料中，是采用连续型密级配矿质混合料，矿料由大到小连续存在，并各具有一定的数量，较大颗粒被较小颗粒挤开，犹如悬浮处于较小颗粒之中，具有较高的密实度，但骨料中的大颗粒含量较少，且各级骨料均被次一级骨料所隔开，没有直接靠拢形成骨架，因此这种结构的沥青混合料受沥青的性质影响较大，高温稳定性较差。

（2）骨架—空隙结构：这种结构类型的沥青混合料中，采用的是连续型开级配矿质混合料，粗骨料所占的比例较高，细骨料则较少（甚至没有），粗骨料能直接接触形成骨架，但由于没有足够的细骨料可以填充粗骨料的空隙，其空隙率较

矿质混合料的级配及沥青用量范围

表 8-6

级配类型		通过下列筛孔（方孔筛，mm）的质量百分率（%）															参考沥青用量（%）
		53.0	37.5	31.5	26.5	19.0	16.0	13.2	9.5	4.75	2.36	1.18	0.6	0.3	0.15	0.075	
沥青混凝土混合料 粗粒	AC-30 I		100	90~100	79~92	66~82	59~77	52~72	43~63	32~52	25~42	18~32	13~25	8~18	5~13	3~7	4.0~6.0
	AC-30 II		100	90~100	65~85	52~70	45~65	38~58	30~50	18~38	12~28	8~20	4~14	3~11	2~7	1~5	3.0~5.0
	AC-25 I			100	95~100	75~90	62~80	53~73	43~63	32~52	25~42	18~32	13~25	8~18	5~13	3~7	4.0~6.0
	AC-25 II			100	90~100	65~85	52~70	42~62	32~52	20~40	13~30	9~23	6~16	4~12	3~8	2~5	3.0~5.0
中粒	AC-20 I				100	95~100	75~90	62~80	52~72	38~58	28~46	20~34	15~27	10~20	6~14	4~8	4.0~6.0
	AC-20 II				100	90~100	65~85	52~70	40~60	26~45	16~33	11~25	7~18	4~13	3~9	2~5	3.5~5.5
	AC-16 I					100	95~100	75~90	58~78	42~63	32~50	22~37	16~28	11~21	7~15	4~8	4.0~6.0
	AC-16 II					100	90~100	65~85	50~70	30~50	18~35	12~26	7~19	4~14	3~9	2~5	3.5~5.5
细粒	AC-13 I						100	95~100	70~88	48~68	36~53	24~41	18~30	12~22	8~16	4~8	4.5~6.5
	AC-13 II						100	90~100	60~80	34~52	22~38	14~28	8~20	5~14	3~10	2~6	4.0~6.0
	AC-10 I							100	95~100	55~75	38~58	26~43	17~33	10~24	6~16	4~9	5.0~7.0
	AC-10 II							100	90~100	40~60	24~42	15~30	9~22	6~15	4~10	2~6	4.5~6.5
砂粒	AC-5 I								100	95~100	55~75	35~55	20~40	12~28	7~18	5~10	6.0~8.0
沥青碎石混合料 特粗	AM-40	100	90~100	50~80	40~65	30~54	25~30	20~45	13~38	5~25	2~15	0~10	0~8	0~6	0~5	0~4	2.5~3.5
粗粒	AM-30		100	90~100	50~80	38~65	32~57	25~50	17~42	8~30	2~20	0~15	0~10	0~8	0~5	0~4	3.0~4.0
	AM-25			100	90~100	50~80	43~73	38~65	25~55	10~32	2~20	0~14	0~10	0~8	0~6	0~5	3.0~4.5
中粒	AM-20				100	90~100	60~85	50~75	40~65	15~40	5~22	2~16	1~12	0~10	0~8	0~5	3.0~4.5
	AM-16					100	90~100	60~85	45~68	18~42	6~25	3~18	1~14	0~10	0~8	0~5	3.0~4.5
细粒	AM-13						100	90~100	50~80	20~45	8~28	4~20	2~16	0~10	0~8	0~6	3.0~4.5
	AM-10							100	85~100	35~65	10~35	5~22	2~16	0~12	0~9	0~6	3.0~4.5
抗滑表面	AK-13A						100	90~100	60~80	30~53	20~40	15~30	10~23	7~18	5~12	4~8	3.5~5.5
	AK-13B						100	85~100	50~70	18~40	10~30	8~22	5~7	3~12	3~9	2~6	3.5~5.5
	AK-16					100	90~100	60~82	45~70	25~45	15~35	10~25	8~18	6~13	4~10	3~7	3.5~5.5

大。因此这种结构类型的沥青混合料受沥青的影响相对较少，其高温稳定性较好，但空隙率大，耐久性较差。

（3）密实—骨架结构：这种结构类型的沥青混合料，采用的是间断型密级配矿质混合料。这种矿质混合料去掉了中间尺寸粒径的骨料，既保证有足够数量的粗骨料以形成空间骨架，又有相当数量的细骨料填充密实骨架的空隙。它是集上述两种结构类型的优点于一身的结构类型，既密实又强度高，是理想的结构类型。

2. 强度理论

沥青混合料是一种复合材料，由沥青、粗骨料、细骨料和填料以及必要时所掺的外加剂组成。目前，对沥青混合料的强度理论有下列两种相互对立的理论。

（1）表面理论

这是一个传统的理论，比较突出矿质骨料的骨架作用，认为沥青混合料强度的关键是与矿质混合料的强度与密实度有关。按此理论，沥青混合料是由粗骨料、细骨料和填料经人工组配而成的密实级配矿质骨架，此矿质骨架由稠度较小的沥青胶结成为一个具有强度的整体。

（2）胶浆理论

近代的研究从胶浆理论出发，认为沥青混合料是一种多级空间网状结构的分散系，它是以粗骨料为分散相而分散在沥青砂浆介质中的一种粗分散系；同样，沥青砂浆又是以细骨料为分散相而分散在沥青胶浆介质中的一种细分散系；而沥青胶浆又是以填料为分散相分散在高稠度的沥青介质中的一种微分散系。在该理论中突出的是沥青在混合料中的作用。

沥青混合料在路面结构中破坏主要有两种情况，一种是在高温时，由于抗剪强度不足或塑性变形过大而产生推挤现象；另一种是在低温时，由于抗拉强度不足或变形能力较差产生开裂现象。根据目前沥青混合料的强度和稳定性理论，主要考虑的是沥青混合料在高温时必须具有一定的抗剪强度和抗变形能力。

沥青混合料的抗剪强度（ζ）主要取决于沥青与矿质混合料相互作用产生的黏聚力（c）和矿质混合料在沥青混合料中因分散程度不同而产生的内摩阻角（φ）。其相互关系采用下式表示。

$$\zeta = c + \sigma \tan\varphi \qquad (8-1)$$

3. 影响沥青混合料抗剪强度的因素

影响沥青混合料抗剪强度的因素，可以归纳为两类：内因与外因。内因主要有：沥青的黏度、沥青与矿质混合料的吸附作用、沥青的用量、矿质混合料的级配类型、粒度、表面性质等。而外因主要有：温度、变形速率等。

（1）沥青黏度。沥青混合料的黏聚力随沥青黏度的提高而增加；同时内摩擦角也随沥青黏度的提高而稍有增加。

（2）沥青与矿质混合料的表面吸附作用。其包括物理吸附与化学吸附，见表8-7。

沥青与矿质混合料的表面吸附作用　　　　　　　　表 8-7

物理吸附	物质都有将周围分子或离子吸引到表面上来的能力。 物理吸附作用的大小，取决于沥青与矿料分子亲和性的大小。沥青种表面活性物质越多，则亲和性就越大。但这种吸附作用能被水破坏（即水稳定性较差）
化学吸附	沥青在矿料表面形成一层扩散结构膜，在此膜以内为结构沥青，此膜以外为自由沥青。结构沥青是黏聚力的提供者。这种吸附是不可逆的，可保证沥青混合料的水稳定性良好

　　在沥青混合料中，沥青与矿质混合料之间产生交互的物理化学作用。在这种作用下沥青在矿粉表面产生化学组分的重新排列，在矿粉表面形成一定厚度的扩散溶剂化膜，在此膜厚度以内的沥青称为"结构沥青"，而在此膜厚度以外的沥青则称为"自由沥青"，如图 8-2 所示。结构沥青是沥青中的活性物质（如沥青酸）与矿料中的金属阳离子产生化学反应，而在矿料表面构成的单分子的化学吸附层（沥青酸盐），所形成的化学吸附层使得沥青与矿料之间的黏结力大大提高。这种吸附黏力比矿料与水的结合力大。

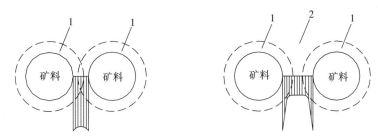

图 8-2　自由沥青与结构沥青示意图
1—结构沥青；2—自由沥青

　　沥青在矿粉表面所形成的结构沥青与自由沥青的相对含量与矿质混合料的比表面积以及沥青的用量有关。矿料的比表面积越大，则形成的沥青膜越薄，其中结构沥青所占的比率就越大，因而沥青混合料的黏聚力也越大。当沥青用量很少时，沥青不足以形成足够的结构沥青来黏结矿料颗粒；但随着沥青用量的增加，结构沥青逐渐形成，并能完整地包裹在矿料表面，使得沥青与矿料颗粒之间的黏附力随着沥青用量的增加而增加；随后，如沥青用量继续增加，则会由于沥青过多，逐渐将矿料颗粒推开，形成大量自由沥青，使得沥青混合料的黏聚力下降。

　　（3）沥青与矿粉的用量之比。以形成足够的结构沥青；但矿粉含量不宜过多，否则会使沥青混合料易结团成块，不易施工操作。

　　（4）矿质混合料的级配类型。密级配、开级配及间断级配的矿料，拌合而成的沥青混合料的结构类型不同，其高温稳定性也不同。

　　（5）骨料的表面性质。具有显著棱角、表面粗糙且各方向尺寸相差不多近似于正方体的矿质骨料在碾压后能相互嵌挤锁结而具有很大的内摩擦角，从而提高沥青混合料的抗剪强度。另外，在其他条件一定的情况下，矿质骨料的颗粒越粗，所配制的沥青混合料的内摩擦角也越大；相同粒径的骨料，碎石的内摩擦角较卵石的大。

（6）温度及加荷速度。沥青混合料是一种热塑性材料，其抗剪强度随温度的升高而降低。加荷速度高，可使沥青混合料产生过大的应力和塑性变形，弹性恢复很慢，产生不可恢复的永久变形。

8.2.3 沥青混合料的主要技术性能

沥青混合料的技术性能是判断其质量状况的唯一科学的依据。沥青混合料作为路面材料，要直接承受车辆荷载的作用以及各种自然因素长期的作用，因此它应该具有一定的强度、良好的高温稳定性和低温抗裂性、良好的耐久性和抗滑性能，以及为了便于施工而具有的良好和易性。

1. 高温稳定性

沥青混合料的高温稳定性是指其在夏季高温（通常为60℃）条件下，经车辆荷载长期重复作用后，不产生车辙和波浪等病害的性能。

沥青混合料是一种典型的流变性材料，其强度随温度的升高而降低。在夏季高温时，沥青混合料路面在重交通的反复作用下，由于交通的渠化，在轮迹带处逐渐变形下凹、两侧鼓起形成车辙。

我国现行国家标准《沥青路面施工及验收规范》GB 50092—1996 规定，沥青混合料的高温稳定性采用马歇尔稳定度试验来测定；对高速公路、一级公路、城市快速路、主干路用沥青混合料，还应通过动稳定度试验来检验其抗车辙的能力。

马歇尔稳定度试验自提出，迄今已半个多世纪，所测定的指标有三项：马歇尔稳定度（MS）、流值（FL）、马歇尔模数（T）（具体测定方法见试验部分）。马歇尔稳定度是指沥青混合料标准试件在规定温度和加荷速度下，在马歇尔仪中的最大破坏荷载（kN）；流值是指试件达到最大破坏荷载时的垂直变形值（以0.1mm 计）；而马歇尔模数则为马歇尔稳定度除以流值的商。

2. 低温抗裂性

沥青混合料随温度的降低，其变形能力下降。路面由于低温收缩以及行车荷载的作用，在薄弱部位产生裂缝，从而影响道路的正常使用。因此，沥青混合料作为路面材料，要求其既具有良好的高温稳定性，又具有良好的低温抗裂性。

沥青混合料的低温裂缝主要是由于低温脆化、低温缩裂和温度疲劳引起。低温脆化是指沥青混合料在低温条件下，变形能力的降低；而低温缩裂通常是由于材料本身抗拉强度不足造成；对于温度疲劳，主要是指沥青混合料因温度上下循环而引起的破坏。

通过控制沥青的选用，选择稠度较低、温度敏感性较低和抗老化能力较强的沥青，来保证沥青混合料具有一定的低温抗裂性。

3. 耐久性

沥青混合料路面受长期自然因素的作用，为保证路面具有较长的使用年限，必须具有良好的耐久性。

影响沥青混合料耐久性的因素很多，如：沥青和矿质骨料的化学性质、矿料颗粒的化学成分、沥青混合料的组成结构等。

沥青混合料的组成结构对耐久性所产生的影响主要表现在沥青混合料中的空

隙率和沥青填隙率对耐久性的影响。空隙率较小的沥青混合料，对防止水的渗入和阳光对沥青的老化作用有有利的影响；当沥青混合料的空隙率较大，且沥青与矿质骨料的黏结性能差时，饱水后石料与沥青的黏附力降低，易发生剥落，且颗粒间相互推移产生体积膨胀，混合料的力学强度会显著降低，最终导致路面产生早期破坏；但一般沥青混合料中都应有 3%~6% 的空隙率，以备夏季沥青材料膨胀。另外，沥青用量的多少与沥青路面的使用寿命也有很大关系。当沥青用量较正常用量减少时，则沥青膜变薄，混合料的延伸能力降低，脆性增加；同时沥青用量的减少，会使得沥青混合料的空隙率增大，沥青膜暴露较多，加速老化，并增大了水对沥青的剥落作用。

在我国，沥青混合料的耐久性采用沥青混合料的空隙率、沥青饱和度（又称沥青填隙率，是指压实沥青混合料中，沥青部分体积占矿料骨架以外的空隙部分体积的百分率）和残留稳定度等指标来表征。

4. 抗滑性

随着现代高速公路的发展，对沥青混合料路面的抗滑性提出了更高的要求。

沥青混合料路面的抗滑性与矿质骨料的微表面性质、矿质混合料的级配情况以及沥青用量等因素有关。沥青用量对抗滑性的影响非常敏感，当沥青用量超过最佳用量的 0.5% 时，即可使沥青混合料的抗滑性能明显降低。

同时为保证长期高速行车的安全，要特别注意粗骨料的耐磨光性，应选用质地坚硬且多棱角的骨料。但硬质骨料往往属于酸性骨料，与沥青的黏附性能较差，在施工时应采取抗剥离措施。

我国现行国家标准，对沥青混合料的抗滑性提出了磨光值、道瑞磨耗值和冲击值等三项指标。

5. 施工和易性

为便于施工，沥青混合料除了应具备如前所述的技术要求外，还应具备良好的施工和易性。

影响施工和易性的因素主要有：当地气温、施工条件以及组成材料的性质等。从组成材料来看，影响沥青混合料施工和易性的首要因素是矿质混合料的级配情况，如果粗骨料的颗粒相距过大，缺乏中间尺寸，矿质混合料就容易产生分层层积（粗颗粒集中在表面，细颗粒集中在底部）；若细骨料过少，则沥青就不容易均匀地分布在粗颗粒的表面；若细骨料过多，则导致沥青混合料拌合困难。此外，当沥青用量过少，或矿粉用量过多时，沥青混合料容易产生疏松，不易被压实；相反，若沥青用量过多，或矿粉质量不好，则容易使沥青混合料黏结成块，不易摊铺。

目前，还没有一种较好的方法可测定沥青混合料的施工和易性。生产中对沥青混合料的这一性能大都凭目力鉴定。

8.2.4　沥青混合料的技术标准

我国现行国家标准《沥青路面施工及验收规范》GB 50092—1996 对热拌沥青混合料的马歇尔试验技术标准规定见表 8-8。

热拌沥青混合料马歇尔试验技术标准

表 8-8

项目	沥青混合料类型	高速公路、一级公路、城市快速路、主干路	其他等级道路及城市道路	人行道路
试件击实次数（次）	沥青混凝土	两面各 75	两面各 50	两面各 35
	沥青碎石、抗滑表层	两面各 50	两面各 50	两面各 35
稳定度 MS（kN）	Ⅰ 沥青混凝土	>7.5	>5.0	>3.8
	Ⅱ 沥青混凝土、抗滑表层	>5.0	>4.0	—
流值 FL（0.1mm）	Ⅰ 沥青混凝土	20~40	20~45	2~5
	Ⅱ 沥青混凝土、抗滑表层	20~40	20~45	—
空隙率（%）	Ⅰ 沥青混凝土	3~6	3~6	2~5
	Ⅱ 沥青混凝土、抗滑表层	4~10	4~10	—
	沥青碎石	>10	>10	—
沥青饱和度（%）	Ⅰ 沥青混凝土	70~85	70~85	75~90
	Ⅱ 沥青混凝土、抗滑表层	60~75	60~75	—
残留稳定度（%）	Ⅰ 沥青混凝土	>75	>75	>75
	Ⅱ 沥青混凝土、抗滑表层	>70	>70	—

注：1. 粗粒式沥青混凝土的稳定度可降低 1~1.5kN。

2. Ⅰ型细粒式及砂粒式沥青混凝土的空隙率可放宽至 1%~6%。

3. 沥青混凝土混合料的矿料间隙率宜符合表 8-9 的规定。

沥青混凝土混合料矿料的间隙率

表 8-9

骨料最大粒径（mm）	37.5	31.5	26.5	19.0	16.0	13.2	9.5	4.75
矿料间隙率（%），≥	12	12.5	13	14	14.5	15	16	18

8.2.5 沥青混合料的配合比

沥青混合料配合比是指配制成沥青混合料的各种组成材料用量之比。而配合比设计就是确定各种组成材料用量的过程。这个过程主要由两部分构成，首先是确定由各种骨料配制而成的矿质混合料的配合比，然后再确定沥青的用量。

1. 矿质混合料的配合比设计

矿质混合料配合比设计，是将各种矿料按一定比例，组配成为一个具有足够密实程度，且具有较高内摩阻力的矿质混合料。具体步骤如下：

（1）根据道路等级、路面类型和所处的结构层位，按表 8-10 确定沥青混合料的类型。

（2）根据所确定的沥青混合料类型，查表 8-6，确定所需要的矿质混合料级配范围。

（3）确定矿质混合料的配合比：详细描述见第 3.3 节。

沥青混合料类型　　　　　　表 8-10

结构层位	高速公路、一级公路、城市快速路、主干路		其他等级公路		一般城市道路及其他道路工程	
	三层式沥青混凝土路面	两层式沥青混凝土路面	沥青混凝土路面	沥青碎石路面	沥青混凝土路面	沥青碎石路面
上面层	AC-13 AC-16 AC-20	AC-13 AC-16	AC-13 AC-16	AC-13	AC-5 AC-10 AC-13	AC-5 AM-10
中面层	AC-20 AC-25	—	—	—	—	—
下面层	AC-25 AC-30	AC-20 AC-25 AC-30	AC-20 AC-25 AC-30 AM-25 AM-30	AM-25 AM-30	AC-20 AC-25 AM-25 AM-30	AC-25 AM-25 AM-30

2. 确定最佳沥青用量

沥青混合料的最佳沥青用量（OAC），可以通过各种理论计算方法确定。但由于实际材料与理论取值存在差异，采用理论方法计算得到的最佳沥青用量，必须通过试验修正，才能运用于工程中。具体步骤如下：

（1）制作试件：按设计好的矿质混合料配合比，计算各种矿料的用量。根据表 8-6 推荐的沥青用量范围（或经验用量范围），估计适宜的沥青用量。然后在此基础之上，按 0.5% 的变量制备不少于 5 组不同沥青用量的马歇尔试件。

（2）分别测定各组试件的物理力学性能指标：密度、空隙率、饱和度、矿料间隙率、马歇尔稳定度、流值和马歇尔模数。

（3）绘制沥青用量与各项物理力学指标的坐标图。各个坐标图均以沥青用量为横坐标，以不同的物理力学指标为纵坐标，如图 8-3 所示。

（4）确定最佳沥青用量初始 1 值（OAC_1）：在马歇尔稳定度坐标图中，取对应着最大稳定度的沥青用量 a_1；在密度坐标图中，取对应着最大密度的沥青用量 a_2；在空隙率坐标图中，取对应着规定空隙率范围中值的沥青用量 a_3；以上述三值的平均值作为最佳沥青用量初始 1 值，计算公式如下：

$$OAC_1 = \frac{a_1 + a_2 + a_3}{3} \tag{8-2}$$

（5）确定最佳沥青用量初始 2 值（OAC_2）：在图 8-3 中确定同时满足稳定度、空隙率、流值和饱和度的沥青用量范围 $OAC_{min} \sim OAC_{max}$，其中值就为最佳沥青用量初始 2 值，见下式。

$$OAC_2 = \frac{OAC_{min} + OAC_{max}}{2} \tag{8-3}$$

（6）根据 OAC_1 和 OAC_2 综合确定沥青最佳用量（OAC）：按最佳沥青用量初

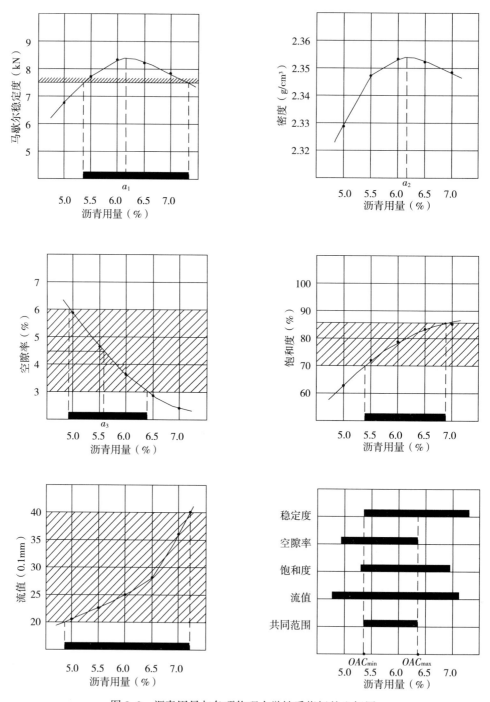

图 8-3　沥青用量与各项物理力学性质指标的坐标图

始 1 值，在图中求取相应的各项指标，检查其是否符合表 8-8 的规定，同时检查矿料间隙率是否符合表 8-9 的要求，若上述两项均符合要求，则由 OAC_1 和 OAC_2 综合确定沥青最佳用量（OAC）。若不符合，则应调整级配，重新进行配合比设计，通过马歇尔试验，直至各项指标均符合要求为止。

（7）根据气候条件和交通特性调整最佳沥青用量：

1）对于热区道路以及高速公路、一级公路、城市快速路和主干路，最佳沥青用量可以在 OAC_2 与 OAC_{min} 范围内确定，但一般不宜小于 OAC_2 的 0.5%。

2）对于寒区以及一般道路，可以在 OAC_2 与 OAC_{max} 范围内确定，但一般不宜大于 OAC_2 的 0.3%。

（8）水稳定性试验：按最佳沥青用量制作一组马歇尔试件，进行浸水马歇尔试验，检验其残留稳定度是否合格。

我国现行《沥青路面施工及验收规范》GB 50092—1996 规定：Ⅰ型沥青混凝土的残留稳定度不低于 75%，Ⅱ型沥青混凝土的残留稳定度不低于 70%。

（9）抗车辙试验：按最佳沥青用量制作一组试件，在 60℃ 条件下，采用车辙试验检验其动稳定度。规范规定：用于上、中面层的沥青混凝土，在 60℃ 时车辙试验的动稳定度，对于高速公路、城市快速路不小于 800 次/mm，对于一级公路和主干路不小于 600 次/mm。

确定沥青用量，需经上述试验和反复调整，并参考以往工程实践经验，综合确定最佳沥青用量。

3. 沥青混合料配合比设计实例

设计某高速公路沥青混合路面用沥青混合料的配合比。

【设计资料】

（1）沥青混凝土的结构层位为三层式结构的上面层，当地最低月平均气温为-8℃；

（2）标号为 AH-50、AH-70 和 AH-90 石油沥青，且技术性能指标均合格；

（3）矿质骨料：碎石和石屑采用石灰石轧制而成，抗压强度大于 120MPa，磨耗率为 12%，密度为 2.70g/cm³；洁净河砂，级配合格，中砂，表观密度 2.65g/cm³；石灰石磨制的矿粉，粒度范围符合要求，无团粒和结块现象，表观密度 2.58g/cm³。各种矿质骨料的筛分试验结果列于表 8-11。

各种矿质骨料的筛分试验结果　　　　　　　　　　　表 8-11

骨料	通过下列筛孔（方孔筛，mm）的质量百分率（%）									
	16.0	13.2	9.5	4.75	2.36	1.18	0.6	0.3	0.15	0.075
碎石	100	94	26	0	0	0	0	0	0	0
石屑	100	100	100	80	40	17	0	0	0	0
河砂	100	100	100	100	94	90	75	38	17	0
矿粉	100	100	100	100	100	100	100	100	100	83

【设计要求】

（1）根据道路等级、路面类型和结构层位确定矿质混合料的级配范围。并根据各种矿料的筛分试验结果，采用图解法确定矿质混合料的配合比。

（2）确定最佳沥青用量。

【设计步骤】

（1）矿质混合料配合比设计

1）根据题目所给条件：高速公路、沥青混凝土混合料、三层式结构的上面层，参考表8-10，选择具有较好抗滑性的细粒式Ⅰ型沥青混凝土混合料（AC-13Ⅰ）。

2）根据沥青混合料的类型，参考表8-6，确定所需矿质混合料的级配范围，列表8-12。

矿质混合料的级配范围　　　　　　　　表8-12

级配类型	通过下列筛孔（方孔筛，mm）的质量百分率（%）									
	16.0	13.2	9.5	4.75	2.36	1.18	0.6	0.3	0.15	0.075
AC-13Ⅰ	100	95~100	70~88	48~68	36~53	24~41	18~30	12~22	8~16	4~8
级配中值	100	97.5	79	58	44.5	32.5	24	17	12	6

3）采用图解法确定矿质混合料的配合比，如图8-4所示。

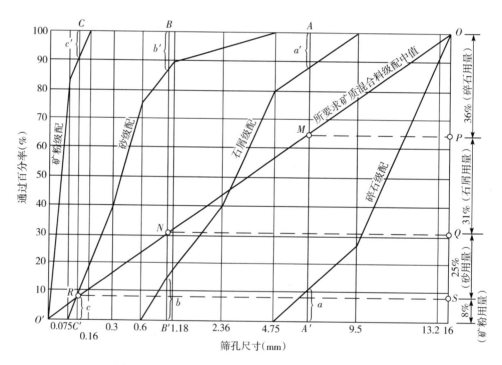

图8-4　图解法确定矿质混合料配合比的专用坐标图

由图解法确定矿质混合料配合比为：碎石：石屑：砂：矿粉＝36%：31%：25%：8%。

校核配合比：按图解法确定的配合比配合矿质混合料，得到一个合成的级配。将此级配与要求的矿质混合料级配范围进行比较，可以看出，合成的级配接近规范所要求的级配范围中值，见表8-13。

矿质混合料配合比校核表　　　　　　表8-13

组成情况		通过下列筛孔（方孔筛，mm）的质量百分率（%）									
		16.0	13.2	9.5	4.75	2.36	1.18	0.6	0.3	0.15	0.075
各种矿料的级配情况	碎石100%	100	94	26	0	0	0	0	0	0	0
	石屑100%	100	100	100	80	40	17	0	0	0	0
	河砂100%	100	100	100	100	94	90	75	38	17	0
	矿粉100%	100	100	100	100	100	100	100	100	100	83
各种矿料按配合比的级配情况	碎石36%	36	33.8	9.4	0	0	0	0	0	0	0
	石屑31%	31	31	31	24.8	12.4	4.3	0	0	0	0
	河砂25%	25	25	25	25	23.5	23.0	19.0	9.5	4.3	0
	矿粉8%	8	8	8	8	8	8	8	8	8	6.6
合成矿质混合料的级配		100	97.5	73.0	57.8	43.9	35.3	27.0	17.5	12.3	6.6
要求的矿质混合料级配范围		100	95~100	70~88	48~68	36~53	24~41	18~30	12~22	8~16	4~8
要求的矿质混合料级配中值		100	97.5	79	58	44.5	32.5	24	17	12	6

（2）确定最佳沥青用量

1）制作试件：按设计好的矿质混合料配合比，根据表8-6推荐的沥青用量范围4.5%~6.5%。分别按4.5%、5.0%、5.5%、6.0%、6.5%沥青用量制备5组马歇尔试件。

2）分别测定各组试件的物理力学性能指标：密度、空隙率、饱和度、矿料间隙率、马歇尔稳定度、流值和马歇尔模数，测定结果见表8-14。

不同试件的物理力学性能指标汇总表　　　　　　表8-14

沥青用量（%）	密度（g/cm³）	空隙率（%）	矿料间隙率（%）	沥青饱和度（%）	稳定度（kN）	流值（0.1mm）	马歇尔模数（kN/mm）
4.5	2.328	5.8	17.9	64.5	6.7	21	31.8
5.0	2.346	4.7	17.6	71.7	7.7	23	33.6
5.5	2.354	3.6	17.4	79.6	8.3	25	33.2
6.0	2.353	2.8	17.7	82.0	8.2	28	29.3
6.5	2.348	2.5	18.4	85.6	7.8	37	21.0
质量标准	—	3~6	≥15	70~85	>7.5	20~40	—

3）以沥青用量为横坐标，以不同的物理力学指标为纵坐标，绘制坐标图，如图8-4所示。

4）确定最佳沥青用量初始 1 值（OAC_1）：在稳定度坐标图中，取对应着最大稳定度的沥青用量 $a_1 = 5.8\%$；在密度坐标图中，取对应着最大密度的沥青用量 $a_2 = 5.8\%$；在空隙率坐标图中，取对应着规定空隙率范围中值的沥青用量 $a_3 = 5.1\%$；以上述三值的平均值作为最佳沥青用量初始 1 值，计算公式如下：

$$OAC_1 = \frac{a_1 + a_2 + a_3}{3} = \frac{5.8\% + 5.8\% + 5.1\%}{3} = 5.57\% \tag{8-4}$$

（3）确定最佳沥青用量初始 2 值（OAC_2）：在图 8-4 中确定同时符合稳定度、空隙率、流值和饱和度的沥青用量范围，$OAC_{min} = 5.30\%$，$OAC_{max} = 6.45\%$，其中值就为最佳沥青用量初始 2 值。

$$OAC_2 = \frac{OAC_{min} + OAC_{max}}{2} \tag{8-5}$$

（4）根据 OAC_1 和 OAC_2 综合确定沥青最佳用量（OAC）：按最佳沥青用量初始 1 值 $OAC_1 = 6.0\%$，在图中求取相应的各项指标，检查是否符合表 8-8 的规定，同时矿料间隙率也符合表 8-9 的要求，综合确定最佳沥青用量为 $OAC = 6.0\%$。

8.3 其他沥青混合料

8.3.1 冷铺沥青混合料

冷铺沥青混合料是指矿质混合料与稀释沥青或乳化沥青在常温状态下，经拌合、铺筑而成的沥青混合料。这种混合料一般较松散，存放时间较长，可达 3 个月以上，并可以随时取料施工。

1. 组成材料

（1）矿质骨料：与热铺沥青混合料对骨料的要求基本相同。

（2）沥青：可采用液体石油沥青、乳化沥青、软煤沥青等。乳化沥青的用量应根据当地气候、交通量、骨料情况、沥青标号、施工机械等条件来确定，一般情况下，沥青用量较热铺沥青碎石混合料少 15%~20%。

2. 主要技术性能

（1）铺筑前，常温条件保存，呈疏松状态，不易结团，易于施工。

（2）抗压强度：制作标准试件（直径 50mm，高 50mm 的圆柱体试件），在 22℃、50℃温度条件下，采用压力试验机，测定的极限抗压强度应达到：22℃温度条件下的抗压强度不低于 3MPa，50℃温度条件下的抗压强度不低于 0.5MPa。

（3）水稳定性：采用常温下真空抽气 1h 后的饱水率表示。要求其饱水率应在 3%~6%之间。

（4）冷铺沥青混合料不能在道路铺筑时，达到完全固结压实的程度，而是在铺筑开放交通之后，在车辆作用下逐渐固结而达到要求的密实度。

3. 应用

冷铺沥青混合料适用于一般道路的沥青路面面层，也适用于修补旧路和坑槽，也可作为一般道路旧路改造的加铺层。对于高速公路、一级公路、城市快速路、主干路等，冷铺沥青混合料只适用于沥青路面的联结层或平整层。

8.3.2 沥青玛琋脂碎石混合料

沥青玛琋脂碎石混合料是指由高含量粗骨料、高含量矿粉、较大沥青用量以及较少含量的中间颗粒组成的骨架密实结构类型的沥青混合料，代号 SMA。

1. SMA 的优点

沥青玛琋脂碎石混合料作为路面材料，具有良好的性能。

（1）较高的抗车辙能力。骨架密实结构类型的沥青混合料，能有效分散冲击荷载，防止车辙。

（2）优良的抗裂性能。较多的沥青用量，能够在矿料表面形成较厚的沥青膜，从而提高其抗裂性能。

（3）良好的耐久性能。较厚的沥青膜能减少水分渗透、沥青氧化和剥落、骨料破碎，从而延长使用寿命。

（4）较好的抗滑性能。缺少中间颗粒，在沥青混合料内部可以产生较深的表面构造深度，增加沥青混合料路面的抗滑性能和吸声性能。

（5）经济合理。由于 SMA 具有良好的耐久性能，且养护费用较低，因此具有较高的经济效益。

2. 组成材料

（1）骨料：骨料的力学性能，如耐磨耗性、压碎指标、耐磨光性等，均高于一般沥青混合料的要求，且应具有近似立方体的形状和粗糙的表面纹理，以便更好地发挥其骨架作用、提高骨料与沥青的黏结强度。SMA 对骨料酸碱性的要求不是很严格，这是因为，较多的沥青用量和矿粉用量，完全可以包裹骨料颗粒表面，提高抵抗水侵蚀剥落的能力。应注意，矿粉应采用石灰石类碱性岩石磨制而成。

（2）沥青：SMA 混合料应采用较黏稠的沥青，以适应高含量、低流淌性的要求。一般选用 AH-90 道路石油沥青。寒冷地区，应采用针入度较大的沥青，并考虑对沥青的改性。其他地区，应选用 AH-70、AH-60 标号的黏稠沥青。

（3）稳定剂：作为混合料中的稳定材料，即可以稳定沥青，又可以改善沥青混合料路面的低温性能和抗滑性能。SMA 混合料在没有纤维的情况下，沥青矿粉胶浆在运输、摊铺过程中，容易产生流淌离析现象，或是在成型后由于沥青膜厚而引起路面抗滑性能差等现象。因此，有必要掺入适量的纤维作为稳定剂。沥青混合料中的稳定剂，除纤维外，还包括聚合物、橡胶粉等。

8.3.3 再生沥青混合料

1. 定义及分类

再生沥青混合料是指利用已破坏的旧沥青路面材料，通过添加再生材料、新沥青、新骨料，按一定的配合比，重新铺筑的沥青混合料。

再生沥青混合料有表面处治型再生混合料、再生沥青碎石和再生沥青混凝土三种。按施工温度分为热拌再生沥青混合料和冷拌再生沥青混合料，热拌型是旧油和新沥青在加热状态下拌合，经机械搅拌，充分混合均匀，再生效果较好，而冷拌型的再生效果较差，成型期长，通常仅限于低交通量的道路使用。

2. 组成材料

（1）再生沥青：由旧油、再生材料和新沥青按一定比例组成。经长时间使用后，沥青老化变成旧油，其黏度很高，通过添加再生材料，调节其化学组分，达到软化目的。

（2）骨料：包括旧骨料和新添加的骨料。

8.3.4　桥面铺装材料

对于大中型水泥混凝土桥，为保护桥面板而在上面铺筑的沥青铺装层，即为桥面铺装材料。

桥面铺装层应与桥面板具有良好的黏结性能、抗渗透性能、抗滑性能以及抗振动变形的能力。

桥面铺装材料一般由黏层、防水层、保护层和沥青面层组成，总厚度约为 6～10cm。对于潮湿多雨、坡度较大或设计车速较高的桥面还应加设抗滑表层。黏层沥青一般采用快干的乳化沥青，或快、中凝液体石油沥青、煤沥青等。防水层可采用沥青胶涂布，或高分子聚合物涂料，或沥青防水卷材，厚度较薄，为 1.0～1.5mm。保护层是为保护防水层而设置的，厚度一般为 1.0cm，可采用 AC-5 或 AC-10 沥青混凝土或单层式沥青表面处理。沥青面层一般采用高温稳定性较好的 AC-16 或 AC-20 中粒式热拌热铺沥青混凝土混合料铺筑。

复习思考题

1. 何谓沥青混合料？沥青混凝土混合料与沥青碎石混合料有何区别？

2. 沥青混合料按其结构可分为哪几个类型？各种结构类型的沥青混合料有何优缺点？

3. 简述沥青混合料的强度理论。

4. 沥青混合料的主要技术性能有哪些？

5. 简述沥青混合料的高温稳定性的评定方法。

6. 简述热铺沥青混合料配合比的设计步骤。

7. 简述沥青混合料对各组成材料的技术要求。

8. 简述确定最佳沥青用量的过程。

教学单元 9　建　筑　钢　材

9.1　概　　述

建筑钢材是主要的建筑材料之一。钢材材质均匀、性能可靠、强度高、塑性和韧性好，能够承受较大的冲击荷载和振动荷载。钢材具有良好的工艺性能，可焊接、铆接或螺栓连接，便于装配施工。其缺点是耐久性能差，容易锈蚀，维修费用高，耐火性能差。它广泛地应用于工业与民用建筑、桥梁工程等方面的钢结构和钢筋混凝土结构中。

9.1.1　钢与生铁

钢与生铁都是黑色金属，都属于Fe-C合金。钢是由生铁冶炼而成。生铁是由铁矿石、熔剂、燃料在高炉中经还原反应、造渣反应而得的一种黑色金属。炼钢是往熔融的生铁中吹入空气或氧气，使生铁中的碳含量和杂质元素含量降低到一定程度，再经脱氧处理的工艺过程。理论上，碳含量在2%以下，杂质元素含量较少的Fe-C合金就为钢。

9.1.2　钢的分类

钢的分类方法较多，可按冶炼炉种、脱氧程度、化学成分、质量和用途等方面进行分类。

常用的炼钢炉有转炉、平炉和电炉。建筑钢材一般使用转炉钢和平炉钢。转炉炼钢效率较高，生产成本较低，但钢的化学成分不容易精确控制，质量较差。转炉按照吹入气体不同，又分为空气转炉和氧气转炉。平炉炼钢冶炼时间较长，钢的化学成分可以精确控制，炼成的钢质量较好，其缺点是生产效率较低，成本较高。电炉炼钢是以电为能源进行加热的一种炼钢方法，电炉炼钢质量最好，但能耗大，生产成本高，一般建筑钢材很少使用电炉钢。

在炼钢过程中，不可避免地有部分氧化铁残留在液态钢中，使钢的质量降低。因此在炼钢后期精炼时，需要进行脱氧处理。按照脱氧程度不同，钢可分为沸腾钢、镇静钢和半镇静钢，脱氧程度不同的钢，其特点不同，见表9-1。

沸腾钢、镇静钢和半镇静钢的代号及特点　　　　　　表9-1

钢种名称	脱氧程度	铸锭时的特点	性能	应用	代号
沸腾钢	不完全	大量气体溢出，引起钢水沸腾	组织不够致密，气泡含量较多，化学偏析较严重，质量较差，但出材率较高，成本低	一般建筑结构	F

续表

钢种名称	脱氧程度	铸锭时的特点	性能	应用	代号
镇静钢	完全	锭模内钢水平静冷却	组织致密，化学成分均匀，机械性能好，质量较高，但成本较高	承受冲击、振动荷载或重要焊接结构	Z
半镇静钢		介于沸腾钢和镇静钢两者之间			b

钢按化学成分分为碳素钢和合金钢。

钢按质量分为普通钢、优质钢和高级优质钢。

钢按用途分为结构钢、工具钢和特殊钢。

9.1.3　建筑钢材主要品种

钢经过加工生产成为钢材，建筑钢材是建筑工程中使用的各种钢材的统称。建筑钢材按用途分为钢结构用钢材（如各类型钢、钢板、钢管等）和钢筋混凝土结构用钢材（如各类钢筋、钢丝、钢绞线等）两类，各类钢材的主要品种见表9-2。

建筑钢材主要品种　　　　　　　　　　　　表9-2

建筑钢材种类		主要品种
钢结构用钢材	型钢	热轧工字钢、热轧轻型工字钢、热轧槽钢、热轧轻型槽钢、热轧等边角钢、热轧不等边角钢等
	钢板	热轧厚板（厚度大于4mm）、热轧薄板（厚度为0.35～4mm）、冷轧薄板（厚度为0.2～4mm）、压型钢板
	钢管	焊接钢管、无缝钢管
钢筋混凝土结构用钢材	钢筋	热轧光圆钢筋、热轧带肋钢筋、热处理钢筋、冷轧带肋钢筋
	钢丝	光面钢丝、螺旋肋钢丝、刻痕钢丝
	钢绞线	1×2、1×3、1×7结构钢绞线 Ⅰ级松弛钢绞线、Ⅱ级松弛钢绞线

9.2　建筑钢材的主要技术性能

建筑钢材的技术性能包括力学性能、工艺性能和化学性能三个方面。力学性能是指钢材在外力作用下所表现出来的性能，包括拉伸性能、冲击韧性、疲劳强度和硬度等；工艺性能是指钢材在加工过程中所表现出来的性能，包括冷弯性能、焊接性能和冷加工强化及时效等；化学性能是指钢材内部的不同化学元素对钢材性能的影响，以及在与外部环境不同化学物质接触时所发生的各种化学变化。

9.2.1　拉伸性能

建筑钢材在建筑结构中的主要受力形式就是受拉，因此，拉伸性能是建筑钢材的重要技术性能。在常温下采用拉伸性能试验方法测得钢材的屈服点、抗拉强度和伸长率是评定钢材力学性能的主要技术指标和重要依据。

　　建筑钢材的拉伸性能试验，首先要按规定取样制作一组试件；然后放在力学试验机上进行拉伸试验；绘制出应力-应变图，如图 9-1、图 9-2 所示；将测得的指标与标准规定进行比较；最后做出拉伸性能是否合格的结论。

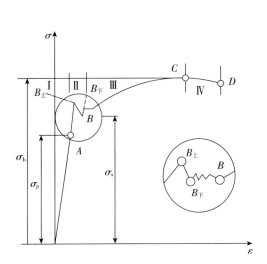

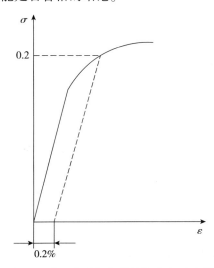

图 9-1　低碳钢拉伸性能应力-应变图　　　　图 9-2　中、高碳钢拉伸性能应力-应变图

低碳钢和中、高碳钢的拉伸性能差异较大，现分述如下。

1. 低碳钢的拉伸性能

低碳钢的含碳量低，强度较低，塑性较好。从其应力-应变图中可以看出，低碳钢从受拉至拉断，经历了四个阶段：弹性阶段（OA）、屈服阶段（AB）、强化阶段（BC）和颈缩阶段（CD）。

（1）弹性阶段（OA）。钢材表现为弹性。在图 9-1 中 OA 段为一条直线，应力与应变呈正比关系，A 点所对应的应力称为比例极限，用"σ_P"表示，单位为"MPa"。

（2）屈服阶段（AB）。钢材的应力超过 A 点后，开始产生塑性变形。当应力达到 $B_上$ 点（上屈服点）后，瞬时下降至 $B_下$ 点（下屈服点），变形迅速增加，似乎钢材不能承受外力而屈服。由于 $B_下$ 点比较稳定，便于测得，因此将 $B_下$ 点所对应的应力称为屈服点（或屈服强度），用"σ_S"表示，单位为"MPa"。

（3）强化阶段（BC）。当应力超过屈服点后，钢材内部的晶格发生了畸变，阻止了晶格进一步滑移，钢材得到了强化，应变随应力的增加而增加。最高点 C 点对应的应力为钢材的最大应力，称为极限抗拉强度或抗拉强度，用"σ_b"表示，单位为"MPa"。

（4）颈缩阶段（CD）。钢材抵抗变形的能力明显降低，应变迅速发展，应力逐渐下降，试件被拉长，并在试件的某一部位横截面急剧缩小而断裂。

低碳钢拉伸性能试验后，可测得屈服强度、抗拉强度和伸长率。

屈服点（σ_s）按下式计算：

$$\sigma_s = \frac{F_s}{A_0} \tag{9-1}$$

式中　σ_s——试件屈服点（MPa）；

　　　F_s——屈服点荷载（N）；

　　　A_0——试件横截面面积（mm^2）。

当钢材受力超过屈服点后，会产生较大的塑性变形，不能满足使用要求，因此屈服点是结构设计中钢材强度的取值依据，是工程结构计算中非常重要的一个参数。

抗拉强度（σ_b）按下式计算：

$$\sigma_b = \frac{F_b}{A_0} \tag{9-2}$$

式中　σ_b——试件的抗拉强度（MPa）；

　　　F_b——极限破坏荷载（N）；

　　　A_0——试件横截面面积（mm^2）。

抗拉强度是钢材抵抗拉断的最终能力。

工程中所用的钢材，不仅应具有较高的屈服点，并且应具有一定的屈强比。屈强比（σ_s/σ_b）是钢材屈服点与抗拉强度的比值，是反映钢材利用率和结构安全可靠程度的一个比值。屈强比越小，表明结构的安全可靠程度越高，但此值过小，钢材强度的利用率会偏低，会造成钢材浪费。因此建筑钢材应当有适当的屈强比，以保证既经济又安全。建筑钢材合理的屈强比一般为 0.60~0.75。

伸长率（δ）按下式计算：

$$\delta = \frac{l_1 - l_0}{l_0} \times 100\% \tag{9-3}$$

式中　l_0——试件的标距（mm）；

　　　l_1——试件拉断后，标距的伸长长度（mm）。

将拉断后的钢材试件在断口处拼合起来，即可测出标距伸长后的长度 l_1。伸长率越大，则钢材的塑性越好。伸长率的大小与标距 l_0 有关，当标距取为 $5d$ 时，试件称为短试件，所测出的伸长率用"δ_5"表示；标距取为 $10d$ 时，试件称为长试件，所测出的伸长率用"δ_{10}"表示。对于同一种钢材而言，$\delta_5 > \delta_{10}$。钢材应具有一定的塑性变形能力，以保证钢材内部应力重新分布，避免应力集中，而不至于产生突然的脆性破坏。

2. 中、高碳钢的拉伸性能

中碳钢、高碳钢的拉伸性能与低碳钢的拉伸性能不同，无明显的屈服阶段，如图 9-2 所示。由于屈服阶段不明显，难以测定其屈服点，一般以条件屈服点代替。条件屈服点是钢材产生 0.2% 塑性变形所对应的应力值，用"$\sigma_{0.2}$"表示，单位"MPa"。

中、高碳钢拉伸性能试验后，同样可测得两个强度指标——条件屈服点、抗拉强度及一个塑性指标——伸长率。

9.2.2 冲击韧性

冲击韧性是指钢材抵抗冲击荷载而不破坏的能力，用冲击值（α_k）表示，单位 J/cm^2（即钢材试件单位面积所消耗的功）。对于直接承受动荷载作用，或在温度较低的环境中工作的重要结构，必须按照有关规定对钢材进行冲击韧性的检验。

检验时，先将钢材加工成为带刻槽的标准试件，再将试件放置在冲击试验机的固定支座上，然后以摆锤冲击带刻槽试件的背面，使其承受冲击而断裂。α_k 值越大，冲断试件所消耗的功越多，表明钢材的冲击韧性越好。

影响钢材冲击韧性的因素很多。如钢材内部的化学偏析、金属夹渣、焊接微裂缝等，都会使钢材的冲击韧性显著下降，环境温度对钢材的冲击韧性影响也很大。

试验表明，冲击韧性会随环境温度的下降而下降。开始时，下降缓和，当达到一定温度范围时，会突然大幅度下降，从而使得钢材呈现脆性，这时的温度称为钢材的脆性临界温度。钢材的脆性临界温度值越低，表明钢材的低温抗冲击性能越好。在北方室外工程，应当选用脆性临界温度较环境温度低的钢材。

9.2.3 疲劳强度

疲劳破坏是指钢材在交变荷载反复多次作用下，可能在最大应力远远低于屈服强度的情况下而突然破坏的现象，用疲劳强度表示，单位 MPa。疲劳破坏是突然发生的，因而具有很大的危险性。

疲劳强度是指钢材试件在承受 10^7 次交变荷载作用下，不发生疲劳破坏的最大应力值。在设计承受反复荷载且需要进行疲劳验算的结构时，应当知道钢材的疲劳强度。

钢材的疲劳破坏是由拉应力引起，首先是局部开始形成微细裂纹，其后由于微细裂纹尖端处产生的应力集中而使裂纹迅速扩展直至钢材断裂。因此，钢材内部的化学偏析、金属夹渣以及最大应力处的表面光滑程度、加工损伤等，都会对钢材的疲劳强度产生影响。

9.2.4 硬度

硬度是指钢材抵抗硬物压入表面的能力，常用布氏硬度（HB）和洛氏硬度（HR）表示。

检测钢材布氏硬度时，以一定的静荷载把一淬火钢球压入钢材表面，然后测出压痕的面积或深度来确定钢材硬度大小，如图 9-3 所示。

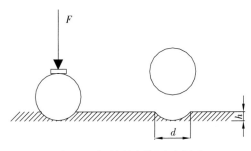

图 9-3 钢材硬度检测示意图

各类钢材的布氏硬度值与其抗拉强度之间有较好的相关性。钢材的抗拉强度越高，抵抗塑性变形越强，硬度值也越大。

试验表明，当低碳钢的 $HB<175$ 时，其抗拉强度与布氏硬度之间关系的经验公式为：$\sigma_b = 0.36HB$。

根据上述经验公式，可以通过直接在钢结构上测出钢材的布氏硬度，来估算钢材的抗拉强度。

9.2.5　冷弯性能

冷弯性能是指钢材在常温下承受弯曲变形的能力。钢材的冷弯性能通过冷弯试验来检验，必须合格。

冷弯试验时，先按规定取样制作试件，查找相关质量标准确定试件的弯曲角度（α）和弯心直径与试件厚度的比值（d/a），然后如图 9-4 所示，在常温下对试件进行冷弯。在试件弯曲的外表面或侧面无裂纹、断裂或起层现象，则钢材的冷弯性能合格。

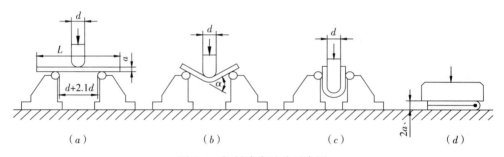

图 9-4　钢材冷弯试验示意图

冷弯性能和伸长率一样，都能反映钢材的塑性性能。伸长率是反映钢材在均匀拉伸变形下的塑性，而冷弯是反映钢材在不利变形条件下的塑性，是对钢材塑性更严格的检验。冷弯试验能暴露出钢材内部存在的质量缺陷，如气孔、金属夹渣、裂纹和严重偏析等。同时冷弯试验对焊接质量也是一种严格的检验，能暴露出焊接接头处存在的质量缺陷。

9.2.6　焊接性能

钢材在焊接过程中，由于高温作用，使得焊缝周围的钢材产生硬脆性倾向。焊接性能是指钢材在焊接后，焊接接头的牢固程度和硬脆性倾向大小的性能。焊接性能好的钢材，焊接后，接头处牢固可靠，硬脆性倾向小，且强度不低于原有钢材的强度。

影响钢材焊接性能的因素很多，如钢材内部的化学成分及其含量、焊接方法、焊接工艺、焊接件的尺寸和形状以及焊接过程中是否有焊接应力发生等。当钢材内部的含碳量高、含硫量高、合金元素含量高时，都会降低钢材的焊接性能。

焊接结构应选含碳量较低的氧气转炉钢或平炉镇静钢。当采用高碳钢、合金钢时，焊接一般要采用焊接前预热及焊接后热处理等措施。

9.2.7　冷加工强化及时效

1. 冷加工强化

在常温下，对钢材进行加工处理，使之产生塑性变形，从而达到提高屈服强度的方法称为冷加工强化。冷加工包括冷拉、冷轧和冷拔等。钢材经冷加工后，其屈服强度会提高，但同时其塑性和韧性会降低。

冷加工强化的原因是由于：钢材在冷加工时，其内部应力超过了屈服强度，造成晶格滑移，使晶格的缺陷增多，晶格严重畸变，对其他晶格的进一步滑移产生阻碍作用，使得钢材的屈服强度提高，而随着可以利用的滑移面的减少，钢材的塑性和韧性随之降低。

2. 时效

钢材在使用前，放置一段时间，其屈服点、抗拉强度和硬度会随时间延长而增长，而塑性和韧性会降低的现象称为时效。一般情况下，钢材的时效过程需要几十年的时间，但经冷加工强化后，这一过程可以大大缩短（常温下 15~20d，人工加热 100~200℃需 2h 左右）。

钢材经冷加工强化和时效处理后，其性能发生很大的变化，在其应力-应变图上可明显看到，如图 9-5 所示。

OBCD 是未经冷加工强化和时效的低碳钢拉伸应力-应变图。将钢材拉伸至超过屈服点达到强化阶段的任意点 *K*，然后卸去荷载，此时钢材已产生塑性变形。当拉力撤销时，钢材将沿 KO' 下降至 O' 点。

如立即重新拉伸，则应力-应变图由 O' 点开始，经 $O'KCD$ 至 *D* 点断裂，屈服点上升至 *K* 点，抗拉强度不变，这是冷加工强化后的应力-应变图。

如在 *K* 点卸荷后，将试件进行时效处理（自然时效或人工时效），然后再拉伸，则应力-应变曲线将沿 $O'KK_1C_1D_1$ 发展，表明钢材经冷加工强

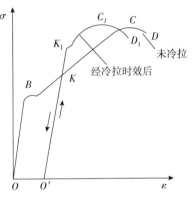

图 9-5　钢材冷加工强化和时效处理后的应力-应变图

化和时效后，其屈服点和抗拉强度都有不同程度提高，但其塑性和韧性都有一定程度降低。

在建筑工程中，对于承受冲击荷载和振动荷载的钢材，不得采用冷加工的钢材。由于焊接会降低钢材的性能，因此，冷加工钢材的焊接必须在冷加工前进行。

9.2.8　化学元素对钢材性能的影响

钢是铁碳合金，其内部除铁、碳元素外，还含有许多其他元素，按对钢性能的影响，将这些元素分为有利元素和有害元素，如硅、锰、钛、铝、钒、铌等对钢性能有有利影响，为有利元素，而磷、硫、氧、氮等这些元素对钢性能有有害影响，为有害元素。

1. 碳

碳是决定钢性能的最主要元素。通常其含量在 0.04% ~ 1.7% 之间（大于 2.06% 时为生铁，小于 0.04% 为工业纯铁）。在碳含量小于 0.8% 时，随着碳含量的增加，钢的强度和硬度提高，而塑性和韧性下降，钢的冷弯性能、焊接性能也下降。

普通碳素钢和低合金钢的碳含量一般在 0.10% ~ 0.45% 之间，焊接结构用钢的碳含量一般在 0.12% ~ 0.22% 之间，碳含量变化幅度越小，其可焊性越有保证，机械性能也越稳定。

2. 硅

硅是钢中的有效脱氧剂。硅含量越多，则钢材的强度和硬度就越高，但硅含量过多时会使钢材的塑性和韧性降低很多，并会增加钢材冷脆性和时效敏感性，降低钢材的焊接性能。因此，钢中的硅含量不宜太多，在碳素钢中一般不超过 0.4%，在低合金钢中因有其合金他元素存在，其含量可以稍多些。

3. 锰

锰是钢中的主要脱氧剂之一，同时有除硫的作用。当锰含量在 0.8% ~ 1.0% 时，可显著提高钢的强度和硬度，几乎不降低钢的塑性和韧性，同时对焊接性能影响不大。如果钢中锰含量过多，则会降低钢的焊接性能。因此，钢中的锰含量也应在规定的范围之内。与硅相似，在低合金钢中，由于有其他合金元素存在，其含量也可以稍多些。

4. 钛

钛是钢中很好的脱氧剂和除气剂，能够使钢的晶粒细化，组织致密，从而改善钢的韧性和焊接性能，提高钢的强度。但加入钛含量过多会显著降低钢的塑性和韧性。

5. 磷

磷是钢中有害元素，由炼钢原料带入。磷会使钢的屈服点和抗拉强度提高，但磷在钢中会部分形成脆性很大的化合物 Fe_3P，使得钢的塑性和韧性急剧降低，特别是低温下的冲击韧性降低更显著，这种现象称为冷脆性。此外，磷在钢中偏析较为严重，分布不均，更增加了钢的冷脆性。

6. 硫

硫是钢中极为有害的元素，在钢中以硫化铁夹杂物形式存在。在钢热加工时，硫易引起钢的脆裂，降低钢的焊接性能和韧性等，这种现象称为热脆性。

7. 氧、氮

氧和氮也是钢中的有害元素。会显著降低钢的塑性、韧性、冷弯性能和焊接性能。

9.2.9 钢材锈蚀及防护

钢材锈蚀是指钢表面与周围介质发生化学反应或电化学反应而遭到侵蚀的过程。钢材与周围介质发生的化学反应主要是氧化反应，使得钢材表面形成疏松的氧化物。钢材本身含有多种化学元素，这些成分的电极电位不同，会形成很多微电池，产生电化学反应。在潮湿环境中，钢材表面会覆盖一层水膜，在阳极，铁被氧化成 Fe^{2+} 离子进入水膜；而在阴极，氧被还原成 OH^- 离子；两者结合成为不溶于水的 $Fe(OH)_2$，并进一步氧化成疏松易剥落的 $Fe(OH)_3$，红棕色的铁锈。

钢材锈蚀会使得钢结构有效截面减小，浪费钢材，而且会形成程度不同的锈坑、锈斑，造成应力集中，加速结构破坏。若受到冲击荷载或循环交变荷载作用，还将产生锈蚀疲劳现象，引起钢材疲劳强度显著下降，甚至出现脆性断裂。

钢材锈蚀的主要影响因素有环境湿度、侵蚀性介质、钢材的材质及其表面状况等。钢材锈蚀时，其体积增大，在钢筋混凝土中会使得周围的混凝土膨胀开裂。

要防止钢材锈蚀，可采用在钢材表面加做保护层或加入合金元素的方法。保护层可以使钢材与周围介质隔离，从而起到防止锈蚀的作用。在钢中加入合金元素如钛、铬、镍、铜等，都可以提高钢的耐锈蚀能力。

在钢筋混凝土结构中，钢筋表面被混凝土包裹保护，且混凝土中的碱性会使钢筋表面形成一层钝化膜，一般不易锈蚀。工程中，主要从两个方面来防止钢筋锈蚀：一是严格控制混凝土质量，使得其具有较高的密实程度；二是确保钢筋表面有足够的混凝土保护层厚度，以防止空气和水分进入。对于重要的预应力混凝土结构，还可采用在混凝土中加防锈剂或在钢筋表面镀锌、镀镍等措施。

9.3　常用钢的品种、质量标准和应用

建筑工程中常用钢品种主要有碳素结构钢和低合金结构钢两种。另外在钢丝中也部分使用了优质碳素结构钢。

9.3.1　碳素结构钢

碳素结构钢在各类钢中产量最大，用途最广。多加工成热轧钢板、型钢和异形型钢等。

碳素结构钢按屈服点数值分为 Q195、Q215、Q235、Q255、Q275 五个不同强度等级的牌号；按硫磷杂质含量分为 A、B、C、D 四个质量等级；按脱氧程度不同分为特殊镇静钢（TZ）、镇静钢（Z）、半镇静钢（b）和沸腾钢（F）。

碳素结构钢的牌号由四个部分组成：

【举例】Q235—B·F

① "Q"——第一部分，为"屈"字拼音的第一个字母；

② "235"——第二部分，表示该碳素结构钢的屈服点应大于 235MPa；

③ "B"——第三部分，表示碳素结构钢的质量等级为 B 级；

④ "F"——第四部分，表示碳素结构钢的脱氧程度为沸腾钢。

碳素结构钢的化学成分必须符合《碳素结构钢》GB/T 700—2006 的有关规定，见表 9-3。

碳素结构钢的化学成分 表 9-3

牌号	等级	C	Mn	Si	S	P	脱氧程度
Q195	—	0.06~0.12	0.25~0.50	≤0.30	≤0.050	≤0.045	F、b、Z
Q215	A	0.09~0.15	0.25~0.55	≤0.30	≤0.050	≤0.045	F、b、Z
Q215	B	0.09~0.15	0.25~0.55	≤0.30	≤0.045	≤0.045	F、b、Z
Q235	A	0.14~0.22	0.30~0.65	≤0.30	≤0.050	≤0.045	F、b、Z
Q235	B	0.12~0.20	0.30~0.70	≤0.30	≤0.045	≤0.045	F、b、Z
Q235	C	≤0.18	0.35~0.80	≤0.30	≤0.040	≤0.040	Z
Q235	D	≤0.17	0.35~0.80	≤0.30	≤0.035	≤0.035	TZ
Q255	A	0.18~0.28	0.40~0.70	≤0.30	≤0.050	≤0.045	Z
Q255	B	0.18~0.28	0.40~0.70	≤0.30	≤0.045	≤0.045	Z
Q275	—	0.20~0.38	0.50~0.80	≤0.35	≤0.050	≤0.045	Z

碳素结构钢的拉伸性能、冲击韧性和冷弯性能应符合表 9-4 和表 9-5 的规定。

碳素结构钢的拉伸性能 表 9-4

牌号	等级	屈服点 σ_s（MPa），≥						抗拉强度（MPa）	伸长率 δ_5（%），≥					
		钢材厚度（直径），（mm）							钢材厚度（直径），（mm）					
		≤16	16~40	40~60	60~100	100~150	>150		≤16	16~40	40~60	60~100	100~150	>150
Q195	—	195	185	—	—	—	—	315~430	33	32	—	—	—	—
Q215	A	215	205	195	185	175	165	335~450	31	30	29	28	27	26
Q215	B	215	205	195	185	175	165	335~450	31	30	29	28	27	26
Q235	A	235	225	215	205	195	185	375~500	26	25	24	23	22	21
Q235	B	235	225	215	205	195	185	375~500	26	25	24	23	22	21
Q235	C	235	225	215	205	195	185	375~500	26	25	24	23	22	21
Q235	D	235	225	215	205	195	185	375~500	26	25	24	23	22	21
Q255	A	255	245	235	225	215	205	410~550	24	23	22	21	20	19
Q255	B	255	245	235	225	215	205	410~550	24	23	22	21	20	19
Q275	—	275	265	255	245	235	225	490~630	20	19	18	17	16	15

Q235 号钢，碳含量在 0.14%~0.22% 之间，属低碳钢，具有较高的强度、良好的塑性、韧性和焊接性能，综合性能好，能满足一般钢结构和钢筋混凝土结构用钢的要求，在建筑工程中应用最广泛。常轧制成钢筋和各种型钢。

Q195、Q215 号钢，碳含量较低，强度低，塑性和韧性好，其加工性能和焊接性能良好。其主要用于轧制薄板和盘条，制造铆钉和螺栓等。

碳素结构钢的冲击韧性、冷弯性能　　　　表 9-5

牌号	等级	冲击试验		冷弯试验 B=2a（180°）				
		温度（℃）	V 型冲击功（纵向）（J），≥	牌号	试样方向	钢材厚度（直径）（mm）		
						60	60~100	100~200
						弯心直径 d		
Q195	—	—	—	Q195	纵	0	—	—
Q215	A	—	—		横	0.5a		
	B	20	27	Q215	纵	0.5a	1.5a	2a
Q235	A	—	—		横	a	2a	2.5a
	B	20	27	Q235	纵	a	2a	2.5a
	C	0			横	1.5a	2.5a	3a
	D	−20		Q255	—	2a	3a	3.5a
Q255	A	—	—	Q275		3a	4a	4.5a
	B	20	27					
Q275	—	—	—			—		

注：B 为试样宽度，a 为钢材厚度（直径）。

Q255、Q275 号钢，强度较高，硬度较大，耐磨性较好，但塑性和韧性较差，焊接性能也较差，不易焊接和冷弯加工。其可用于轧制带肋钢筋和螺栓连接配件，但多用于机械零件和工具等。

9.3.2　低合金结构钢

低合金结构钢是在碳素结构钢的基础上，加入少量合金元素（合金元素总含量小于 5%）的结构钢。其屈服点、抗拉强度、耐磨性、耐锈蚀和耐低温性能均较高。与碳素结构钢相比，可节约钢材 20%~30%，而成本提高并不显著。

低合金结构钢按屈服点数值分为 Q295、Q345、Q390、Q420、Q460 五个不同强度等级的牌号，其表示方式与碳素结构钢相同；按杂质元素含量分为 A、B、C、D、E 五个质量等级。

低合金结构钢的化学成分必须符合《低合金高强度结构钢》GB/T 1591—2018 的规定，见表 9-6。

低合金高强度结构钢的化学成分（%）　　　　表 9-6

牌号	质量等级	化学成分[a,b]（质量分数）														Als
		C	Si	Mn	P	S	Nb	V	Ti	Cr	Ni	Cu	N	Mo	B	
							不大于									不小于
Q345	A	≤0.20	≤0.50	≤1.70	0.035	0.035	0.07	0.15	0.20	0.30	0.50	0.30	0.012	0.10	—	—
	B				0.035	0.035										
	C				0.030	0.030										
	D	≤0.18			0.030	0.025										0.015
	E				0.025	0.020										

续表

牌号	质量等级	化学成分[a,b]（质量分数）														
		C	Si	Mn	P	S	Nb	V	Ti	Cr	Ni	Cu	N	Mo	B	Als
					不大于											不小于
Q390	A	≤0.20	≤0.50	≤1.70	0.035	0.035	0.07	0.20	0.20	0.30	0.50	0.30	0.015	0.10	—	—
	B				0.035	0.035										
	C				0.030	0.030										—
	D				0.030	0.025										0.015
	E				0.025	0.020										
Q420	A	≤0.20	≤0.50	≤1.70	0.035	0.035	0.07	0.20	0.20	0.30	0.80	0.30	0.015	0.20	—	—
	B				0.035	0.035										
	C				0.030	0.030										—
	D				0.030	0.025										0.015
	E				0.025	0.020										
Q460	C	≤0.20	≤0.60	≤1.80	0.030	0.030	0.11	0.20	0.20	0.30	0.80	0.55	0.015	0.20	0.04	0.015
	D				0.030	0.025										
	E				0.025	0.020										
Q500	C	≤0.18	≤0.60	≤1.80	0.030	0.030	0.11	0.12	0.20	0.60	0.80	0.55	0.015	0.20	0.004	0.015
	D				0.030	0.025										
	E				0.025	0.020										
Q550	C	≤0.18	≤0.60	≤2.00	0.030	0.030	0.11	0.12	0.20	0.80	0.80	0.80	0.015	0.30	0.004	0.015
	D				0.030	0.025										
	E				0.025	0.020										
Q620	C	≤0.18	≤0.60	≤1.80	0.030	0.030	0.11	0.12	0.20	1.00	0.80	0.80	0.015	0.30	0.004	0.015
	D				0.030	0.025										
	E				0.025	0.020										
Q690	C	≤0.18	≤0.60	≤2.00	0.030	0.030	0.11	0.12	0.20	1.00	0.80	0.80	0.015	0.30	0.004	0.015
	D				0.030	0.025										
	E				0.025	0.020										

[a] 型材及棒材 P、S 含量可提高 0.005%，其中 A 级钢上限可为 0.045%。

[b] 当细化晶粒元素组合加入时，20(Nb+V+Ti)≤0.22%，20(Mo+Cr)≤0.30%。

低合金结构钢的拉伸性能、冲击韧性和冷弯性能应符合表 9-7 和表 9-8 的规定。

表 9-7

低合金高强度结构钢的拉伸性能试验

牌号	质量等级	拉伸试验 [a,b,c] 下屈服强度（R_eL）（MPa） 以下公称厚度（直径、边长）									抗拉强度（R_m）（MPa） 以下公称厚度（直径、边长）							断后伸长率（A）（%） 公称厚度（直径、边长）					
		≤16mm	16~40mm	40~61mm	63~80mm	80~100mm	100~150mm	150~200mm	200~250mm	250~400mm	≤40mm	40~63mm	63~80mm	80~100mm	100~150mm	150~250mm	250~400mm	≤40mm	40~63mm	63~100mm	100~150mm	150~250mm	250~400mm
Q345	A	≥345	≥335	≥325	≥315	≥305	≥285	≥275	≥265		470~630	470~630	470~630	470~630	450~600	450~600		≥20	≥19	≥19	≥18	≥17	—
	B																						
	C																	≥21	≥20	≥20	≥19	≥18	≥17
	D																						
	E									≥265							450~600						
Q390	A	≥390	≥370	≥350	≥330	≥330	≥310	—	—	—	490~650	490~650	490~650	490~650	470~620	—	—	≥20	≥19	≥18	≥18	—	—
	B																						
	C																						
	D																						
	E																						
Q420	A	≥420	≥400	≥380	≥360	≥360	≥340	—	—	—	520~680	520~680	520~680	520~680	500~650	—	—	≥19	≥18	≥18	≥18	≥18	—
	B																						
	C																						
	D																						
	E																						

续表

牌号	质量等级	拉伸试验 [a,b,c]																						
		以下公称厚度（直径，边长）下屈服强度（R_{eL}）（MPa）									以下公称厚度（直径，边长）抗拉强度（R_m）（MPa）							断后伸长率（A）（%）公称厚度（直径，边长）					
		≤16mm	16~40mm	40~61mm	63~80mm	80~100mm	100~150mm	150~200mm	200~250mm	250~400mm	≤40mm	40~63mm	63~80mm	80~100mm	100~150mm	150~250mm	250~400mm	≤40mm	40~63mm	63~100mm	100~150mm	150~250mm	250~400mm
Q450	C	≥460	≥440	≥420	≥400	≥400	≥380	—	—	—	550~720	550~720	550~720	550~720	530~700	—	—						
	D	≥460	≥440	≥420	≥400	≥400	≥380	—	—	—	550~720	550~720	550~720	550~720	530~700	—	—	≥17	≥16	≥16	≥16	—	—
	E	≥460	≥440	≥420	≥400	≥400	≥380	—	—	—	550~720	550~720	550~720	550~720	530~700	—	—						
Q500	C	≥500	≥480	≥470	≥450	≥440	—	—	—	—	610~770	600~760	590~750	540~730	—	—	—						
	D	≥500	≥480	≥470	≥450	≥440	—	—	—	—	610~770	600~760	590~750	540~730	—	—	—	≥17	≥17	≥17	—	—	—
	E	≥500	≥480	≥470	≥450	≥440	—	—	—	—	610~770	600~760	590~750	540~730	—	—	—						
Q550	C	≥550	≥530	≥520	≥500	≥490	—	—	—	—	670~830	620~810	600~790	590~780	—	—	—						
	D	≥550	≥530	≥520	≥500	≥490	—	—	—	—	670~830	620~810	600~790	590~780	—	—	—	≥16	≥16	≥16	—	—	—
	E	≥550	≥530	≥520	≥500	≥490	—	—	—	—	670~830	620~810	600~790	590~780	—	—	—						
Q620	C	≥620	≥600	≥590	≥570	—	—	—	—	—	710~880	690~880	670~860	—	—	—	—						
	D	≥620	≥600	≥590	≥570	—	—	—	—	—	710~880	690~880	670~860	—	—	—	—	≥15	≥15	≥15	—	—	—
	E	≥620	≥600	≥590	≥570	—	—	—	—	—	710~880	690~880	670~860	—	—	—	—						
Q690	C	≥690	≥670	≥660	≥640	—	—	—	—	—	770~940	750~920	730~900	—	—	—	—						
	D	≥690	≥670	≥660	≥640	—	—	—	—	—	770~940	750~920	730~900	—	—	—	—	≥14	≥14	≥14	—	—	—
	E	≥690	≥670	≥660	≥640	—	—	—	—	—	770~940	750~920	730~900	—	—	—	—						

[a] 当屈服不明显时，可测量 $R_{0.2}$ 代替下屈服强度。

[b] 宽度不小于600mm的扁平材，型材及棒材取纵向试样；宽度小于600mm的扁平材，拉伸试验取横向试样，断后伸长率最小值相应提高1%（绝对值）。

[c] 厚度250~400mm的数值适用于扁平材。

夏比（Ⅴ型）冲击试验的试验温度和冲击吸收能量　　表 9-8（a）

牌号	质量等级	试验温度（℃）	冲击吸收能量（KV_1）[a]（J）		
			公称厚度（直径、边长）		
			12~150mm	150~250mm	250~400mm
Q345	B	20	≥34	≥27	—
	C	0			
	D	−20			27
	E	−40			
Q390	B	20	≥34	—	—
	C	0			
	D	−20			
	E	−40			
Q420	B	20	≥34	—	—
	C	0			
	D	−20			
	E	−40			
Q460	C	0	≥34	—	—
	D	−20			
	E	−40			
Q500、Q550、Q620、Q690	C	0	≥55	—	—
	D	−20	≥47		
	E	−40	≥31		

[a] 冲击试验取纵向试样。

弯曲试验　　　　　　　　　　　　　表 9-8（b）

牌号	试样方向	180°弯曲试验 [d=弯心直径，a=试样厚度（直径）]	
		钢材厚度（直径，边长）	
		≤16mm	16~100mm
Q345 Q390 Q420 Q460	宽度不小于 600mm 扁平材，拉伸试验取横向试样。宽度小于 600mm 的扁平材、型材及棒材取纵向试样	2a	3a

　　Q295 号钢，钢中只含有少量合金元素，强度较低，但塑性、冷弯性能、焊接性能和耐锈蚀性能较好。其主要用于建筑工程中对强度要求不高的一般工程结构。

　　Q345、Q390 号钢，强度较高，焊接性能、冷热加工性能和耐锈蚀性能也较高，其综合性能良好。其主要用于工程中承受较高荷载的焊接结构。

　　Q420、Q460 号钢，强度高，特别是在热处理后，具有较高的强度。其主要用于大型工程结构及要求强度高、荷载大的轻型结构。

9.4　常用建筑钢材

　　建筑工程中常用的建筑钢材，按使用部位分为钢结构用钢材和钢筋混凝土结构用钢材两种。

9.4.1 钢结构用钢材

钢结构一般使用各种型钢。型钢是采用钢锭经加工后形成具有一定截面形状的钢材，按截面分为简单截面的型钢和复杂截面的型钢。简单截面的型钢主要有圆钢、方钢、六角钢和八角钢等，复杂截面的型钢主要有角钢、槽钢、工字钢和钢轨等，如图9-6所示。

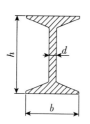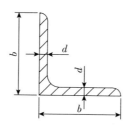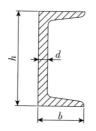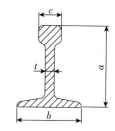

图9-6 工字钢、角钢、槽钢、钢轨截面示意图

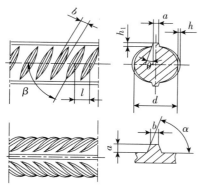

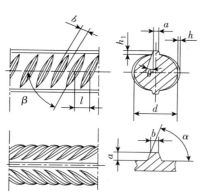

图9-7 热轧带肋钢筋的外形

型钢与型钢之间的连接比较方便，可以通过焊接、铆接或螺栓连接，且形成的结构具有强度高、刚度大、承载力高等特点，因此采用型钢制成的钢结构主要应用于大跨度、重荷载的工业厂房、铁路和公路桥梁等工程中。

9.4.2 钢筋混凝土结构用钢材

1. 热轧钢筋

热轧钢筋分为热轧光圆钢筋和热轧带肋钢筋，而热轧带肋钢筋又分为普通热轧钢筋和细晶粒热轧钢筋。热轧光圆钢筋的横截面为圆形，表面光滑；热轧带肋钢筋的表面为两条纵肋和沿长度方向均匀分布的横肋，如图9-7所示。

热轧光圆钢筋按屈服强度为300级，其牌号由HPB+屈服强度特征值构成，表示为HPB300。其公称直径范围为6~22mm。

热轧带肋钢筋按屈服强度分为335、400、500级，其牌号HRB（或HRBF）+屈服强度特征值构成，分别表示为HRB335、HRB400、HRB500、HRBF335、HRBF400、HRBF500、RRB400。其公称直径范围为6~50mm。

按照《钢筋混凝土用钢 第1部分：热轧光圆钢筋》GB 1499.1—2017和《钢筋混凝土用钢 第2部分：热轧带助钢筋》GB 1499.2—2018的规定，热轧光圆钢筋和热轧带肋钢筋的拉伸性能和冷弯性能应符合表9-9的要求。表中 R_{eL} 表征屈服强度、R_m 表征抗拉强度、A 表征断后伸长率、A_{gt} 表征最大力总伸长率。

热轧钢筋的力学性能和工艺性能　　　　　　　　　　　表 9-9

牌号		公称直径（mm）	拉伸性能				冷弯性能 d—弯心直径 a—钢筋公称直径	
			R_{eL}（MPa）	R_m（MPa）	A（%）	A_{gt}（%）		
			不小于					
热轧光圆钢筋	HPB300	6~22	300	420	25.0	10.0	180°	$d=a$
热轧带肋钢筋	HRB335 HRBF335	6~25 28~40 40~50	335	455	17	7.5	180° 180° 180°	$d=3a$ $d=4a$ $d=5a$
	HRB400 HRBF400 RRB400	6~25 28~40 40~50	400	540	16		180° 180° 180°	$d=4a$ $d=5a$ $d=6a$
	HRB500 HRBF500	6~25 28~40 40~50	500	630	15		180° 180° 180°	$d=6a$ $d=7a$ $d=8a$

　　钢筋应按批进行检查和验收，每批由同一牌号、同一炉罐号、同一规格的钢筋组成，60t 为一个检验批。

　　热轧带肋钢筋的表面有轧制的钢筋牌号标志、经注册的厂名（或商标）、公称直径毫米数字。钢筋牌号标志以阿拉伯数字或阿拉伯数字加英文字母表示，HRB335、HRB400、HRB500 分别以 3、4、5 表示，HRBF335、HRBF400 和 HRBF500 分别以 C3、C4、C5 表示。厂名以汉语拼音字头表示，公称直径毫米数以阿拉伯数字表示。

　　2. 冷轧带肋钢筋

　　冷轧带肋钢筋由热轧圆盘条经冷轧或冷拔后，在表面冷轧成两面或三面有肋的钢筋，如图 9-8、图 9-9 所示。钢筋冷轧后允许进行低温回火处理。

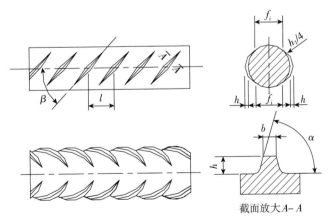

图 9-8　两面肋冷轧带肋钢筋表面及截面形状示意图

　　根据《冷轧带肋钢筋》GB 13788—2017 冷轧带肋钢筋按抗拉强度分为 CRB550、CRB650、CRB800、CRB970、CRB1170 共五个牌号。

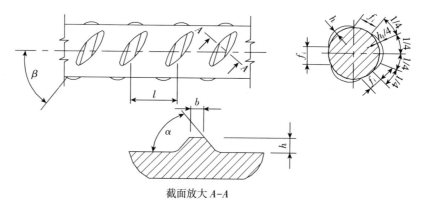

图 9-9 三面肋冷轧带肋钢筋表面及截面形状示意图

冷轧带肋钢筋的直径范围为 4~12mm，推荐的公称直径为 5mm、6mm、7mm、8mm、9mm、10mm。冷轧带肋钢筋的力学性能和工艺性能应符合表 9-10 的规定；当进行冷弯试验时，受弯曲部位表面不得产生裂纹。

冷轧带肋钢筋的力学性能和工艺性能 表 9-10

级别 代号	抗拉强度 σ_b （MPa），$\geq$	伸长率（%），$\geq$		弯曲试验 （180°）	反复弯曲 次数	应力松弛 $\sigma_{con} = 0.7\sigma_b$	
						1000h	10h
		δ_{10}	δ_{100}			（%），$\leq$	
CRB550	550	8	—	$d = 3a$	—	—	—
CRB650	650	—	4.0	—	3	8	5
CRB800	800	—	4.0	—	3	8	5
CRB970	970	—	4.0	—	3	8	5
CRB1170	1170	—	4.0	—	3	8	5

冷轧带肋钢筋用于非预应力构件，与热轧圆盘条相比，强度提高 17% 左右，可节约钢材 30% 左右；用于预应力构件，与低碳冷拔丝比，伸长率高，钢筋与混凝土之间的黏结力较大，适用于中、小预应力混凝土结构构件，也适用于焊接钢筋网。

3. 热处理钢筋

热处理钢筋是经过淬火和回火调质处理的螺纹钢筋，分有纵肋和无纵肋两种。

热处理钢筋有公称直径 6mm、8.2mm、10mm 三种规格。钢筋经热处理后应卷成盘。每盘应由一整根钢筋盘成，且每盘钢筋的质量应不小于 60kg。每批钢筋中允许由 5% 的盘数不足 60kg，但不得小于 25kg。公称直径为 6mm 和 8.2mm 的热处理钢筋盘的内径不小于 1.7m；公称直径为 10mm 的热处理钢筋盘的内径不小于 2.0m。

热处理钢筋的力学性能应符合表 9-11 的规定。

预应力混凝土用热处理钢筋的力学性能　　　　　表 9-11

公称直径（mm）	牌　号	$\sigma_{0.2}$（MPa），$\geqslant$	σ_b（MPa），$\geqslant$	δ_{10}（%），$\geqslant$
6	$40Si_2Mn$			
8.2	$48Si_2Mn$	1325	1470	6
10	$45Si_2Cr$			

热处理钢筋具有较高的强度，较好的塑性和韧性，特别适合于预应力构件。钢筋成盘供应，可省去冷拉、调质和对焊工序，施工方便。但其应力腐蚀及缺陷敏感性强，应防止产生锈蚀及刻痕等现象。热处理钢筋不适用于焊接。

4. 钢丝

预应力混凝土用钢丝简称预应力钢丝，是以优质碳素结构钢盘条为原料，经淬火、酸洗、冷拉制成的用作预应力混凝土的钢丝。钢丝按交货状态分为冷拉钢丝和消除应力钢丝两种；按外形分为光面钢丝和刻痕钢丝两种；按用途分为桥梁用、电杆及其他水泥制品用两类。

钢丝为成盘供应。每盘由一根组成，其每盘质量应不小于 50kg，最低质量不小于 20kg，每个交货批中最低质量的盘数不得多于 10%。消除应力钢丝的盘径不小于 1700mm；冷拉钢丝的盘径不小于 600mm。经供需双方协议，也可供应盘径不小于 550mm 的钢丝。

消除应力光圆及螺旋肋钢丝的力学性能见表 9-12。

消除应力光圆及螺旋助钢丝的力学性能　　　　　表 9-12

公称直径 d_a（mm）	公称抗拉强度 R_m（MPa）	最大力的特征值 F_m（kN）	最大力的最大值 $F_{m,max}$（kN）	0.2%屈服力 $F_{p0.2}$（kN）$\geqslant$	最大力总伸长率（$L_a=200mm$）A_v（%）$\geqslant$	反复弯曲性能		应力松弛性能	
						弯曲次数（次/180°）$\geqslant$	弯曲半径 R（mm）	初始力相当于实际最大力的百分数（%）	1000h 应力松弛率 r（%）$\leqslant$
4.00		18.48	20.99	16.22		3	10		
4.80		26.61	30.23	23.35		4	15		
5.00		28.86	32.78	25.32		4	15		
6.00		41.56	47.21	36.47		4	15		
6.25		45.10	51.24	39.58		4	20		
7.00		56.57	64.26	49.64		4	20		
7.50	1470	64.94	73.78	56.99	3.5	4	20	70	2.5
8.00		73.88	83.93	64.84		4	20	80	4.5
9.00		93.52	106.25	82.07		4	25		
9.50		104.19	118.37	91.44		4	25		
10.00		115.45	131.16	101.32		4	25		
11.00		139.69	158.70	122.59		—	—		
12.00		166.26	188.88	145.90		—	—		

续表

公称直径 d_a (mm)	公称抗拉强度 R_m (MPa)	最大力的特征值 F_m (kN)	最大力的最大值 $F_{m,max}$ (kN)	0.2%屈服力 $F_{p0.2}$ (kN) ≥	最大力总伸长率 ($L_a=200mm$) A_v (%) ≥	反复弯曲性能 弯曲次数 (次/180°) ≥	反复弯曲性能 弯曲半径 R (mm)	应力松弛性能 初始力相当于实际最大力的百分数 (%)	应力松弛性能 1000h应力松弛率 r (%) ≤
4.00		19.73	22.24	17.37		3	10		
4.80		28.41	32.03	25.00		4	15		
5.00		30.82	34.75	27.12		4	15		
6.00		44.38	50.03	39.06		4	15		
6.25		48.17	54.31	42.39		4	20		
7.00		60.41	68.11	53.16		4	20		
7.50	1570	69.36	78.20	61.04		4	20		
8.00		78.91	88.96	69.44		4	20		
9.00		99.88	112.60	87.89		4	25		
9.50		111.28	125.46	97.93		4	25		
10.00		123.31	139.02	108.51		4	25		
11.00		149.20	168.21	131.30		—	—		
12.00		177.57	200.19	156.26		—	—		
4.00		20.99	23.50	18.47		3	10		
5.00		32.78	36.71	28.85	3.5	4	15	70	2.5
6.00		47.21	52.86	41.54		4	15		
6.25	1670	51.24	57.38	45.09		4	20		
7.00		64.26	71.96	56.55		4	20	80	4.5
7.50		73.78	82.62	64.93		4	20		
8.00		83.93	93.98	73.86		4	20		
9.00		106.25	118.97	93.50		4	25		
4.00		22.25	24.76	19.58		3	10		
5.00		34.75	38.68	30.58		4	15		
6.00	1770	50.04	55.69	44.03		4	15		
7.00		68.11	75.81	59.94		4	20		
7.50		78.20	87.04	68.81		4	20		
4.00		23.38	25.89	20.57		3	10		
5.00	1860	36.51	40.44	32.13		4	15		
6.00		52.58	58.23	46.27		4	15		
7.00		71.57	79.27	62.98		4	20		

　　钢丝的抗拉强度比低碳钢热轧圆盘条、热轧光圆钢筋、热轧带肋钢筋的强度高1~2倍。在构件中采用钢丝可节约钢材、减小构件截面积和节省混凝土。钢丝主要用作桥梁、吊车梁、电杆、楼板、大口径管道等预应力混凝土构件中的预应力筋。

　　5. 钢绞线

　　预应力混凝土用钢绞线简称预应力钢绞线，是由多根圆形断面钢丝捻制而成。

钢绞线按应力松弛性能分为两级：Ⅰ级松弛（代号Ⅰ）、Ⅱ级松弛（代号Ⅱ）。钢绞线的公称直径有 9.0mm、12.0mm、15.0mm 三种规格，每盘成品钢绞线应由一整根钢绞线盘成，钢绞线盘的内径不小于 1000mm。如无特殊要求，每盘钢绞线的长度不小于 200m。

预应力混凝土用钢绞线的力学性能见表 9-13。

钢绞线与其他配筋材料相比，具有强度高、柔性好、质量稳定、成盘供应不需接头等优点。其适用于大型建筑、公路或铁路桥梁、吊车梁等大跨度预应力混凝土构件的预应力钢筋，广泛地应用于大跨度、重荷载的结构工程中。

预应力混凝土用钢绞线的力学性能　　　　　　　　表 9-13

钢绞线结构	公称直径（mm）	强度级别（MPa）	整根钢绞线的最大负荷（kN），≥	屈服负荷（kN），≥	伸长率（%），≥	1000h 松弛值（%），≤			
						Ⅰ级松弛		Ⅱ级松弛	
						初始负荷			
						70%破断负荷	80%破断负荷	70%破断负荷	80%破断负荷
1×2	10.00	1720	67.9	57.7	3.5	8.0	12.0	2.5	4.5
	12.00		97.9	83.2					
1×3	10.80		102	86.7					
	12.90		147	125					
1×7 标准型	9.50	1860	102	86.6					
	11.10	1860	138	117					
	12.70	1860	184	156					
	15.20	1720	239	203					
		1860	259	220					
1×7 模拔型	12.70	1860	209	178					
	15.20	1820	300	255					

复习思考题

1. 工程中主要使用哪些钢材？

2. 简述碳素结构钢和低合金结构钢在工程中的应用。

3. 不同化学成分对钢材性能有何影响？

4. 低碳钢拉伸性能试验后，能得到几项指标？各指标的含义是什么？

5. 如何判断钢材的冷弯性能合格？

6. 何谓钢材的冷加工强化和时效？钢材经冷加工强化和时效后，其性能有何变化？

7. 钢筋混凝土用热轧钢筋按外观分为哪两种？各有哪几个强度等级？表示什么含义？

8. 钢结构用钢材按截面形状分主要有哪几种？

9. 简述钢材锈蚀的原因。如何保护钢筋不生锈？

教学单元 10　合成高分子材料

　　高分子材料是指以高分子化合物为主要成分的材料。高分子材料按来源分为天然高分子材料和合成高分子材料。天然高分子材料是直接来源于自然界的一类有机高分子材料，如木材、天然橡胶、地沥青等；合成高分子材料是采用人工合成的方式加工产生的有机高分子材料，如塑料、合成橡胶、土工布、涂料以及防水材料等。

　　高分子化合物又称聚合物，其分子量很大，一般都在 10^4 以上，是由成千上万个原子以共价键连接的大分子化合物。其化学组成一般都是由简单的结构单元以重复的方式连接起来，形成链或空间网。例如聚乙烯是由许多—CH_2—CH_2—结构单元重复连接而成，其分子结构可写成：

$$\cdots—CH_2—CH_2—\cdots—CH_2—CH_2—\cdots$$

这一重复的结构单元称为链节。

　　高分子化合物种类繁多，有多种分类方法，见表 10-1。

高分子化合物的分类　　　　　　　　　　　　　　　　表 10-1

分类方法	品　　种	主要特点
按受热时的表现不同分	热塑性高分子化合物	加热时变软，冷却后变硬，这个过程可以反复进行
	热固性高分子化合物	加热即软化，同时产生化学变化而逐渐硬化，硬化后再继续加热直至分解温度也不会软化，同时也不能溶于溶剂中
按合成方法分	加聚反应高分子化合物	是由低分子化合物，相互加成而连接成大分子
	缩聚反应高分子化合物	是由具有双官能团的低分子化合物，相互结合而成，同时析出水、氨、醇等低分子副产物
按分子链的几何形状分	线形结构高分子化合物	各链节连接成一长链，在拉伸或低温下易成直线形状，而在较高温度下或在稀溶液下则易呈卷曲形状
	体形结构（网状形结构）高分子化合物	线形大分子相互交联，形成网状的三维化合物

10.1　塑　　料

10.1.1　塑料概述

　　塑料是以合成树脂为主要原料，加入填料、增塑剂及其他添加剂后，在一定温度和压力作用下塑化成型，在常温常压下能保持产品形状不变的有机合成高分子材料。

塑料在一定温度和压力作用下具有较大塑性，因而能在较短时间内，经吹塑、注射、挤出、冲压等方法加工成型。成型后的制品具有所需的几何外形和一定的强度，不用再进行加工即可使用。建筑塑料制品的成型周期较短，成本较低，是一种理想的，可以替代钢材、木材等传统建筑材料的新型建筑材料，具有广阔的发展前景。

1. 塑料的组成

（1）合成树脂

合成树脂是指由人工合成的高分子化合物或预聚体。它是塑料的主要组成材料，起黏结作用，能将塑料中的其他成分牢固地黏结成为一个整体，同时它决定着塑料的性能和使用范围。在塑料中，合成树脂的含量约占 30%~60%。

（2）填料

填料又称填充剂，起调节塑料性能的作用，是绝大多数塑料不可缺少的组成，通常占塑料的 40%~70%。填料的种类很多，按其化学成分分为有机填料和无机填料，按其外观分为粉状、纤维状和片状。常用的填料有滑石粉、硅藻土、石灰、石粉、云母、木粉、各类纤维、纸屑等。加入不同的填料可以得到性能不同的塑料，这是塑料制品品种繁多、性能各异的原因之一。填料的加入还可以起到降低塑料成本的作用。

（3）增塑剂

增塑剂可提高塑料加工成型时的可塑性、流动性以及塑料制品在使用时的弹性和柔软性，并能改善塑料的低温脆性。但增塑剂的使用会降低塑料的强度和耐热性能。常用的增塑剂是分子量较小、难挥发、熔点较低的固态或液态有机物，如邻苯二甲酸酯、磷酸酯等。

（4）固化剂

固化剂又称交联剂或硬化剂，主要作用是使高分子化合物中的线形分子交联成体形结构的高分子化合物，从而制得坚硬的塑料制品。常用固化剂有胺类、酸酐类等化合物。

（5）稳定剂

塑料在加工成型和使用过程中，因受热、阳光和氧的作用，会出现降解、氧化断裂、交联等现象，造成塑料制品颜色变深、性能下降。加入稳定剂可以提高塑料制品的质量和使用寿命。常用的稳定剂有硬脂酸盐、铅白、环氧化物等。

（6）着色剂

着色剂又称色料，其主要作用是使得塑料制品具有鲜艳的色彩和光泽。按其在介质中或水中的溶解性分为染料和颜料两类。

染料是有机物，能溶解于被着色的树脂或水中，其着色力强，透明性好，色泽鲜艳，但耐碱性、耐热性和光稳定性差，主要用于透明的塑料制品。

颜料是基本不溶的微细粉末物质，通过自身分散在塑料制品中，吸收部分光谱并反射特定光谱从而使得塑料制品呈现色彩。同时，颜料还可以起到填料和稳定剂的作用。

（7）其他助剂

为改善和调节塑料的某些性能，以适应使用和加工的特殊要求，可以在塑料中掺入各种不同助剂，如润滑剂、抗静电剂、发泡剂、防霉剂等。

2. 塑料的特点

与传统材料相比，塑料具有以下优缺点：

（1）优点

塑料是一种轻质高强材料，其体积密度通常在 $0.9 \sim 2.2 kg/cm^3$ 之间，约为铝的 1/2，钢的 1/5，混凝土的 1/3，而且其比强度远远超过混凝土。

塑料具有优良的加工性能，有利于机械化大规模生产，生产效率高。

塑料的导热系数很小，一般在 $0.020 \sim 0.046 W/(m \cdot K)$ 之间，是金属材料的 $1/600 \sim 1/500$，混凝土的 1/40，砖的 1/20，是一种理想的保温隔热材料。

塑料制品可以完全透明，也可以色彩鲜艳，可以通过照相制版印刷模仿天然材料的纹理，还可以电镀、热压、烫金制成各种图案和花纹，具有良好的装饰性能。

塑料建材具有良好的节能效果。塑料生产时的能耗低，一般为 $63 \sim 188 kJ/m^3$，而钢材为 $316 kJ/m^3$，铝材为 $617 kJ/m^3$。另外，塑料在使用过程中也具有良好的节能效果，例如塑料管材内壁光滑，其输水能力比铸铁管高 30%；塑料门窗隔热性能好，可以替代钢铝门窗，减少热量传递，节能降耗。

（2）缺点

塑料耐热性差，受到较高温度作用时会产生变形，甚至分解，一般只能在 100℃ 以下温度范围内使用，只有少数品种可以在 200℃ 下使用。

塑料一般可燃，且燃烧时会产生大量烟雾，甚至有毒气体。掺入阻燃剂，可以在一定程度上提高塑料的耐燃性。在重要的场所或易产生火灾的部位，不宜使用塑料制品。

塑料的热膨胀系数较大，在温差变化较大的环境中使用或与其他建筑材料结合使用时，会因热胀冷缩产生开裂现象。

塑料在热、空气、阳光及环境中的酸碱盐作用下，会产生老化现象，如变色、开裂、强度下降等。掺入添加剂，可以在很大程度上提高塑料的耐老化性能，使得塑料制品的使用寿命增加。

塑料与钢材等金属材料相比较，其刚度差，且在荷载长期作用下会产生变形。

综合考虑，塑料的优点多于缺点，且塑料的缺点可以通过相应措施加以改善。随着塑料资源不断发展，建筑塑料的发展前景非常广阔。

3. 常见塑料品种

塑料按受热所表现的特点分为热塑性塑料和热固性塑料两类。热塑性塑料加热时软化并逐渐熔融，冷却后能固结成型，并且这一过程可以反复进行；属于这类塑料的有聚氯乙烯、聚乙烯、聚丙烯、聚苯乙烯、聚甲基丙烯酸甲酯和聚酰胺等。热固性塑料在受热后先软化并有部分熔融，然后变成不溶性固体，这种塑料成型后，不会因再度受热而软化，常用的有酚醛塑料、脲醛塑料、环氧树脂等。

（1）聚氯乙烯（PVC）

聚氯乙烯是建筑中使用量最大的一种塑料。通过调节增塑剂的掺量可制成硬质和软质两种。硬质聚氯乙烯（UPVC）不含或仅含有少量增塑剂，强度较高，耐油性和抗老化性较好。软质聚氯乙烯（PVC）中增塑剂含量较多，因此质地柔软，具有一定弹性，耐摩擦，冲击韧性较硬质聚氯乙烯高，但机械强度较低。

聚氯乙烯具有良好的化学稳定性和耐燃性，且易熔接和黏结，但耐热性较差，其使用温度范围较窄，一般在$-15 \sim +55℃$之间。建筑工程中，聚氯乙烯可制成管材、薄膜、门窗框、泡沫塑料等，软质聚氯乙烯与纸、织物及金属等材料复合使用，还可制成壁纸、壁布和塑料复合金属板等。

（2）聚乙烯（PV）

聚乙烯按加工方法分为高压、中压和低压三种。高压聚乙烯又称低密度聚乙烯，分子量较低，质地柔软。中压、低压聚乙烯又称高密度聚乙烯，分子量较高，质地坚硬。

聚乙烯塑料具有良好的化学稳定性、机械强度及低温性能，且吸水性和透气性很低，无毒，但易燃烧。聚乙烯塑料主要用来生产给水排水管、卫生洁具和防水材料。

（3）聚丙烯（PP）

聚丙烯塑料体积密度较小（约 $900kg/m^3$），耐热性较高（$100 \sim 120℃$），刚性、延伸性和化学稳定性均较好，但其低温脆性较大，抗大气稳定性差。一般适用于室内。

（4）聚苯乙烯（PS）

聚苯乙烯是一种无色透明、类似玻璃的塑料，其透光率达90%。具有一定的机械强度，且耐火、耐光和耐化学腐蚀性能好，易于加工和着色，但脆性大，耐热性差（耐热温度不超过80℃）。其在建筑中主要制成泡沫塑料，用作绝热材料。

（5）ABS塑料

ABS塑料是改性聚苯乙烯塑料，由丙烯腈（A）、丁二烯（B）、苯乙烯（S）三种成分组成，兼具有这三者的优点，既具有良好的工艺性能、韧性和弹性，又具有较高的化学稳定性和表面硬度。

ABS塑料是不透明塑料，可制成塑料管材和装饰板材。

（6）聚甲基丙烯酸甲酯（PMMA）

聚甲基丙烯酸甲酯即有机玻璃，具有很好的透光性，其透光率可达99%，并具有较高的机械强度、耐热耐寒性能、耐腐蚀性能及电绝缘性能，易于加工成型，但质地较脆，易溶于有机溶剂，易擦毛，易燃烧。在建筑中主要用作装饰板材、屋面透光材料以及卫生洁具和灯具等。

（7）酚醛塑料（PF）

酚醛塑料是以酚醛树脂为基础的最古老的塑料，属热固性塑料。具有较高的机械强度、化学稳定性和电绝缘性，具有自熄性，但易脆，颜色较深。主要用作以纸、棉布、木片、玻璃布等为填料的强度较高的层压塑料板材和玻璃钢制品等。

（8）环氧树脂（EP）

环氧树脂黏结性和力学性能优良，化学稳定性好，电绝缘性好，固化时收缩率低，可在常温和接触压力作用下固化成型。其主要用于生产玻璃钢、胶粘剂和涂料等制品。

（9）脲醛塑料（UF）

脲醛塑料具有良好的电绝缘性、化学稳定性，无色、无味、无毒，且不易燃烧，着色力好，但耐热性和耐水性较差，不利于复杂造型。主要用于生产胶合板、纤维板以及电绝缘材料等制品。

（10）玻璃纤维增强塑料（GRP）

玻璃纤维增强塑料又称玻璃钢，是以合成树脂为基体，以玻璃纤维或其他材料为增强材料，经成型、固化而成的固体塑料。玻璃钢制品具有良好的透光性、化学稳定性、电绝缘性和良好的装饰性，其机械强度高，其强度超过一般钢材，属典型的轻质高强材料。建筑中主要用作屋面和墙体维护材料以及卫生洁具等。

10.1.2 塑料制品

建筑工程中塑料制品主要用作水暖材料、装饰材料、防水材料及其他材料等，见表10-2。

建筑工程中的塑料制品　　　　　　　　　　　　表 10-2

分类	主要塑料制品
水暖材料	塑料管材:给水管材、排水管材、管件、水落管
	卫生洁具:玻璃钢浴缸、洗脸盆、水箱等
装饰材料	塑料门窗
	塑料地面装饰材料:塑料地砖、塑料涂布地板、塑料地毯
	塑料墙面装饰材料:塑料壁纸、铝塑板、三聚氰胺装饰层压板
	建筑涂料
防水材料	防水卷材、防水涂料、密封材料、止水带
其他材料	保温隔热材料:泡沫塑料
	塑料模板、塑料护墙板、塑料屋面板(塑料天窗、顶棚、瓦等)

1. UPVC 塑料排水管

UPVC 塑料排水管是以聚氯乙烯为主要原料，加入稳定剂、改性剂、填料等添加剂，经加热、塑化、挤出成型、冷却定型、锯切等工序加工而成。

其质量要求主要包括外观质量、尺寸规格偏差、同一截面偏差、管材弯曲度以及物理力学性能等。

（1）管材内外壁应光滑、平整，不允许有气泡、裂口和明显的痕纹、凹陷、色泽不均及分解变色线，颜色应均匀一致。

（2）管材的公称外径（d_e）、壁厚（e）和长度（L）均应符合表10-3

的规定。

UPVC 塑料排水管的规格（mm）　　　　　表 10-3

公称外径 d_e	平均外径极限偏差	壁厚 e		长度 L	
		基本尺寸	极限偏差	基本尺寸	极限偏差
40	+0.3～0	2.0	+0.4～0	4000或6000注:长度也可由供需双方协商确定	10
50	+0.3～0	2.0	+0.4～0		
75	+0.3～0	2.3	+0.4～0		
90	+0.3～0	3.2	+0.6～0		
110	+0.4～0	3.2	+0.6～0		
125	+0.4～0	3.2	+0.6～0		
160	+0.5～0	4.0	+0.6～0		

（3）管材同一截面的壁厚偏差不得超过 14%。

（4）管材的弯曲度应小于 1%。

（5）管材的物理力学性能应符合表 10-4 的规定。

UPVC 塑料排水管的物理力学性能　　　　　表 10-4

项　　目		优等品	合格品
拉伸屈服强度(MPa),≥		43	40
断裂伸长率(%),≥		80	—
维卡软化温度(℃),≥		79	79
扁平试验		无破裂	无破裂
真实冲击率(落锤冲击试验)	20℃	≤10%	9/10 通过
	0℃	≤5%	9/10 通过
纵向回缩率(%),≤		5.0	9.0

2. UPVC 塑料给水管

UPVC 塑料给水管是以卫生级 PVC 树脂和无毒的添加剂为原料，采用挤出成型的方法加工而成。其具有轻质、强度高、内表面光滑、不结垢、水阻小、输水节能、安装方便等优点。在输送不同压力液体时，UPVC 塑料给水管的壁厚应符合表 10-5 的规定。

UPVC 塑料给水管的质量要求包括外观质量、尺寸规格偏差、物理力学性能和卫生性能等。

（1）管材内壁应光滑、清洁，没有划伤及其他缺陷，不允许有气泡、裂口及明显的凹陷、杂质、颜色不均、分解变色等。管端头应切割平整，并与管材轴线垂直。

管材的尺寸规格 表 10-5

公称外径 d_e（mm）	不同公称压力下管材的壁厚 e（mm）					公称外径 d_e（mm）	不同公称压力下管材的壁厚 e（mm）				
	0.6 MPa	0.8 MPa	1.0 MPa	1.25 MPa	1.6 MPa		0.6 MPa	0.8 MPa	1.0 MPa	1.25 MPa	1.6 MPa
40	—	—	—	—	2.0	280	8.2	9.8	10.9	10.8	11.9
50	—	2.0	2.0	2.0	2.0	315	9.2	11.0	12.2	11.9	13.4
63	2.0	2.5	2.4	2.4	2.4	355	9.4	12.5	13.7	13.4	14.8
75	2.2	2.9	3.0	3.0	3.0	400	10.6	14.0	14.8	15.0	16.6
90	2.7	3.5	3.6	3.8	3.7	450	12.0	15.8	15.3	16.9	18.7
110	3.2	3.9	4.3	4.5	4.7	500	13.3	16.8	17.2	19.1	21.1
125	3.7	4.4	4.8	5.4	5.6	560	14.9	17.2	19.1	21.5	23.7
140	4.1	4.9	5.4	5.7	6.7	630	16.7	19.3	21.4	23.9	26.7
160	4.7	5.6	6.1	6.0	7.2	710	18.9	22.0	24.1	26.7	29.7
180	5.3	6.3	7.0	6.7	7.4	800	21.2	24.8	27.2	30.0	—
200	5.9	7.3	7.8	7.7	8.3	900	23.9	27.9	30.6	—	—
225	6.6	7.9	8.7	8.7	9.5	1000	26.6	31.0	—	—	—
250	7.3	8.8	9.8	9.5	10.7						

注：公称压力是指管材在 20℃ 条件下输送水的工作压力。

（2）管材长度（不包括承口深度）一般为 4m、6m、8m、12m，也可由供需双方协商确定。管材的尺寸允许偏差和不圆度应符合表 10-6 的规定。管材的弯曲度应符合表 10-7 的规定。

UPVC 塑料给水管的平均外径允许偏差、不圆度（mm） 表 10-6

平均外径		不圆度	平均外径		不圆度
公称外径	允许偏差		公称外径	允许偏差	
20	+0.3~0	1.2	140	+0.5~0	2.8
25	+0.3~0	1.2	160	+0.5~0	3.2
32	+0.3~0	1.3	180	+0.6~0	3.6
40	+0.3~0	1.4	200	+0.6~0	4.0
50	+0.3~0	1.4	225	+0.7~0	4.5
63	+0.3~0	1.5	250	+0.8~0	5.0
75	+0.3~0	1.6	280	+0.9~0	6.8
90	+0.3~0	1.8	315	+1.0~0	7.6
110	+0.4~0	2.2	355	+1.1~0	8.6
125	+0.4~0	2.5	400	+1.2~0	9.6

续表

平均外径		不圆度	平均外径		不圆度
公称外径	允许偏差		公称外径	允许偏差	
450	+1.4~0	10.8	710	+2.0~0	17.1
500	+1.6~0	12.0	800	+2.0~0	19.2
560	+1.7~0	13.5	900	+2.0~0	21.6
630	+1.9~0	15.2	1000	+2.0~0	24.0

注：管材的不圆度是指管材同一截面上最大直径与最小直径之差。公称压力为 0.6MPa 的管材，不要求不圆度。

UPVC 塑料给水管的弯曲度　　　　　　　　表 10-7

管材外径 d_e(mm)	不大于 32	40~200	不小于 225
弯曲度(%)	—	≤1.0	≤0.5

（3）饮用水管材的卫生性能应符合表 10-8 的规定。

饮用水管材的卫生性能　　　　　　　　表 10-8

性能指标	具体规定
铅的萃取值	第一次小于 1.0mg/L，第三次小于 0.3mg/L
锡的萃取值	第三次小于 0.02mg/L
镉的萃取值	三次萃取液中的每次不大于 0.01mg/L
汞的萃取值	三次萃取液中的每次不大于 0.001mg/L
氯乙烯单体含量	不大于 1.0mg/kg

3. 塑料门窗

塑料门窗主要以聚氯乙烯（PVC）为原材料，加入其他添加剂，经挤出加工成为型材，然后通过切割、焊接等方法制作成为门窗框、扇，再装配上密封胶条和五金配件等附件而成。为增加型材的刚度，在其空腔内一般要添加钢衬，又称为塑钢门窗。它具有外形美观、尺寸偏差小、耐老化性能好、化学稳定性好、气密性和水密性好、耐冲击性能好，以及节能降耗等优点，是目前金属门窗的替代产品。

10.2　涂　料

10.2.1　概述

涂料是指涂刷在基层表面，能与基层表面牢固黏结，并形成连续完整保护膜的材料。涂料主要起保护和装饰的作用。涂料具有施工方法简单、施工效率高、自重轻、便于维护更新等优点，因此，在建筑工程中得到广泛应用。

1. 涂料的组成

涂料由不同的物质组成。按涂料中各种物质所起的作用不同分为主要成膜物质、次要成膜物质、溶剂和助剂四类。各类组成物质的常用原料见表10-9。

涂料各类组成物质的常用原料　　　　　　　　　　　　表 10-9

组　　成		原　　料
主要成膜物质	树脂	天然树脂:松香、虫胶、大漆等
		合成树脂:酚醛树脂、醇酸树脂、聚氨酯树脂、环氧树脂等
	油料	植物油料:桐油、亚麻子油、豆油、蓖麻油等
		动物油料:鲨鱼肝油、牛油等
次要成膜物质	颜料	无机颜料:铅铬黄、铁红、铬绿、钛白、炭黑等
		有机颜料:耐晒黄、甲苯胺红、酞菁蓝、苯胺黑、酞青绿等
		防锈颜料:红丹、锌铬黄等
	填料	滑石粉、碳酸钙、硫酸钡等
辅助成膜物质	溶剂	有机溶剂:乙醇、汽油、苯、松香水、二甲苯、丙酮等
		无机溶剂:水
	助剂	增塑剂、固化剂、分散剂、消泡剂、防冻剂、抗氧化剂、阻燃剂等

（1）主要成膜物质

主要成膜物质起将涂料中其他组分黏结在一起的作用，并能在基层表面形成连续均匀的保护膜。主要成膜物质具有独立成膜的能力，它决定着涂料的使用和所形成涂膜的主要性能。

（2）次要成膜物质

次要成膜物质是以微细粉状颗粒均匀分散于涂料介质中的物质，包括颜料和填料两类。次要成膜物质不能独立成膜。它们赋予涂膜颜色，并表现出特定的质感，使得涂膜具有一定的厚度和遮盖力，能减少涂料固化时的收缩，增加涂膜的机械强度，防止紫外线穿透，并提高涂膜的抗老化性和耐候性。

（3）溶剂

溶剂又称稀释剂，起溶解、分散、乳化成膜物质的作用，同时在施工过程中使得涂料具有一定的稠度和流动性，便于涂布和黏结。在涂膜形成过程中，绝大部分溶剂挥发到大气中，不保留在涂膜中，主要有有机溶剂和水两种。有机溶剂挥发到大气中一般都会形成污染，水是最环保的溶剂。

（4）助剂

助剂具有改善涂料性能、提高涂膜质量的作用。助剂种类很多，用量很少，但其作用显著。

2. 涂料的分类

涂料品种繁多，主要有两种分类方式。一是按涂料的组成及在建筑中的使用功能分，见表10-10；二是按主要成膜物质的化学成分分，见表10-11。

涂料按其组成及在建筑中的使用功能分类　　　　　表 10-10

建筑涂料	外墙涂料	应用于室外,应具有良好的耐水性、耐候性和化学稳定性
	内墙涂料	应用于室内,应无毒无味,光洁美观,具有良好装饰性能
	地面涂料	应用于地面,应具有良好的遮盖力、强度和耐磨性
	防水涂料	应用于屋面、厕浴间和地下工程,应具有良好的防水效果
油漆涂料	天然漆	采用天然油料为主要成膜物质,溶于有机溶剂中而成
	清漆	不含颜料的透明涂料,由成膜物质本身或成膜物质溶液和其他助剂组成
	色漆	因加入颜料而呈现某种颜色,具有遮盖力的涂料,主要有磁漆、调合漆、底漆、防锈漆等

涂料按其主要成膜物质的化学成分分类　　　　　表 10-11

有机涂料	溶剂型涂料	以有机溶剂为稀释剂。所成涂膜细腻光洁而坚韧,具有良好的耐水性、耐候性和气密性,但易燃,且溶剂挥发对人体有害,施工时要求基层干燥,价格较贵
	水溶性涂料	以水为稀释剂。无毒无害,环保无污染,但所成涂膜耐水性和耐候性较差。一般只用于内墙涂料
	乳液型涂料	又称乳胶漆,是将合成树脂以极细微粒形式分散于水中而形成。无毒无害,环保无污染,不燃烧,所成涂膜具有一定透气性,且耐水性和耐候性良好,是涂料的发展方向
无机涂料	A 类无机涂料	以碱金属硅酸盐及其混合物为主要成膜物质
	B 类无机涂料	以硅溶胶为主要成膜物质
复合涂料	有机-无机复合涂料,取长补短,充分发挥有机涂料和无机涂料各自的优点	

10.2.2　常用涂料品种

1. 外墙涂料

外墙涂料主要起装饰和保护建筑物外墙的作用,使得建筑物外观整洁美观、使用寿命较长。为了达到装饰和保护的作用,外墙涂料一般应具有良好的装饰性、良好的耐候性能、耐水性能和耐污染性能,此外,作为涂料还应具有施工方便、维修方便、价格合理等特点。外墙涂料的主要品种见表 10-12。

外墙涂料主要品种及特点　　　　　表 10-12

种　类	组成及主要特点
聚氨酯系列外墙涂料	以聚氨酯树脂或聚氨酯与其他树脂复合物为主要成膜物质,加入填料、助剂组成的优质外墙涂料。具有近似于橡胶的弹性,极好的耐水性、耐碱性、耐酸性,表面光洁度极好,呈瓷状质感,且具有良好的耐候性能和耐沾污性。价格较贵
丙烯酸系列外墙涂料	以改性丙烯酸共聚物为主要成膜物质,掺入紫外线吸收剂、填料、有机溶剂、助剂等,经研磨而制成。具有良好耐碱性、耐候性,且对墙面有较好的渗透作用

续表

种　类	组成及主要特点
无机 外墙涂料	以硅酸钾或硅溶胶为主要胶粘剂,加入填料、颜料及其他助剂,经混合、搅拌、研磨而成。具有良好的耐老化性能,耐紫外线辐射,成膜温度低,色泽丰富,施工安全,无毒,不燃,施工效率高,遮盖力强等优点
彩色砂壁状 外墙涂料	以合成树脂乳液和着色骨料为主要成分,加入增稠剂及各种助剂配制而成。由于采用高温烧结的彩色砂粒、彩色陶瓷或天然有色石屑作为骨料,使得涂膜具有丰富的色彩和质感,其保色性、耐碱性较好,具有良好的耐久性

2. 内墙涂料

内墙涂料主要起装饰和保护内墙墙面及顶棚的作用，使其美观，达到良好的装饰效果。内墙涂料一般应具有丰富的色彩、细腻的质感，良好的耐碱性、耐水性和耐粉化的性能，且透气性良好，涂刷方便，价格合理。内墙涂料的主要品种见表 10-13。

内墙涂料主要品种及主要特点　　　　表 10-13

种　类	组成及主要特点
乳胶漆	以合成树脂乳液为主要成膜物质的内墙涂料,是目前室内墙面最常用的装饰材料,但不宜用于厨房、卫生间、浴室等潮湿墙面
溶剂型内墙涂料	以各种聚合物为主要成膜物质,溶于有机溶剂中而成。具有涂膜光洁度高,耐久性好等优点,但透气性较差,易结露,且施工中因有溶剂挥发,应注意通风和防火
多彩内墙涂料	将带色的溶剂型涂料掺入甲基纤维素和水组成的溶液中,经搅拌,分散成为细小的溶剂型油漆涂料滴,形成不同颜色油滴的混合悬浊液。具有色彩鲜艳,装饰效果好,耐久性好,涂膜具有弹性、耐磨损、耐洗刷、耐污染等优点

3. 地面涂料

地面涂料主要起装饰和保护地面的作用，使得地面清洁美观。为了获得良好装饰效果，地面涂料应具备良好的耐碱性、耐水性、耐磨性、黏结性能、抗冲击性能，且涂刷方便，价格合理。地面涂料的主要品种见表 10-14。

地面涂料主要品种及主要特点　　　　表 10-14

种　类	组成及主要特点
过氯乙烯水泥 地面涂料	以过氯乙烯树脂为主要成膜物质,掺入少量的其他树脂,并掺入增塑剂、填料、颜料、稳定剂等配制而成。具有干燥快,施工方便,耐水性好,耐磨性好,耐腐蚀性强等优点,施工中因溶剂挥发,应注意防火、防毒
聚氨酯地面涂料	与水泥、木材、金属、陶瓷等地面黏结力强,整体性好,涂膜弹性好,色彩丰富,装饰效果好,具有耐油、耐水、耐酸碱等优点,但施工较复杂,溶剂挥发有毒性,施工中应注意通风和防火

续表

种　类	组成及主要特点
聚醋酸乙烯水泥地面涂料	以醋酸乙烯水乳液、普通水泥、颜料、填料配制而成。无毒,与基层黏结力强,涂膜具有优良的耐磨性、抗冲击性
环氧树脂厚质地面涂料	以环氧树脂为主要成膜物质,双组分常温下固化结膜。具有优良黏结性能、耐老化性能和耐候性能,涂膜坚韧、耐磨,具有良好的耐化学腐蚀、耐油、耐水等性能

10.3　土　工　布

土工布是一种具有透水性,呈布状织物的合成高分子材料。常用的土工布有聚丙烯(丙纶)、聚酯(涤纶)、聚酰胺(锦纶)、聚乙烯、尼龙等。除布状织物的土工布,目前工程中应用的还有不透水、呈膜状的土工薄膜以及土工网、格、垫等。

10.3.1　土工布的种类

土工布按照制造工艺不同可分为:有纺、无纺、编织和复合织物四种。

1. 有纺织物

有纺织物是由经纬线交织而成的织物,与日用布相似。按经纬线交织的方法又有平纹织物和斜纹织物之分;按织物纤维又有单丝、复丝和扁丝织物之分,见表 10-15。

有纺织物的主要种类及应用　　　　　　　表 10-15

	织物纤维特点	特点及应用
单丝有纺织物	织物纤维为单根纱线,其横截面多为圆形或长方形	强度中等,主要用作反滤材料
复丝有纺织物	织物纤维为有许多细纤维的纱线	此织物价格较高,应用受限,主要用于加筋
扁丝有纺织物	织物纤维的宽度大于厚度许多倍	具有较高强度和弹性模量,主要用作分隔材料

2. 无纺织物

无纺织物是将织物纤维沿一定方向或随机地以某种方法相互结合而制成的织物。无纺织物的原料几乎全是由聚丙烯、聚酯或由聚丙烯与尼龙纤维混纺制成。强度一般,但具有较大的破坏延伸率,价格较低,在工程中广泛应用于反滤、隔离和加筋材料。

3. 编织织物

编织织物由一股或多股纱线组成的线卷相互连锁而制成,又称"针织物"。使用单丝和复合长丝,能够织成各种管状织物。编织织物价格较低,但在工程中的应用较少,可用作反滤或加筋材料。

4. 复合织物

复合织物是将有纺织物、无纺织物和编织织物等重叠在一起，再采用胶粘剂或针刺等工艺方法使其相互组合而成的织物。许多专门用于排水的复合织物是由两层薄反滤层中间夹一厚层透水层组合而成。反滤层一般采用热粘无纺织物，透水层一般采用厚型针织物或特种织物。

10.3.2　土工布的应用

土工布在土木工程中的使用始于 20 世纪 50 年代，最早是美国人 R. J. Barrett 将透水性有纺织物铺设在混凝土块下，作为防冲刷保护层。20 世纪 70 年代以后，土工布的应用从公路、铁路路基工程逐步发展到挡土墙、土坝等大型工程中。我国对土工布的使用始于 20 世纪 80 年代，首先在铁道工程开始试用，之后在水利、港口、航道和公路工程中逐步推广使用。

土工布在工程中的主要作用有：排水作用、反滤作用、分隔作用和加筋作用。

排水作用：透水性土工布是一种多孔透水介质，埋在土里可以汇集水分，并将水排出土体。土工布不仅可以沿垂直于其平面的方向排水，也可以沿其平面方向排水。

反滤作用：为防止中细颗粒被渗流潜蚀（管涌现象），传统上使用级配粒料滤层。而有纺织物和无纺织物都能取代粒料，起到反滤作用。工程中通常会同时利用土工布的排水和反滤作用。

分隔作用：在岩土工程中，不同的粒料层之间经常发生相互混杂的现象，从而使得各层失去应有的性能。将土工布铺设在不同粒料层之间可以起到分隔作用。这种作用在公路工程的软土路基处理中具有很好的效果。

加筋作用：土工布具有较高的抗拉强度和较大的破坏延伸率，采用适当的方式埋在土中，作为加筋材料可以有效控制土的变形，增加土体稳定性。

10.4　防　水　材　料

10.4.1　概述

防水材料是能够起到防止雨水渗透、地下水或其他水分侵蚀渗透的一类材料。在工程中广泛应用。

防水材料种类繁多，主要有两种分类方式：一是按材质可分为沥青类防水材料、改性沥青类防水材料和合成高分子类防水材料；二是按供货形式可分为防水卷材、防水涂料和密封材料。沥青类防水材料是使用得最早的防水材料，但由于其性能较差，使用寿命较短，目前已逐步被改性沥青类防水材料和合成高分子类防水材料所取代。

10.4.2　防水卷材

防水卷材是一种可以卷曲的片状防水材料。按其材质可分为沥青类防水卷材、改性沥青类防水卷材和合成高分子类防水卷材。

1. 沥青类防水卷材

沥青类防水卷材是传统的防水材料，是采用原纸、织物纤维或玻璃纤维等胎体材料浸涂沥青后，再在表面撒布粉状、粒状或片状隔离材料而制成的防水卷材，主要有石油沥青纸胎油毡、石油沥青玻璃布油毡、石油沥青玻纤胎油毡和石油沥青麻布胎油毡等品种。由于综合性能较差，沥青防水卷材是目前限制使用的产品。

对于屋面防水工程，根据国家标准《屋面工程质量验收规范》GB 50207—2012 的规定，沥青防水卷材仅适用于设防等级为Ⅲ级（一般建筑，防水层的合理使用年限为 10 年）和Ⅳ级（非永久性建筑，防水层的合理使用年限为 5 年）的屋面防水工程。石油沥青纸胎油毡按原纸每平方米的质量克数划分为 350、500 两个牌号，其外观质量和物理力学性能应符合表 10-16 和表 10-17 的规定。

沥青防水卷材的外观质量要求　　　　　　　　　　　　　　表 10-16

项　　目	质　量　要　求
孔洞、硌伤	不允许
露胎、沥青涂盖不均	不允许
折纹、皱褶	距卷芯 1000mm 以外，长度不大于 100mm
裂纹	距卷芯 1000mm 以外，长度不大于 100mm
裂口、缺边	边缘裂口小于 20mm；缺边长度小于 50mm，深度小于 20mm
每卷卷材的接头	不超过 1 处，较短的一段不应小于 2500mm，接头处应加长 150mm

沥青防水卷材的物理力学性能　　　　　　　　　　　　　　表 10-17

项　　目		性能要求	
		350 号	500 号
纵向拉力（25±2℃）（N），≥		340	440
耐热度（85±2℃，2h）		不流淌，无集中气泡	
柔性（18±2℃）		绕 φ20mm 圆棒无裂纹	绕 φ20mm 圆棒无裂纹
不透水性	压力（MPa），≥	0.10	0.15
	保持时间（min），≥	30	30

2. 改性沥青类防水卷材

改性沥青防水卷材是以合成高分子聚合物改性的沥青为涂盖材料，纤维织物或纤维毡为胎体，粉状、粒状、片状或薄膜材料为隔离材料，而制成的防水卷材。改性沥青防水卷材克服了传统沥青防水卷材的许多缺点，具有高温不流淌、低温不易脆裂、拉伸强度高、延伸率较大等优点，属中高档防水材料，是目前工程中用于最广泛的卷材。主要品种有 SBS 改性沥青防水卷材、APP 改性沥青防水卷材、PEE 改性沥青聚乙烯胎防水卷材、废橡胶粉改性沥青防水卷材和铝箔塑胶油毡等。

改性沥青防水卷材的外观质量应符合表 10-18 的规定。

改性沥青防水卷材的外观质量要求　　　　　　　表 10-18

项　目	质　量　要　求
孔洞、缺边、裂口	不允许
边缘不整齐	不超过 10mm
胎体露白、未浸透	不允许
撒布材料的粒度、颜色	均匀
每卷卷材的接头	不超过 1 处，较短的一段不应小于 1000mm，接头处应加长 150mm

（1）SBS 改性沥青防水卷材

该卷材是以 SBS 改性的石油沥青浸渍玻纤毡或聚酯毡作为胎体，以细砂或塑料薄膜为隔离材料的防水卷材。SBS 是苯乙烯-丁二烯-苯乙烯三嵌段共聚物，兼具有橡胶和塑料的特性，常温下具有橡胶的弹性，高温下又具有塑料的可塑性。采用 SBS 改性后的沥青防水卷材具有良好的弹性、耐高温和耐低温性能，广泛适用于各类工程的防水和防潮，尤其适用于寒冷地区和结构变形频繁的建筑物防水。

SBS 改性沥青防水卷材的质量要求应符合表 10-19 的规定。

SBS 改性沥青防水卷材的物理力学性能　　　　　　　表 10-19

序号	项　目		聚酯毡胎基（PY）		玻纤毡胎基（G）	
			Ⅰ型	Ⅱ型	Ⅰ型	Ⅱ型
1	可溶物含量（g/m²），≥	2mm	—		1300	
		3mm	2100			
		4mm	2900			
2	不透水性	压力（MPa），≥	0.3		0.2	0.3
		保持时间（min），≥	30			
3	耐热度（℃），无滑动、流淌、滴落		90	105	90	105
4	拉力（N/50mm），≥	纵向	450	800	350	500
		横向			250	300
5	最大拉力时延伸率（%），≥	纵向	30	40	—	
		横向				
6	低温柔度（℃），无裂纹		−18	−25	−18	−25
7	撕裂强度（N），≥	纵向	250	350	250	350
		横向			170	200
8	人工气候加速老化	外观	1 级，无滑动、流淌、滴落			
		拉力保持率（%），≥	（纵向）80			
		低温柔度（℃），无裂纹	−10	−20	−10	−20

（2）APP 改性沥青防水卷材

该卷材是采用 APP 改性的沥青浸渍玻纤毡或聚酯毡胎体，以砂粒或塑料薄膜为隔离材料的防水卷材。APP 是无规聚丙烯的代号，属热塑性塑料。

APP 改性沥青防水卷材具有良好的延伸性、耐热性、耐紫外线照射和耐老化性，且强度较高。在工程中使用广泛，尤其适用于高温或太阳辐射强烈的地区。

APP 改性沥青防水卷材的质量要求应符合表 10-20 的规定。

APP 改性沥青防水卷材的物理力学性能　　　　表 10-20

序号	项　目			聚酯毡胎基（PY）		玻纤毡胎基（G）	
				Ⅰ 型	Ⅱ 型	Ⅰ 型	Ⅱ 型
1	可溶物含量（g/m²），≥		2mm	—		1300	
			3mm	2100			
			4mm	2900			
2	不透水性	压力（MPa），≥		0.3		0.2	0.3
		保持时间（min），≥		30			
3	耐热度（℃），无滑动、流淌、滴落			110	130	110	130
4	拉力（N/50mm），≥		纵向	450	800	350	500
			横向			250	300
5	最大拉力时延伸率（%），≥		纵向	25	40	—	
			横向				
6	低温柔度（℃），无裂纹			−5	−15	−5	−15
7	撕裂强度（N），≥		纵向	250	350	250	350
			横向			170	200
8	人工气候加速老化	外观		1 级，无滑动、流淌、滴落			
		拉力保持率（%），≥		（纵向）80			
		低温柔度（℃），无裂纹		3	−10	3	−10

3. 合成高分子防水卷材

合成高分子防水卷材是以合成橡胶、合成树脂或它们两者的共混体为基料，再加入其他助剂和填料，经密炼、拉片、过滤、挤出成型的可卷曲的片状防水卷材。合成高分子防水卷材具有弹性好、拉伸强度高、延伸率大、耐热性和低温柔性好、耐腐蚀、耐老化、冷施工和使用寿命长等优点，是三类卷材中性能最优良的卷材，属高档防水材料。合成高分子防水卷材主要有橡胶基、树脂基和橡塑共混基三大类。

橡胶基防水卷材主要有三元乙丙橡胶（EPDM）防水卷材、氯丁橡胶防水卷材、再生橡胶防水卷材等品种。树脂基防水卷材主要有聚氯乙烯（PVC）防水卷材、氯化聚乙烯防水卷材等品种。橡塑共混基防水卷材主要有氯化聚乙烯-橡胶共混防水卷材、三元乙丙橡胶-聚乙烯共混防水卷材等品种。

合成高分子防水卷材的外观质量和物理力学性能应符合表 10-21 和表 10-22 的规定。

合成高分子防水卷材的外观质量要求　　　　　表 10-21

项　目	质　量　要　求
折痕	每卷不超过 2 处,总长度不超过 20mm
杂质	大于 0.5mm 颗粒不允许,每 1m² 不超过 9mm²
胶块	每卷不超过 6 处,每处面积不大于 4 mm²
凹痕	每卷不超过 6 处,深度不超过本身厚度的 30%;树脂类深度不超过 15%
每卷卷材的接头	橡胶类每 20m 不超过 1 处,较短的一段不应小于 3000mm,接头处应加长 150mm;树脂类 20m 长度内不允许有接头

合成高分子防水卷材的物理力学性能　　　　　表 10-22

项　目		硫化橡胶类	非硫化橡胶类	树脂类	纤维增强类
断裂拉伸强度(MPa),≥		6	3	10	9
扯断伸长率(%),≥		400	200	200	10
低温弯折(℃)		−30	−20	−20	−20
不透水性	压力(MPa),≥	0.3	0.2	0.3	0.3
	保持时间(min),≥	30			
加热收缩率(%),<		1.2	2.0	2.0	1.0
热老化保持率 (80℃,168h)	断裂拉伸强度,≥	80%			
	扯断伸长率,≥	70%			

10.4.3 防水涂料

防水涂料是涂料的一种,起防水、防潮的作用。防水涂料涂布在基层表面后,能形成具有一定弹性和一定厚度的连续涂膜,涂膜使得基层表面与水隔绝,从而起到防水、防潮的作用。防水涂料大多采用冷施工,施工操作简单,质量容易保证,工效高,因此广泛应用于各类工程的防水、防潮和防渗工程中。

防水涂料按主要成膜物质也分为沥青类、改性沥青类和合成高分子类三大类。按液态类型又分为溶剂型、水乳型和反应型三类。

1. 沥青类防水涂料

该防水涂料是以沥青为基料而配制成的溶剂型或水乳型防水涂料。其主要有冷底子油、沥青胶、乳化沥青防水涂料等。

(1) 冷底子油

冷底子油是将石油沥青与汽油、煤油或柴油按 3∶7 或 4∶6 的比例配制而成一种沥青溶液。由于其黏度小,一般不能形成连续涂膜,但能渗透到混凝土、砂浆和木材等材料的毛细孔中,提高基层表面的憎水性,为黏结同类防水材料创造有利条件。一般在常温下施工,用于防水工程的底层,因此称为冷底子油。

(2) 沥青胶

沥青胶又称玛琋脂,是在沥青中加入粉状或纤维状的填料而制成的胶粘剂。填料能够起到提高耐热性、增加韧性、降低低温脆性的作用。沥青胶按配制和使用方法分为热用和冷用两种。热用沥青胶是将沥青加热到一定温度熔化，待其脱水后，加入一定量的填料，热拌均匀后热态使用。冷用沥青胶是将沥青先加热熔化，待其脱水后，缓慢加入少量溶剂，再掺入一定量的填料，混合均匀后，在常温下施工。一般作为胶粘剂，将防水卷材黏结成为一个整体，或将防水层牢固黏结在基层表面。

（3）乳化沥青防水涂料

该类涂料是借助于乳化剂，在强力机械作用下，将熔化的沥青破碎为微细颗粒，并均匀分散在溶剂中，而制成的乳浊液。生产乳化沥青用的乳化剂种类很多，如石灰膏、肥皂、洗衣粉、水玻璃、松香等，选用不同乳化剂就能生产出不同品种的乳化沥青，如石灰乳化沥青、松香乳化沥青等。

2. 改性沥青类防水涂料

改性沥青类防水涂料是以沥青为基料，采用合成高分子聚合物进行改性，从而制成的防水涂料。该类涂料在柔韧性、抗裂性、拉伸强度、耐高低温性能以及使用寿命方面都比沥青类防水涂料有很大改善。改性沥青类防水涂料主要品种有再生橡胶改性沥青防水涂料、水乳型氯丁橡胶沥青防水涂料、SBS改性沥青防水涂料等。改性沥青防水涂料的物理力学性能应符合表10-23的规定。

改性沥青防水涂料的物理力学性能　表 10-23

项　目		性　能　要　求
固体含量(%)，≥		43
耐热度(80℃,5h)		无流淌、起泡和滑动
柔性(-10℃)		3mm 厚，绕 ϕ20mm 圆棒无裂纹、断裂
不透水性	压力(MPa)，≥	0.1
	保持时间(min)，≥	30
延伸度(20.2℃拉伸,mm)，≥		4.5

3. 合成高分子防水涂料

合成高分子防水涂料是以合成高分子聚合物为主要成膜物质，以有机溶剂或水为稀释剂，而制成的防水涂料。该类涂料具有高弹性、高耐久性以及优良的耐高低温性能，主要品种有聚氨酯防水涂料、丙烯酸酯防水涂料等。合成高分子防水涂料和聚合物水泥防水涂料的物理力学性能应符合表10-24的规定。

合成高分子防水涂料和聚合物水泥防水涂料的物理力学性能　表 10-24

项　目	反应型防水涂料	挥发固化型防水涂料	聚合物水泥涂料
固体含量(%)，≥	94	65	65
拉伸强度(MPa)，≥	1.65	1.5	1.2

续表

项 目	反应型防水涂料	挥发固化型防水涂料	聚合物水泥涂料
断裂延伸率(%),≥	350	300	200
柔性(℃)	−30,弯折无裂纹	−20,弯折无裂纹	−10,绕φ10mm 圆棒无裂纹
不透水性　压力(MPa),≥	0.3		
不透水性　保持时间(min),≥	30		

10.4.4 密封材料

密封材料是应用于工程中不同部位的接缝处,起密封作用的防水材料。其具有良好的黏结强度、气密性和水密性、耐高低温性能和耐老化性能,并具有一定的弹塑性和拉伸-压缩循环的能力,以适应热胀冷缩、结构变形的要求。工程中不同部位的接缝,对密封材料的要求不同,如用于室外接缝处的密封材料要求具有较高的耐候性,而用于建筑物伸缩缝的密封材料则要求具有较好的弹塑性和拉伸-压缩循环性能。密封材料按其外形分为密封膏和密封条,主要品种有沥青嵌缝油膏、塑料油膏、聚氨酯密封膏、丙烯酸类密封膏、硅酮密封膏和聚硫密封膏等。常见密封材料的特点及适用范围见表10-25。

常见密封材料的特点及适用范围 表 10-25

品种名称	主要组成	特点	适用范围
沥青嵌缝油膏	以石油沥青为基料,加入改性材料、稀释剂和填料混合制成	传统密封材料,具有密封材料所要求的基本性能特点	主要用作屋面、墙面、沟槽的嵌缝材料
塑料油膏	以塑料为基料,加入其他助剂,在一定高温下塑化而成的膏状密封材料	具有良好的黏结性和弹塑性,且耐热性、耐寒性、耐腐蚀性能和抗老化性能都较好	适用于屋面、水渠、管道等接缝处,也可进行表面涂布作为防水层
聚氨酯密封膏	双组分材料。甲乙两组分按比例混合后使用	具有优异的弹性、黏结性、耐候性和耐老化性能	适用于屋面、墙面、道路及机场跑道的接缝处,尤其适用于游泳池工程,也可适用于玻璃、金属材料的嵌缝
硅酮密封膏	以聚硅氧烷为主要成分	具有优异的耐热性、耐寒性和良好的耐候性,与各种材料都具有良好的黏结性能,且拉伸-压缩循环性能好,耐水性好	适用于外墙、卫生间、道路的接缝处,也可用作镶嵌玻璃、金属的密封材料
丙烯酸类密封膏	以丙烯酸树脂为基料,掺入增塑剂、分散剂、碳酸钙等配制而成	具有优良抗紫外线性能和良好的延伸率,但耐水性能不是很好	主要用于屋面、墙板、门窗嵌缝

复 习 思 考 题

1. 塑料的主要组成有哪些？各自作用是什么？
2. 塑料的主要特点有哪些？
3. 简述常见几种塑料和塑料制品的性能和特点。
4. 涂料的组成和分类有哪些？
5. 举例说出几种常用建筑涂料的名称、特性及作用。
6. 简述几种土工布的特性及应用。
7. 简述防水材料的分类。
8. 简述几种常用防水卷材的特性及应用。
9. 简述几种常用防水涂料的特性及应用。

下篇　材料试验

教学单元 11 砂石材料试验

11.1 岩石毛体积密度试验

11.1.1 目的与适用范围

本试验适用于测定岩石在干燥状态下包括孔隙在内的单位体积的质量。试验采用标准《公路工程岩石试验规程》JTG E41—2005。

岩石的毛体积密度试验可分为量积法、水中称量法和蜡封法。

量积法适用于能制备成规则试件的各类岩石；水中称量法适用于除遇水崩解、溶解和干缩湿胀外的其他种类岩石；蜡封法适用于不能用量积法直接在水中称量进行试验的岩石。

11.1.2 仪器设备

（1）试件加工设备：切石机、钻石机、磨平机及小锤等。

（2）天平：称量 500g，感重 0.01g。

（3）烘箱：能使温度控制在 105~110℃ 的范围内。

（4）游标卡尺（精度 0.01mm）。

（5）静水力学天平、平衡盘、吊钩、吊网、盛水容器等。

（6）石蜡及熔蜡设备。

11.1.3 试件制备

（1）量积法试件制备，试件尺寸应符合表 11-1 的要求。

表 11-1

	标准试件形状	试件尺寸（mm）
建筑地基的岩石	圆柱体	直径为 50±2、高径比 2∶1
桥梁工程用的岩石	立方体	边长为 70±2
路面工程用的岩石	圆柱体或立方体	直径或边长和高均为 50±2

（2）水中称量法试件制备，试件尺寸应符合下列规定：试件可采用规则或不规则形状，试件尺寸应大于组成岩石最大颗粒粒径的 10 倍，每个试件质量不宜小于 150g。

（3）试件数量，同一含水状态，每组试件不得少于 3 个。

11.1.4 试验步骤

1. 量积法试验步骤

（1）测干密度时，将试件放入烘箱，在 105~110℃ 下烘至恒重，取出试件置于干燥器内冷却至室温。

（2）从干燥器内取出试件，放在天平上称量，精确至 0.01g（本试验称量精度皆同此）。

（3）测量试件的直径或边长：用游标卡尺测量试件两端和中间三个断面上互相垂直的两个方向的直径或边长，按截面积计算平均值。测量精度至 0.01mm。

（4）测量试件的高度：用游标卡尺测量断面周边对称的四个点（圆柱体试件为互相垂直的直径与圆周交点处；立方体试件为边长的中点）和中心点的五个高度，计算平均值。

2. 水中称量法试验步骤

（1）测干密度时，将试件放入烘箱，在 105~110℃ 下烘至恒重，取出试件置于干燥器内冷却至室温。

（2）从干燥器内取出试件，放在天平上称量，精确至 0.01g。

（3）将称量后的试件放入盛水容器内先注水至试件高度的 1/4 处，以后每隔 24h 分别注水至试件高度的 1/2 和 3/4，最后将水加至试件顶面 20mm 以上。以利试件内空气逸出。试件全部被水淹没后自由吸水 48h。

（4）取出浸水试件，用湿纱布擦去试件表面水分，立即称其质量 m_s。

（5）将试件放在水中称量装置的丝网上，称取试件在水中的质量 m_w（丝网在水中的质量可事先用砝码平衡）。在称量过程中，称量装置的液面应始终保持在同一高度，并记下水温。

11.1.5 试验结果

（1）岩石毛体积密度按下式计算，精确至 $0.01 g/cm^3$。

$$\rho_d = \frac{m_d}{V} \qquad V = \frac{m_s - m_w}{\rho_w}$$

式中　ρ_d——岩石的毛体积密度（g/cm^3）；

$\quad m_d$——烘干至恒量时试件的质量（g）；

$\quad m_s$——面干吸水饱和试件在空气中的质量（g）；

$\quad m_w$——面干吸水饱和试件在水中的质量（g）；

$\quad V$——石料体积（cm^3）。

（2）组织均匀的岩石，其密度应为 3 个试件测得结果的平均值；组织不均匀的岩石，应列出每个试件密度的试验结果。

11.2 岩石单轴抗压强度试验

11.2.1 目的与适用范围

本试验适用于测定规则形状岩石试件单轴抗压强度，主要用于岩石的强度分级和岩性描述。本试验采用《公路工程岩石试验规程》JTG E41—2005 中的 T 0221—2005 单轴抗压强度试验。

本试验采用饱水状态下的岩石立方体（或圆柱体）试件的抗压强度来评定岩

石强度。

试件的含水状态要在试验报告中注明。试件的含水状态有天然状态，烘干状态、饱和状态和冻融循环后状态。

11.2.2　仪器设备

（1）压力试验机或万能试验机。

（2）钻石机、切石机、磨平机等岩石试件加工设备。

（3）烘箱、干燥器、游标卡尺（精度0.01mm）、角尺及水池等。

11.2.3　试件制备

（1）试件尺寸符合表11-2的要求。

表 11-2

	标准试件形状	试件尺寸(mm)	每组试件个数
建筑地基的岩石	圆柱体	直径为50±2、高径比2∶1	6个
桥梁工程用的岩石	立方体	边长为70±2	6个
路面工程用的岩石	圆柱体或立方体	直径或边长和高均为50±2	6个

（2）有显著层理的岩石，分别沿平行和垂直层理方向各取6个试件。

（3）试件上、下端面应平行和磨平，试件端面的平面度公差应小于0.05mm，端面对于试件轴线垂直度偏差不超过0.25°。

11.2.4　试验步骤

（1）采用游标卡尺，量取试件尺寸（精确至0.1mm），对立方体试件在顶面和底面上各量取其边长，以各个面上相互平行的两个边长的算术平均值计算其承压面积；对于圆柱体试件在顶面和底面分别测量两个相互正交的直径，并以其各自的算术平均值分别计算底面和顶面的面积，取顶面和底面面积的算术平均值作为计算抗压强度所用的截面积。

（2）试件的含水状态可根据需要选择天然状态、烘干状态、饱和状态或冻融循环后状态。试件烘干和饱和状态应符合吸水性试验方法的规定。

（3）将试件置于压力机的承压板中央，对正上、下承压板，不得偏心。

（4）以0.5~1.0MPa/s的速度加载，直至破坏。记录破坏荷载（单位N）及加载过程中出现的现象。

11.2.5　试验结果

（1）按下式计算岩石的抗压强度R，精确至0.1MPa。

$$R = \frac{P}{A} \tag{11-1}$$

式中　R——岩石的抗压强度（MPa）；

　　　P——破坏时的荷载（N）；

　　　A——试件的受压面积（mm^2）。

单轴抗压强度试验结果应同时列出每个试件的试验值及同组岩石单轴抗压强度的平均值；有显著层理的岩石，分别报告垂直与平行层理方向的试件强度平均值。

（2）按下式计算岩石的软化系数 K_p，精确至 0.01。

$$K_p = \frac{R_w}{R_d} \tag{11-2}$$

式中 K_p——软化系数；

R_w——岩石饱和水状态下的单轴抗压强度（MPa）；

R_d——岩石烘干状态下的单轴抗压强度（MPa）。

软化系数以 3 个试件的算术平均值作为结果；3 个值中最大与最小之差不得超过平均值的 20%，否则，应另取第 4 个试件，并在 4 个试件中取最接近的 3 个值的平均值作为试验结果，同时在报告中将 4 个值全部给出。

（3）对于非标准圆柱体试件，试验后抗压强度试验值按下式计算。

$$R_e = \frac{8R}{7+2D/H} \tag{11-3}$$

式中 R_e——标准抗压强度（MPa）；

R——测定抗压强度（MPa）；

D——圆柱体试件的直径（mm）；

H——圆柱体试件的高（mm）。

11.3 细骨料表观密度测定（容量瓶法）

11.3.1 目的与适用范围

本试验方法是采用容量瓶法测定细骨料（天然砂、石屑、机制砂）在 23℃时的表观密度。本方法适用于含有少量大于 2.36mm 部分的细骨料。本试验采用《公路工程集料试验规程》JTG E42—2005 中的 T 0328—2005 细集料表观密度试验（容量瓶法）。

11.3.2 仪器设备

（1）天平：称量 1000g，感重不大于 1g。

（2）容量瓶：500mL。

（3）烘箱：能使温度控制在 105±5℃。

（4）烧杯：500mL。

（5）其他：干燥器、浅盘、铝制料勺、温度计、洁净水等。

11.3.3 试验准备

将缩分至 650g 左右的试样在温度为 105±5℃的烘箱中烘干至恒重，并在干燥器内冷却至室温，分成两份备用。

11.3.4 试验步骤

（1）称取烘干的试样约 300g（m_0），装入盛有半瓶洁净水的容量瓶中。

（2）摇转容量瓶，使试样在已保温至 23±1.7℃的水中充分搅动以排除气泡，塞紧瓶塞，在恒温条件下静置 24h 左右，然后用滴管添水，使水面与瓶颈刻度线平齐，再塞紧瓶塞，擦干瓶外水分，称其总质量（m_2）。

（3）倒出瓶中的水和试样，将瓶的内外表面洗净，再向瓶内注入同样温度的洁净水（温度差不超过 2℃）至瓶颈刻度线，塞紧瓶塞，擦干瓶外水分，称其总质量（m_1）。

注：在砂的表观密度试验过程中应测量并控制水的温度，试验期间的温度差不大于 2℃。

11.3.5　试验结果

（1）按下式计算细骨料的表观相对密度，精确至小数点后 3 位。

$$\gamma_a = \frac{m_0}{m_0 + m_1 - m_2} \tag{11-4}$$

式中　γ_a——细骨料的表观相对密度（无量纲）；

　　　　m_0——试样的烘干质量（300g）；

　　　　m_1——水及容量瓶总质量（g）；

　　　　m_2——试样、水及容量瓶总质量（g）。

（2）按下式计算表观密度，精确至小数点后 3 位。

$$\rho_a = \gamma_a \rho_T \ 或 \ \rho_a = (\gamma_a - \alpha_t) \ \rho_w \tag{11-5}$$

式中　ρ_a——细骨料的表观密度（g/cm³）；

　　　　ρ_w——水在 4℃时的密度（g/cm³）；

　　　　α_t——试验时的水温对水的密度影响的修正系数，可通过查表获取；

　　　　ρ_T——试验温度 T 时的水的密度（g/cm³），可通过查表获取。

（3）以两次平行试验结果的算术平均值作为测定值，如两次结果之差值大于 0.01 g/cm³，应重新取样进行试验。

11.4　细骨料堆积密度试验

11.4.1　目的与适用范围

本试验适用于测定砂在自然堆积状态下的堆积密度及空隙率。本试验采用《公路工程集料试验规程》JTG E42—2005 中的 T 0331—1994 细集料堆积密度及紧装密度试验。

11.4.2　仪器设备

（1）台称：称量 5kg，感量 5g。

（2）容量筒：金属制的圆筒形筒，内径 108mm，净高 109mm，筒壁厚 2mm，筒底厚 5mm，容积 1L。

（3）标准漏斗：如图 11-1 所示。

（4）烘箱：能使温度控制在 105±5℃的范围内。

（5）其他：小勺、直尺、浅盘等。

11.4.3　试验准备

（1）用浅盘装试样约 5kg，在温度 105±5℃

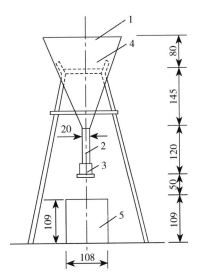

图 11-1　标准漏斗示意图
（尺寸单位：mm）

1—标准漏斗；2—ϕ20mm 下料管；
3—活动门；4—筛；5—金属容量筒

的烘箱中烘干至恒量，取出并冷却至室温，分成大致相等的两份备用。试样烘干后如有结块，应在试验前先捏碎。

（2）校正容量筒的容积：以温度 20±5℃洁净水装满容量筒，用玻璃板沿筒口滑移，使其紧贴水面，玻璃板与水面之间不得有空隙。擦干筒外水分，然后称量，用下式计算量筒容积 V（mL）。

$$V = m'_2 - m'_1 \tag{11-6}$$

式中　m'_1——容量筒和玻璃板的总质量（g）；

　　　m'_2——容量筒、玻璃板和水的总质量（g）。

11.4.4　试验步骤

（1）称取容量筒的质量（m_0）。

（2）将试样装入漏斗中，装满后打开底部的活动门，使试样流入容量筒中。也可直接用小勺向容量筒中装试样，试样装满并超出容量筒口。注意漏斗出料口或料勺距容量筒口的距离应为 50mm 左右。

（3）用直尺将多余的试样沿筒口中心线向相反的两个方向刮平，称取筒和试样的总质量（m_1）。

11.4.5　试验结果

（1）按下式计算堆积密度 ρ，精确至 0.001 g/cm³。

$$\rho = \frac{m_1 - m_0}{V} \tag{11-7}$$

式中　m_0——容量筒质量（g）；

　　　m_1——容量筒和砂试样的总质量（g）；

　　　V——容量筒容积（mL）。

（2）按下式计算砂的空隙率，精确至 0.1%。

$$n = \left(1 - \frac{\rho}{\rho_a}\right) \times 100\% \tag{11-8}$$

式中　n——砂的空隙率（%）；

　　　ρ——砂的堆积密度（g/cm³）；

　　　ρ_a——砂的表观密度（g/cm³）。

用以上试验结果的算术平均值作为测定值。

11.5　细骨料筛分试验

11.5.1　目的与适用范围

本试验适用于测定细骨料（天然砂、人工砂、石屑）的颗粒级配及粗细程度。对水泥混凝土用细骨料可采用干筛法，如果需要也可采用水洗筛分；对沥青混合料及基层用细骨料必须用水洗法筛分。本试验采用《公路工程集料试验规程》JTG E42—2005 中的 T 0327—2005 细集料筛分试验。

11.5.2　仪器设备

（1）标准筛：由上至下，各号筛的筛孔尺寸分别为 9.5mm、4.75mm、2.36mm、

1. 18mm、0.6mm、0.3mm、0.15mm、0.075mm，并有一个筛底和一个筛盖。

（2）天秤：称量 1000g，感量不大于 0.5g。

（3）摇筛机。

（4）烘箱：能控温在 105±5℃。

（5）其他：浅盘和硬、软毛刷等。

11.5.3 试样制备

（1）根据试样最大粒径，选用适宜的筛，通常为 9.5mm 筛（水泥混凝土用天然砂）或 4.75 mm 筛（沥青路面及基层用天然砂、石屑、机制砂等），筛除其中的超粒径材料，并算出其筛余百分率。

（2）将试样在潮湿状态下充分拌匀，用分料器或四分法缩分至每份不少于 550g 的试样两份，在 105±5℃ 的烘箱中烘干至恒重，冷却至室温后备用。

11.5.4 试验步骤

1. 干筛法试验步骤

（1）准确称取烘干试样 500g。

（2）将称取的试样置于标准筛的最上一只筛上，并装入摇筛机，摇筛 10min。

（3）取出标准筛，按筛孔由大到小的顺序，将各号筛上的砂试样进行逐个手筛，并用清洁的浅盘接住过筛的砂样。直到每分钟的筛出量不超过筛上剩余量的 0.1% 时为止。将筛出通过的颗粒并入下一号筛，和下一号筛中的试样一起过筛，以此顺序直到各号筛全部手筛完为止。

注：试样若为特细砂时，试样质量可减少到 100g；如试样含泥量超过 5% 时，不宜采用干筛法；无摇筛机时，可采用手筛。

（4）称量各号筛上的筛余量，精确至 0.5g。

（5）所有各筛的筛余量和底盘中剩余量的总量与筛分前的试样总质量相比，其相差不得超过试样总质量的 1%。

2. 水洗法试验步骤

（1）准确称取烘干试样 500g（m_1）。

（2）将试样置一洁净的容器中，加入足够数量的洁净水，将骨料全部淹没。

（3）用搅拌棒充分搅动骨料，将骨料表面洗涤干净，使细粉悬浮在水中，但不得有骨料从水中溅出。

（4）采用 1. 18mm 筛及 0.075mm 筛组成套筛。仔细将容器中混有细粉的悬浮液徐徐倒出，经过套筛流入另一容器中，但不得将骨料倒出。

（5）重复（2）~（4）步骤，直到倒出的水洁净，且小于 0.075mm 的颗粒全部倒出。

（6）将容器中的骨料倒入搪瓷盘中，用少量水冲洗，使容器上黏附的骨料颗粒全部进入搪瓷盘中。将筛子反扣过来，用少量的水将筛上的骨料冲洗入搪瓷盘中。操作过程中不得有骨料散失。

（7）将搪瓷盘连同骨料一起置于 105±5℃ 的烘箱中烘干至恒重，称取干燥骨料试样的总质量（m_2）。m_1 与 m_2 之差即为通过 0.075mm 筛下的颗粒质量。

（8）用要求筛孔组成套筛（但不需用 0.075mm 筛），将已经洗去小于

0.075mm 部分的干燥骨料置于套筛最上一只筛上。

（9）将套筛装入摇筛机，摇筛 10min，然后取出套筛，再按筛孔大小顺序，从最大的筛开始，在清洁的浅盘上逐个进行手筛，直到每分钟的筛出量不超过筛上剩余量的 0.1% 时为止，将筛出通过的颗粒并入下一号筛，和下一号筛中的试样一起手筛，以此顺序直到各号筛全部筛完为止。

（10）称量各筛筛余量，精确至 0.5g。所有各筛的筛余量和底盘中剩余量的总质量与筛分前试样总质量（m_2）相比，相差不得超过试样总质量的 1%。

11.5.5 试验结果

（1）按下式计算各号筛的分计筛余率。各号筛的分计筛余率为各号筛上的筛余量除以试样总量的百分率，精确至 0.1%。

$$a_i = \frac{m_i}{m_0} \times 100\% \qquad (11-9)$$

式中　　a_i——某号筛的分计筛余率；

　　　　m_i——某号筛上的筛余量（g）；

　　　　m_0——试样的总质量（g）。

（2）按式（11-10）计算各号筛的累计筛余率。各号筛的累计筛余率为大于等于该号筛的各号筛的分计筛余率之和，精确至 0.1%。

$$A_i = a_1 + a_2 + \cdots + a_i \qquad (11-10)$$

（3）按式（11-11）计算各号筛的通过百分率。各号筛的通过百分率等于 1 减去该号筛的累计筛余率，精确至 0.1%。

$$P_i = 1 - A_i \qquad (11-11)$$

（4）根据各号筛的累计筛余率或通过百分率，绘制级配曲线，并判断骨料级配是否合格。

（5）按式（11-12）计算天然砂的细度模数，精确至 0.01。

$$M_x = \frac{(A_{0.15} + A_{0.3} + A_{0.6} + A_{1.18} + A_{2.36}) - 5A_{4.75}}{100 - A_{4.75}} \qquad (11-12)$$

式中　　　　　　M_x——砂的细度模数；

$A_{0.15}$、$A_{0.3} \cdots A_{4.75}$——分别为 0.15mm、0.3mm $\cdots$ 4.75mm 各筛上的累计筛余率（%）。

（6）以两次平行试验结果的算术平均值作为测定值。如两次试验所得的细度模数之差大于 0.2，应重新进行试验。

11.6　粗骨料及矿质混合料的筛分试验

11.6.1 目的与适用范围

本试验适用于测定粗骨料（碎石、砾石、矿渣等）的颗粒组成。对水泥混凝土用粗骨料可采用干筛法筛分，对沥青混合料及基层用粗骨料必须采用水洗法试验。试验采用《公路工程集料试验规程》JTG E42—2005 中的 T 0302—2005 粗集料及集料混合料的筛分试验。

本方法也适用于同时含有粗骨料、细骨料、矿粉的矿质混合料筛分试验。

11.6.2　仪器设备

（1）试验筛：根据需要选用规定的标准筛。

（2）摇筛机。

（3）天平或台秤：感量不大于试样质量的 0.1%。

（4）其他：盘子、铲子、毛刷等。

11.6.3　试验准备

（1）按规定将来料用分料器或四分法缩分至表 11-3 中的试样所需量，风干后备用。

（2）根据需要可按要求的骨料最大粒径的筛孔尺寸过筛，除去超粒径部分颗粒后，再进行筛分。

筛分用的试样质量 表 11-3

公称最大粒径（mm）	75	63	37.5	31.5	26.5	19	16	9.5	4.75
试样质量不少于（kg）	10	8	5	4	2.5	2	1	1	0.5

11.6.4　试验步骤

1. 水泥混凝土用粗骨料干筛法试验步骤。

（1）取试样一份置于 105±5℃ 的烘箱中烘干至恒重，称取干骨料试样的总质量（m_0），准确至 0.1%。

（2）采用摇筛机筛分时，应在摇筛机筛分后再逐个由人工手筛。用搪瓷盘接住进筛试样，按筛孔大小排列顺序逐个将骨料过筛。将筛出通过的颗粒并入下一号筛，和下一号筛中的试样一起过筛，顺序进行，直至各号筛全部筛完为止。人工筛分时，需使骨料在筛面上同时有水平方向及上下的不停顿运动，使小于筛孔的骨料通过筛孔，直至 1min 内通过筛孔的质量小于筛上残余量的 0.1% 为止。

（3）如果某个筛上的骨料过多，影响筛分时，可以分两次筛。当筛余颗粒的粒径大于 19mm 时，筛分过程中允许用手指轻轻拨动颗粒，但不得逐个塞过筛孔。

（4）称取每个筛上的筛余量，准确至总质量的 0.1%。各筛的筛余量及筛底存量的总和与筛分前试样总质量相比，其相差不得超过试样总质量的 0.5%。

2. 沥青混合料及基层用粗骨料水洗法试验步骤

（1）取一份试样，将试样置于 105±5℃ 的烘箱中烘干至恒重，称取干燥骨料试样的总质量（m_1），准确至 0.1%。

注：恒重系指相邻两次称重间隔时间大于 3h（通常不小于 6h）的情况下，前后两次称量之差小于该项试验所要求的称量精度。

（2）将试样置一洁净的容器中，加入足够数量的洁净水，将骨料全部淹没。不得使用任何洗涤剂、分散剂或表面活性剂。

（3）用搅拌棒充分搅动骨料，将骨料表面洗涤干净，使细粉悬浮在水中，但不得破碎骨料或有骨料从水中溅出。

（4）根据骨料的粒径大小选择组成一组套筛，其底部为 0.075mm 标准筛，上部为 2.36mm 标准筛或 4.75mm 标准筛。仔细将容器中混有细粉的悬浮液倒出，经过套筛流入另一容器，尽量不将粗骨料倒出，无需将容器中的全部骨料倒出，只倒出悬浮液。且不可直接倒至 0.075mm 筛上，以免损坏标准筛筛面。

（5）重复（2）~（4）步骤，直至倒出的水洁净为止，必要时可采用水流缓慢冲洗。

（6）将套筛的每个筛子上的骨料及容器中的骨料全部回收在搪瓷盘中，容器上不得有黏附的骨料颗粒。

（7）在确保细粉不散失的前提下，小心泌去搪瓷盘中的积水，将搪瓷盘连同骨料一起置于 105±5℃ 的烘箱中烘干至恒重，称取干燥骨料试样的总质量（m_2），准确至 0.1%。m_1 与 m_2 之差为 0.075mm 筛下颗粒质量。

（8）将回收的干燥骨料按干筛方法筛分出 0.075mm 筛以上各筛的筛余量，此时 0.075mm 筛下部分应为 0，如果尚能筛出，则应将其并入水洗得到的 0.075mm 的筛下部分，且表示水洗不干净。

11.6.5　试验结果

1. 干筛法筛分试验结果

（1）按式（11-13）计算各号筛的筛余量及筛底存量的总和与筛分前试样的干燥总质量 m_0 之差，作为筛分时的损耗，并记入表中，若损耗率大于 0.5%，应重新进行试验。

$$m_3 = m_0 - \sum (m_i + m_底) \tag{11-13}$$

式中　m_3——由于筛分造成的损耗（g）；

　　　m_0——用于干筛的干燥骨料总质量（g）；

　　　m_i——各号筛上的筛余量（g）；

　　　i——依次为 0.075mm、0.15mm、0.3mm…至骨料最大粒径的排序；

　　　$m_底$——筛底（0.075mm 以下部分）骨料质量（g）。

（2）按式（11-14）计算各号筛的分计筛余率，精确至 0.1%。

$$a_i = \frac{m_i}{m_0 - m_3} \times 100 \tag{11-14}$$

式中　a_i——各号筛上的分计筛余率（%）；

　　　其余符号同上。

（3）按式（11-15）计算各号筛的累计筛余率。各号筛的累计筛余率为该号筛以上各号筛的分计筛余率之和，精确至 0.1%。

$$A_i = a_1 + a_2 + \cdots + a_i \tag{11-15}$$

（4）按式（11-16）计算各号筛的通过百分率。各号筛的通过百分率等于 1 减去该号筛累计筛余率，精确至 0.1%。

$$P_i = 1 - A_i \tag{11-16}$$

式中　P_i——各号筛上的通过百分率。

（5）计算 0.075mm 筛的通过率（$P_{0.075}$）。0.075mm 筛的通过率等于筛底存量除以扣除损耗后的干燥骨料总质量的百分率。

试验结果以两次试验的平均值表示，精确至 0.1%。当两次试验结果的 $P_{0.075}$ 差值超过 1% 时，试验应重新进行。

2. 水筛法筛分试验结果

（1）按式（11-17）和式（11-18）计算粗骨料中 0.075mm 筛下部分的质量 $m_{0.075}$ 和通过百分率 $P_{0.075}$，精确至 0.1%。当两次试验结果的 $P_{0.075}$ 差值超过 1% 时，应重新进行试验。

$$m_{0.075} = m_1 - m_2 \tag{11-17}$$

$$P_{0.075} = \frac{m_{0.075}}{m_1} = \frac{m_1 - m_2}{m_1} \times 100\% \tag{11-18}$$

式中　$P_{0.075}$——粗骨料中小于 0.075mm 的通过百分率（%）；

　　　$m_{0.075}$——粗骨料中水洗得到的小于 0.075mm 部分的质量（g）；

　　　m_1——用于水洗的干燥粗骨料总质量（g）；

　　　m_2——水洗后的干燥粗骨料总质量（g）。

（2）按式（11-19）计算各号筛的筛余量及筛底存量的总质量之和与筛分前试样的干燥总质量之差，作为筛分时的损耗。若损耗率大于 0.3%，应重新进行试验。

$$m_3 = m_1 - \sum (m_i + m_{0.075}) \tag{11-19}$$

式中　m_3——由于筛分造成的损耗（g）；

　　　m_1——用水筛法筛分的干燥骨料总质量（g）；

　　　m_i——各号筛上的分计筛余量（g）；

　　　i——依次为 0.075mm、0.15mm、0.3mm…至骨料最大粒径的排序；

　　　$m_{0.075}$——水洗后得到的 0.075mm 以下部分的质量（g）。

（3）计算各号筛上的分计筛余率、累计筛余率、质量通过百分率。计算方法与干筛法相同。当干筛法筛分有损耗时，应从总质量中扣除损耗部分。

试验结果以两次试验的平均值表示。对于沥青混合料、基层材料用的骨料，应采用半对数坐标绘制骨料筛分曲线。

11.7　粗骨料密度及吸水率试验（网篮法）

11.7.1　目的与适用范围

本方法适用于测定各种粗骨料的表观相对密度、毛体积相对密度、表观密度、毛体密度以及粗骨料的吸水率。本试验采用《公路工程集料试验规程》JTG E42—2005 中的 T 0304—2005 粗集料密度及吸水率试验（网篮法）。

11.7.2　仪器设备

（1）天平或浸水天平：可悬挂吊篮测定骨料的水中质量，称量应满足试样数量要求，感量不大于最大称量的 0.05%。

（2）吊篮：耐锈蚀材料制成，直径和高度为 150mm 左右，四周及底部用 1~2mm 的筛网编制。

（3）溢流水槽：在称量水中质量时能保持水面高度一定。

（4）烘箱：能控温在 105±5℃。

（5）标准筛。

（6）其他：盛水容器、浅盘、软硬毛刷、温度计等。

11.7.3　试验设备

（1）将试样用标准筛过筛除去其中的细骨料，对较粗的骨料可用4.75mm筛过筛，对2.36～4.75mm骨料，或者混在4.75mm以下石屑中的骨料，则用2.36mm筛过筛。

（2）采用四分法或分料器缩分至要求的质量，分两份备用。

（3）对沥青路面用粗骨料，应对不同规格的骨料分别测定，不得混杂，所取的每一份骨料试样应基本上保持原有级配。在测定2.36～4.75mm粗骨料时，试验过程中应特别小心，不得丢失骨料。

（4）经缩分后供测定密度和吸水率的粗骨料质量应符合表11-4的规定。

测定密度所需要的试样最小质量　　　　　　　　　　表11-4

公称最大粒径(mm)	4.75	9.5	16	19	26.5	31.5	37.5	63	75
试样质量不少于(kg)	0.8	1	1	1	1.5	1.5	2	3	3

（5）将每一份骨料试样浸泡在水中，并适当搅动，仔细洗去附在骨料表面的尘土和石粉，经多次漂洗干净至水完全清澈为止。清洗过程中不得散失骨料颗粒。

11.7.4　试验步骤

（1）取试样一份装入干净的搪瓷盘中，注入洁净的水，水面至少应高出试样20mm，轻轻搅动石料，使附着在石料上的气泡完全逸出，在室温下保持浸水24h。

（2）将吊篮挂在天平的吊钩上，浸入溢流水槽中，向溢流水槽中注水，水面高度至水槽的溢流孔，将天平调零。吊篮的筛网应保证骨料不会通过筛孔流失，对2.36～4.75mm粗骨料应更换小孔筛网，或在网篮中加入下浅盘。

（3）调节水温在15～25℃范围内。将试样移入吊篮中。溢流水槽中的水面高度由水槽的溢流孔控制，维持不变。称取骨料在水中的质量（m_w）。

（4）对于较粗的粗骨料，提起吊篮稍稍滴水后，可以直接倒在拧干的湿毛巾上。对于较细的粗骨料（2.36～4.75mm），应连同浅盘一同取出，稍稍倾斜搪瓷盘，仔细倒出余水，将粗骨料倒在拧干的湿毛巾上，用毛巾吸走骨料中漏出的自由水。此步骤需特别注意，不得有颗粒丢失，或有小颗粒附在吊篮上。再用拧干的湿毛巾轻轻擦干骨料颗粒的表面水，至表面看不到发亮的水迹，即为饱和面干状态。当粗骨料尺寸较大时宜逐颗粒擦干。注意，对较粗的粗骨料，拧毛巾时不要太用力，防止拧得太干，对较细的含水较多的粗骨料，毛巾可拧得稍干些。擦颗粒的表面水时，既要将表面水擦掉，又千万不能将颗粒内部的水吸出。整个过程中不得有骨料丢失，且已擦干的骨料不得继续在空气中放置，以防止骨料干燥。

注：对2.36～4.75mm骨料，用毛巾擦拭时容易黏附细颗粒骨料从而造成骨料损失，此时宜改用洁净纯棉汗衫布擦拭至表干状态。

（5）立即在保持表干状态下，称取骨料的表干质量（m_f）。

（6）将骨料置于浅盘中，放入 105±5℃的烘箱中烘干至恒重。取出浅盘，放在带盖的容器中冷却至室温，称取骨料的烘干质量（m_a）。

注：恒重是指相邻两次称量间隔时间大于 3h 的情况下，其前后两次称量之差小于该项试验所要求的精密度，即 0.1%。一般在烘箱中烘烤的时间不得少于 4~6h。

（7）对同一规格的骨料应平行试验两次，取平均值作为试验结果。

11.7.5　试验结果

（1）按式（11-20）计算骨料的表观相对密度 γ_a，精确小数点后 3 位。

$$\gamma_a = \frac{m_a}{m_a - m_w} \tag{11-20}$$

式中　γ_a——骨料的表观相对密度（无量纲）；

m_a——骨料的烘干质量（g）；

m_w——骨料在水中的质量（g）。

（2）按式（11-21）计算粗骨料的表观密度（视密度）。

$$\rho_a = \gamma_a \rho_T \text{ 或 } \rho_a = (\gamma_a - \alpha_T) \rho_w \tag{11-21}$$

式中　ρ_a——粗骨料的表观密度（g/cm^3）；

γ_a——骨料的表观相对密度（无量纲）；

ρ_T——试验温度 T 时水的密度（g/cm^3），可查表获得。

（3）按式（11-22）计算骨料的吸水率，以烘干试样为基准，准确至 0.01%。

$$\omega_x = \frac{m_f - m_a}{m_a} \times 100 \tag{11-22}$$

式中　ω_x——粗骨料的吸水率（%）。

表观相对密度的两次结果相差不得超过 0.02。两次试验的吸水率之差不得超过 0.2%。

11.8　粗骨料堆积密度及空隙率试验

11.8.1　目的与适用范围

本试验适用于测定粗骨料的堆积密度，包括自然状态、振实状态、捣实状态下的堆积密度，以及堆积状态下的空隙率。本试验采用《公路工程集料试验规程》JTG E42—2005 中的 T 0309—2005 粗集料堆积密度及空隙率试验。

11.8.2　仪器设备

（1）天平或台秤：感量不大于称量的 0.1%。

（2）容量筒：适用于粗骨料堆积密度测定的容量筒应符合国家标准的有关规定。

（3）平头铁锹。

（4）烘箱：能控温在 105±5℃。

（5）振动台：频率为 3000 次/min，负荷下振动台的振幅为 0.35mm。

（6）捣棒：直径 16mm，长 600mm，一端为圆头的钢棒。

11.8.3　试验准备

（1）按《公路工程集料试验规程》JTG E42—2005 中粗骨料取样法取样、缩分，质量应满足试验要求。

（2）将试样置于 105±5℃ 的烘箱中烘干，也可以摊在清洁的地面上风干，拌匀后分成两份备用。

11.8.4　试验步骤

1. 自然堆积密度

（1）取试样 1 份，置于平整干净的水泥地（或铁板）上。

（2）用平头铁锹铲起试样，使石子自由落入容量筒内。此时，从铁锹齐口至容量筒上口的距离应保持在 50mm 左右，装满容量筒并除去凸出筒口的颗粒，并以合适的颗粒填入凹陷空隙，使表面稍凸起部分和凹陷部分的体积大致相等。

（3）称取试样和容量筒总质量（m_2）。

2. 振实密度

（1）按堆积密度试验步骤，将试样装入容量筒中。

（2）将装满试样的容量筒放在振动台上振动 3min，或者将试样分三次装入容量筒：装完一层后，在筒底垫放一根直径为 25mm 的圆钢筋，将筒按住，左右颠击地面各 25 下；然后装入第二层，用同样方法捣实（但筒底所垫钢筋的方向应与第一次放置方向垂直）；然后再装入第三层，用同样方法捣实；等三层试样捣实完毕后，加料填到试样超出容量筒口，用钢筋沿筒口边缘滚转，刮下高出筒口的颗粒，用合适的颗粒填平凹处，使表面稍凸起部分和凹陷部分的体积大致相等。

（3）称取试样和容量筒总质量（m_2）。

3. 捣实密度

（1）根据沥青混合料的类型和公称最大粒径，确定起骨架作用的关键筛孔（通常为 4.75mm 或 2.36mm 等）。

（2）将矿质混合料中此筛孔以上的颗粒筛出。

（3）将试样装入符合要求的容器，达 1/3 的高度时，由边至中用捣棒均匀捣实 25 次。再向容器中装入 1/3 高度的试样，用捣棒均匀捣实 25 次，捣实深度约至下层表面。然后重复上一步骤，加最后一层，捣实 25 次，使骨料与容器口齐平。

（4）用合适的骨料填充表面的大空隙，用直尺大体刮平，目测估计表面凸起部分和凹陷部分的体积大致相等，称取试样和容量筒总质量（m_2）。

4. 标定容量筒的容积

将水装满容量筒，测量水温，擦干筒外壁水分，称取容量筒与水的总质量（m_w）。并按水的密度对容量筒的容积作校正。

11.8.5　试验结果

（1）按式（11-23）计算容量筒的容积。

$$V = \frac{m_w - m_1}{\rho_T} \qquad (11\text{-}23)$$

式中　V——容量筒的容积（L）；

　　　m_1——容量筒的质量（kg）；

m_w——容量筒与水的总质量（kg）;

ρ_T——试验温度 T 时水的密度（g/cm^3），查表获得。

（2）按式（11-24）计算堆积密度（包括自然状态、振实状态、捣实状态下的堆积密度），精确至小数点后 2 位。

$$\rho = \frac{m_2 - m_1}{V} \qquad (11\text{-}24)$$

式中 ρ——与各种状态对应的堆积密度（kg/m^3）;

m_1——容量筒的质量（kg）;

m_2——容量筒与试样的总质量（kg）;

V——容量筒的容积（L）。

（3）按式（11-25）计算水泥混凝土用粗骨料在振实状态下的空隙率，精确至 0.1%。

$$V_c = \left(1 - \frac{\rho}{\rho_a}\right) \times 100\% \qquad (11\text{-}25)$$

式中 V_c——水泥混凝土用粗骨料的空隙率（%）;

ρ——与各种状态对应的堆积密度（kg/m^3）;

ρ_a——粗骨料的表观密度（kg/m^3）。

（4）按式（11-26）计算沥青混合料用粗骨料在捣实状态下的间隙率。

$$VCA_{DRC} = \left(1 - \frac{\rho}{\rho_b}\right) \times 100\% \qquad (11\text{-}26)$$

式中 VCA_{DRC}——捣实状态下粗骨料骨架间隙率（%）;

ρ——与各种状态对应的堆积密度（kg/m^3）;

ρ_b——粗骨料的毛体积密度（kg/m^3）。

11.9 粗骨料压碎值试验

11.9.1 目的与适用范围

本试验适用于测定粗骨料在逐渐增加的荷载下抵抗压碎的能力，该指标是衡量石料力学性质的指标。用以鉴定公路路面基层、底基层及沥青面层的粗骨料品质，以及评定其在工程中的适用性。本试验采用《公路工程集料试验规程》JTG E42—2005 中的 T 0316—2005 粗集料压碎值试验。

11.9.2 仪器设备

（1）石料压碎值试验仪：由内径 150mm、两端开口的钢制圆形试筒、压柱和底板组成，其形状和尺寸见图 11-2 和表 11-5。试筒内壁、压柱的底面及底板的上表面等与石料接触的表面都应进行热处理，使表面硬化，达到维氏硬度 65°并保

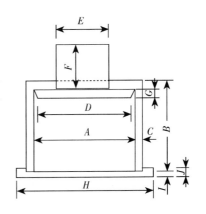

图 11-2 压碎值测定仪示意图
（尺寸单位：mm）

持光滑状态。

试筒、压柱和底板尺寸表　　　　　表 11-5

部位	符号	名称	尺寸(mm)
试筒	A	内径	150±0.3
	B	高度	125~128
	C	壁厚	≥12
压柱	D	压头直径	149±0.2
	E	压杆直径	100~149
	F	压柱高度	100~110
	G	压头厚度	≥25
底板	H	直径	200~220
	I	厚度(中间部分)	6.4±0.2
	J	边缘厚度	10±0.2

（2）金属棒：直径 10mm，长 450~600mm，一端加工成半球形。

（3）天平：称量 2~3kg，感量不大于 1g。

（4）标准筛：筛孔尺寸 13.2mm、9.5mm、2.36mm 方孔筛各一个。

（5）压力机：500kN，应能在 10min 内达到 400kN。

（6）金属筒：圆柱形，内径 112.0mm，高 179.4mm，容积 1767cm^3。

11.9.3　试验准备

（1）风干石料，采用 13.2mm 和 9.5mm 标准筛过筛，取粒径为 9.5~13.2mm 的试样 3 组各 3000g，供试验使用。如过于潮湿需加热烘干时，烘干温度 100℃，烘干时间不超过 4h。试验前，石料应冷却至室温。

（2）每次试验的石料数量应满足按下述方法夯击后石料在试验筒内的深度为 100mm。

在金属筒中确定石料数量的方法如下：

将石料分三次（每次数量大体相同）均匀装入金属筒中，每次均将试样表面整平，用金属棒的半球面端从石料表面上均匀捣实 25 次。最后用金属棒作为直刮刀将表面仔细整平，称取筒中石料试样质量（m_0）；以相同质量的试样进行压碎值的平行试验。

11.9.4　试验步骤

（1）将试筒安放在底板上。

（2）将要求质量的试样分三次（每次数量大体相同）均匀装入试筒中，每次均将试样表面整平，用金属棒的半球面端从石料表面上均匀捣实 25 次，最后用金属棒作为直刮刀将表面仔细整平。

（3）将装有试样的试筒放在压力机上，同时将加压头放入试筒内石料面上，注意使压柱摆平，勿楔挤筒壁。

（4）开动压力机，均匀地施加荷载，在 10min 左右的时间加荷达到 400kN，稳压 5s，然后卸载。

（5）将试筒从压力机上取下，取出试样。

（6）用 2.36mm 筛筛分经压碎的全部试样，可分几次筛分，均需筛至在 1min 内无明显的筛出物为止。

（7）称取通过 2.36mm 筛的全部颗粒质量（m_1），精确至 1%。

11.9.5　试验结果

按下式计算石料压碎值，精确至 0.1%。

$$Q_a' = \frac{m_1}{m_0} \times 100\% \tag{11-27}$$

式中　Q_a'——石料压碎值（%）；

$\quad m_1$——试验后通过 2.36mm 筛的全部颗粒的质量（g）；

$\quad m_0$——试验前试样质量（g）。

以 3 个试样平行试验结果的算术平均值作为压碎值。

11.10　粗骨料磨耗试验（洛杉矶法）

11.10.1　目的与适用范围

本试验适用于测定标准条件下粗骨料抵抗摩擦、撞击的综合能力，以磨耗损失（%）表示。本方法适用于各种等级规格骨料的磨耗试验。本试验采用《公路工程集料试验规程》JTG E42—2005 中的 T 0317—2005 粗集料磨耗试验（洛杉矶法）。

11.10.2　仪器设备

（1）洛杉矶磨耗试验机：圆筒内径 710±5mm，内侧长 510±5mm，两端封闭，投料口的钢盖通过紧固螺栓和橡胶垫与钢筒紧闭密封。钢筒的回转速率为 30~33r/min。

（2）钢球：直径约 46.8mm，质量为 390~445g，大小稍有不同，以便按要求组合成符合要求的总质量。

（3）台秤：感量不大于 5g。

（4）标准筛：符合要求的标准筛系列，以及筛孔为 1.7mm 的方孔筛一个。

（5）烘箱：能使温度控制在 105±5℃ 范围内。

（6）容器：搪瓷盘等。

11.10.3　试验步骤

（1）将不同规格的骨料用水冲洗干净，置烘箱中烘干至恒重。

（2）根据实际情况按照规定选择粗骨料最接近的粒级类别，确定相应的试验条件，并按规定的粒级组成备料、筛分。其中水泥混凝土用骨料宜采用 A 级粒度；沥青路面及各种基层、底基层的粗骨料，16mm 的筛孔也可用 13.2mm 筛孔代替。对非规格材料，应根据材料的实际粒度，查表选择最接近的粒级类别及试验条件。

（3）分级称量（准确至 5g），称取总质量（m_1），装入磨耗机的钢筒中。

（4）选择钢球，使钢球的数量及总质量符合相应规定。将钢球加入钢筒中，盖好筒盖紧固密封。

（5）将计数器调整到零位，设定要求的回转次数，对水泥混凝土骨料，回转次数为 500r，对沥青混合料骨料，回转次数应符合有关规定。开动磨机，以 30～33r/min 转速转动至要求的回转次数为止。

（6）取出钢球，将经过磨耗后的试样从投料口倒入搪瓷盘中。

（7）将试样用 1.7mm 的方孔筛过筛，筛去试样中被撞击磨碎的细屑。

（8）用水冲洗干净的留在筛上的碎石，置 105±5℃ 烘箱中烘至恒重（通常不少于 4h），准确称量（m_2）。

11.10.4　试验结果

按式（11-28）计算粗骨料洛杉矶磨耗损失，精确至 0.1%。

$$Q = \frac{m_1 - m_2}{m_1} \times 100 \tag{11-28}$$

式中　Q——洛杉矶磨耗损失（%）；

m_1——装入钢筒中的试样质量（g）；

m_2——试验后在 1.7mm 的方孔筛上洗净烘干的试样质量（g）。

粗骨料的磨耗损失取两次平行试验结果的算术平均值为测定值，两次试验的差值应不大于 2%，否则须重做试验。试验报告应记录所使用的粒级类别和试验条件。

11.11　水泥混凝土用粗骨料针片状颗粒含量试验（规准仪法）

11.11.1　目的与适用范围

本方法适用于测定水泥混凝土使用的 4.75mm 以上的粗骨料的针状及片状颗粒含量，以百分率计。本试验采用《公路工程集料试验规程》JTG E42—2005 中的 T 0311—2005 水泥混凝土用粗集料针片状颗粒含量试验（规准仪法）。

本方法测定的粗骨料中针状颗粒的含量，可用于评价骨料的形状及其在工程中的适用性。

11.11.2　试验仪器设备

（1）水泥混凝土粗骨料针状、片状规准仪：如图 11-3 和图 11-4 所示。片状规准仪的钢基板厚度 3mm，尺寸应符合表 11-6 的规定。

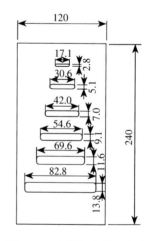

图 11-4　片状规准仪示意图
（尺寸单位：mm）

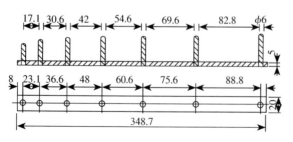

图 11-3　针状规准仪示意图（尺寸单位：mm）

水泥混凝土用粗骨料针、片状规准仪孔宽及间距　　　　　表 11-6

粒级（方孔筛）（mm）	4.75~9.5	9.5~16	16~19	19~26.5	26.5~31.5	31.5~37.5
针状规准仪上相对应的立柱之间的间距宽（mm）	17.1 (B_1)	30.6 (B_2)	42 (B_3)	54.6 (B_4)	69.6 (B_5)	82.8 (B_6)
片状规准仪上相对应的孔宽（mm）	2.8 (A_1)	5.1 (A_2)	7.0 (A_3)	9.1 (A_4)	11.6 (A_5)	13.8 (A_6)

（2）天平或台秤：感量不大于称量值的 0.1%。

（3）标准筛：孔径分别为 4.75mm、9.5mm、16mm、19mm、26.5mm、31.5mm、37.5mm，试验时根据需要选用。

11.11.3　试验准备

（1）将来样置于室内，风干至表面干燥。

（2）采用四分法或分料器法缩分至满足表 11-7 规定的质量。称量质量（m_0），然后筛分成表中所规定的粒级备用。

针、片状试验所需的试样最小质量　　　　　表 11-7

公称最大粒径(mm)	9.5	16	19	26	31.5	37.5
试样最小质量(kg)	0.3	1	2	3	5	10

11.11.4　试验步骤

（1）目测挑出接近立方体状的规则颗粒，将目测有可能属于针片状颗粒的骨料按表 11-6 规定的粒级，用规准仪逐粒对试样进行针状颗粒鉴定，挑出颗粒长度大于针状规准仪上相应间距不能通过者，为针状颗粒。

（2）将通过针状规准仪上相应间距的非针状颗粒逐级对试样进行片状颗粒鉴定，挑出颗粒厚度小于片状规准仪相应孔宽能通过者，为片状者颗粒。

（3）称量由各粒级挑出的针状和片状颗粒的总质量（m_1）。

11.11.5　试验结果

按式（11-29）计算碎石或砾石中针状、片状颗粒含量，精确至 0.1%。

$$Q_e = \frac{m_1}{m_0} \times 100\% \qquad (11-29)$$

式中　Q_e——试样的针状、片状颗粒含量（%）；

　　　　m_1——试样中所含针状、片状颗粒总质量（g）；

　　　　m_0——试样总质量（g）。

注：粗骨料针状、片状颗粒含量还可用游标卡尺法测定，此处略。

教学单元 12 石灰和稳定土试验

12.1 石灰有效氧化钙含量测定

12.1.1 目的和适用范围

本方法适用于测定各种石灰的有效氧化钙含量。本试验采用《公路工程无机结合料稳定材料试验规程》JTG E51—2009 中的 T 0811—1994 石灰有效氧化钙测定方法。

12.1.2 仪器设备及试剂

1. 仪器设备

（1）筛子：筛孔尺寸 0.15mm，1 个。

（2）烘箱：50~250℃，1 台。

（3）干燥器：ϕ25mm，1 个。

（4）称量瓶：ϕ30mm×50mm，10 个。

（5）瓷研钵：ϕ12~13cm，1 个。

（6）分析天平：万分之一，1 台。

（7）架盘天平：感量 0.1g，1 台。

（8）电炉：1500W，1 个。

（9）大肚移液管：25ml、50ml，各 1 支。

（10）滴定台及滴定管夹，各一套。

（11）其他：石棉网（20cm×20cm）、玻璃珠（ϕ3mm，一袋）、具塞三角瓶（250mL，20 个）、漏斗、塑料洗瓶、塑料桶（20L）、下口蒸馏水瓶（5000mL）、三角瓶（300mL，10 个）、容量瓶（250mL、1000mL 各 1 个）、量筒（200mL、100mL、50mL、5mL 各 1 个）、试剂瓶（250mL、1000mL 各 5 个）、塑料试剂瓶（1L）、烧杯（50mL，5 个；250mL 或 300mL，10 个）、棕色广口瓶（60mL，4 个；250mL，5 个）、滴瓶（60mL，3 个）、酸滴定管（50mL，2 支）、表面皿（7cm，10 块）、玻璃棒、试剂勺、吸水管、洗耳球等。

2. 试剂

（1）蔗糖（分析纯）。

（2）酚酞指示剂：称取 0.5g 酚酞溶于 50mL 95%乙醇中。

（3）0.1%甲基橙水溶液：称取 0.05g 甲基橙溶于 50mL 蒸馏水中。

（4）盐酸标准溶液（相当于 0.5mol/L）：将 42mL 浓盐酸（相对密度 1.19）稀释至 1L。

12.1.3 准备试样

（1）生石灰试样：将生石灰样品打碎，使颗粒不大于 2mm。拌合均匀后用四分法缩减至 200g 左右，放入瓷研钵中研细。再经四分法缩减几次至剩下 20g 左右。研磨所得石灰样品，使其通过 0.10mm 的筛。从此细样中均匀挑取 10 余克，置于称量瓶中在 100℃烘干 1h，贮于干燥器中，供试验用。

（2）消石灰试样：将消石灰样品用四分法缩减至 10 余克左右。如有大颗粒存在须在瓷研钵中磨细至无不均匀颗粒存在为止。置于称量瓶中在 105~110℃烘 1h，贮于干燥器中，供试验用。

12.1.4　试验步骤

（1）称取约 0.5g 试样，记录为 m_1，放入干燥的 250mL 具塞三角瓶中，取 5g 蔗糖覆盖在试样表面，投入干玻璃珠 15 粒，迅速加入新煮沸并已冷却的蒸馏水 50mL，立即加塞振荡 15min（如有试样结块或粘于瓶壁现象，则应重新取样）。

（2）打开瓶塞，用水冲洗瓶塞及瓶壁，加入 2~3 滴酚酞指示剂，用盐酸标准溶液滴定（滴定速度以每秒 2~3 滴为宜），至溶液的粉红色显著消失并在 30s 内不再复现即为终点。

12.1.5　试验结果

按下式计算有效氧化钙的含量（X）。

$$X = \frac{V \times M \times 0.028}{m_1} \times 100\% \tag{12-1}$$

式中　V——滴定时消耗盐酸标准溶液的体积（mL）；

　0.028——氧化钙毫克当量；

　　m_1——试样质量（g）；

　　M——盐酸标准溶液的摩尔浓度（mol/L）。

对同一石灰样品至少应做两个试样和进行两次测定，并取两次结果的平均值代表最终结果。

12.2　石灰氧化镁含量测定

12.2.1　目的与适用范围

本试验方法适用于测定各种石灰的总氧化镁含量。本试验采用《公路工程无机结合料稳定材料试验规程》JTG E51—2009 中的 T 0812—1994 石灰氧化镁测定方法。

12.2.2　仪器设备及试剂

1. 仪器设备

同有效氧化钙含量测定的仪器设备。

2. 试剂

（1）1：10 盐酸：将 1 体积盐酸（相对密度 1.19）以 10 体积蒸馏水稀释。

（2）氢氧化铵-氯化铵缓冲溶液：将 67.5g 氯化铵溶于 300mL 无二氧化碳蒸馏水中，加浓氢氧化铵（相对密度为 0.90）570mL，然后用水稀释至 1000mL。

（3）酸性铬兰 K-萘酚绿 B（1：2.5）混合指示剂：称取 0.3g 酸性铬兰 K 和 0.75g 萘酚绿 B 与 50g 已在 105℃烘干的硝酸钾混合研细，保存于棕色广口瓶中。

（4）EDTA 二钠标准溶液：将 10g EDTA 二钠溶于温热蒸馏水中，待全部溶解并冷至室温后，用水稀释至 1000mL。

（5）氧化钙标准溶液：精确称取 1.7848g 在 105℃烘干（2h）的碳酸钙，置于 250mL 烧杯中，盖上表面皿，从杯嘴缓慢滴加 1∶10 盐酸 100mL，加热溶解，待溶液冷却后，移入 1000mL 的容量瓶中，用新煮沸冷却后的蒸馏水稀释至刻度摇匀。此溶液每毫升的 Ca^{2+} 含量相当于 1mg 氧化钙的 Ca^{2+} 含量。

（6）20%的氢氧化钠溶液：将 20g 氢氧化钠溶于 80mL 蒸馏水中。

（7）钙指示剂：将 0.2g 钙试剂羟酸钠和 20g 已在 105℃烘干的硫酸钾混合研细，保存于棕色广口瓶中。

（8）10%酒石酸钾钠溶液：将 10g 酒石酸钾钠溶于 90mL 蒸馏水中。

（9）三乙醇胺（1∶2）溶液：将 1 体积三乙醇胺与 2 体积蒸馏水稀释摇匀。

12.2.3　EDTA 标准溶液与氧化钙和氧化镁关系的标定

精确吸取 50mL 氧化钙标准溶液放于 300mL 三角瓶中，用水稀释至 100mL 左右，然后加入钙指示剂约 0.2g，以 20%氢氧化钠溶液调整溶液碱度到出现酒红色，再过量加 3~4mL，然后以 EDTA 二钠标准液滴定，至溶液由酒红色变成纯蓝色时为止。

EDTA 二钠标准溶液对氧化钙滴定度按式（12-2）计算。

$$T_{CaO} = CV_1/V_2 \tag{12-2}$$

式中　T_{CaO}——EDTA 标准溶液对氧化钙的滴定度，即 1mL 的 EDTA 标准溶液相当于氧化钙的毫克数；

　　　C——1mL 氧化钙标准溶液含有氧化钙的毫克数，等于 1；

　　　V_1——吸取氧化钙标准溶液体积（mL）；

　　　V_2——消耗 EDTA 标准溶液体积（mL）。

EDTA 二钠标准溶液对氧化镁的滴定度（T_{MgO}），即 1mL 的 EDTA 二钠标准液相当于氧化镁的毫克数按式（12-3）计算。

$$T_{MgO} = T_{CaO} \times \frac{40.31}{56.08} = 0.72 T_{CaO} \tag{12-3}$$

12.2.4　试验步骤

（1）称取约 0.5g（准确至 0.0001g）试样，放入 250mL 烧杯中，用水湿润，加 30mL 1∶10 盐酸，用表面皿盖住烧杯，加热并保持微沸 8~10min。

（2）用水把表面皿洗净，冷却后把烧杯内的沉淀及溶液移入 250mL 容量瓶中，加水至刻度摇匀。

（3）待溶液沉淀后，用移液管吸取 25mL 溶液，放入 250mL 三角瓶中。加 50mL 水稀释后，加酒石酸钾钠溶液 1mL、三乙醇胺溶液 5mL，再加入铵-铵缓冲溶液 10mL、酸性铬兰 K-萘酚绿 B 指示剂约 0.1g。

（4）用 EDTA 二钠标准溶液滴定至溶液由酒红色变为纯蓝色时为终点，记下耗用 EDTA 标准溶液体积 V_1。

（5）再从同一容量瓶中，用移液管吸取 25mL 溶液，置于 300mL 三角瓶中，加水 150mL 稀释后，加三乙醇胺溶液 5mL 及 20%氢氧化钠溶液 5mL，放入约 0.1g 钙指示剂。用 EDTA 二钠标准溶液滴定，至溶液由酒红色变为纯蓝色即为终点，记下耗用 EDTA 二钠标准溶液体积 V_2。

12.2.5 试验结果

按式（12-4）计算氧化镁的含量（X）。

$$X = \frac{T_{MgO}(V_1 - V_2) \times 10}{m \times 1000} \times 100\% \qquad (12-4)$$

式中 T_{MgO}——EDTA 二钠标准溶液对氧化镁的滴定度；

  V_1——滴定钙、镁含量消耗 EDTA 二钠标准溶液体积（mL）；

  V_2——滴定钙消耗 EDTA 二钠标准溶液体积（mL）；

  10——总溶液对分取溶液的体积倍数；

  m——试样质量（g）。

对同一石灰样品至少应进行两次测定。取两次测定结果的平均值作为最终试验结果。

12.3 无机结合料稳定材料无侧限抗压强度试验

12.3.1 目的与适用范围

本方法适用于测定无机结合料稳定材料（包括稳定细粒土、中粒土和粗粒土）试件的无侧限抗压强度。本试验采用《公路工程无机结合料稳定材料试验规程》JTG E51—2009 中的 T 0805—1994 无机结合料稳定材料无侧限抗压强度试验方法。

12.3.2 仪器设备

（1）标准养护室。

（2）水槽：深度应大于试件高度 50mm。

（3）压力机或万能试验机（也可用路面强度试验仪和测力计）。

（4）电子天平：量程 15kg，感量 0.1g；量程 4000g，感量 0.18g。

（5）量筒、拌合工具、大小铝盒、烘箱等。

（6）球形支座。

12.3.3 试验准备

（1）制作试件：按照《公路工程无机结合料稳定材料试验规程》中 T 0843—2009 无机结合料稳定材料试件制作方法（圆柱形）、T 0844—2009 无机结合料稳定材料试件制作方法（梁式）成型径高比为 1∶1 的圆柱形试件。

不同的土采用不同的试模制作试件：

细粒土（最大粒径不超过 10mm）：试模的直径×高 = 50mm×50mm；

中粒土（最大粒径不超过 25mm）：试模的直径×高 = 100mm×100mm；

粗粒土（最大粒径不超过 40mm）：试模的直径×高 = 150mm×150mm。

（2）养护试件：按照《公路工程无机结合料稳定材料试验规程》中 T 0845—2009 无机结合料稳定材料养生试验方法的标准养生方法对试件进行 7d 的标准养护。

（3）试件两顶面用刮刀刮平，必要时可采用快凝水泥砂浆抹平试件顶面。

（4）每组试件的数目应为：小试件不少于 6 个，中试件不少于 9 个，大试件不少于 13 个。

12.3.4　试验步骤

（1）将已浸水一昼夜的试件从水中取出，用软布吸去试件表面水分，并称量试件质量 m_4。

（2）用游标卡尺测量试件的高 h，精确至 0.1mm。

（3）将试件放在压力机上，进行抗压试验。加荷速率保持为 1mm/min。记录试件破坏时的最大压力 P（N）。

（4）从试件内部取有代表性的样品（经过打破），测定其含水量 w。

12.3.5　试验结果

按式（12-5）计算试件的无侧限抗压强度（R_c）。

$$R_c = \frac{P}{A} \tag{12-5}$$

式中　P——试件破坏时的最大压力（N）；

A——试件的截面积（mm^2）。

教学单元 13 水泥试验

13.1 水泥试验的一般规定

（1）取样方法，以同一水泥厂、同品种、同强度等级、同期到达的水泥进行取样和编号。一般以不超过 100t 为一个取样单位，取样应具有代表性，可连续取，也可在 20 个以上不同部位抽取等量的样品，总量不少于 12kg。

（2）取的试样应充分拌匀，分成两份，其中一份密封保存 3 个月。试验前，将水泥通过 0.9mm 的方孔筛，并记录筛余百分率及筛余物情况。

（3）试验用水必须是洁净的淡水。

（4）试验室温度应为 20±2℃，相对湿度应不低于 50%；湿气养护箱温度为 20±1℃，相对湿度应不低于 90%；养护池水温为 20±1℃。

（5）水泥试样、标准砂、拌合水及仪器用具的温度应与试验室温度相同。

13.2 水泥细度检验方法（筛析法）

水泥细度检验方法分水筛法和负压筛法，如对两种方法检验的结果有争议时，以负压筛法为准。水泥细度检验执行国家标准《水泥细度检验方法　筛析法》GB/T 1345—2005，适用于硅酸盐水泥、普通硅酸盐水泥、矿渣硅酸盐水泥、火山灰质硅酸盐水泥、粉煤质硅酸盐水泥、复合硅酸盐水泥。

13.2.1 负压筛法

1. 主要仪器设备

（1）负压筛析仪：由筛网、筛座、负压源及收尘器组成，如图 13-1 所示。

（2）天平（感量 0.1g）。

2. 试验步骤

（1）检查负压筛析仪系统，调节负压至 4000~6000Pa 范围内。

（2）称取水泥试样 25g，精确至 0.1g。置于负压筛中，盖上筛盖并放在筛座上。

（3）启动负压筛析仪，连续筛析 2min，在此间若有试样黏附于筛盖上，可轻轻敲击使试样落下。

（4）筛毕，取下筛子，倒出筛余物，用天平称量筛余物的质量，精确至 0.1g。

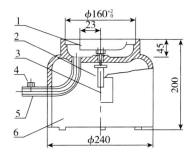

图 13-1　负压筛析仪示意图（单位：mm）
1—喷气嘴；2—微电机；3—控制板开口；
4—负压表接口；5—吸尘器接口；6—壳体

3. 试验结果

以筛余物的质量除以水泥试样总质量的百分数，作为试验结果。本试验以一次试验结果作为检验结果。

13.2.2 水筛法

1. 主要仪器设备

（1）水筛及筛座：采用边长为 0.080mm 的方孔铜丝筛网制成，筛框内径 125mm，高 80mm（图 13-2）。

（2）喷头：直径 55mm，面上均匀分布 90 个孔，孔径 0.5~0.7mm，喷头安装高度离筛网 35~75mm 为宜，见图 13-3。

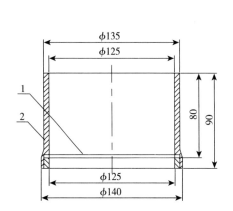

图 13-2　水筛示意图（单位：mm）
1—筛网；2—筛框

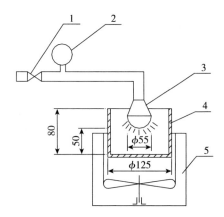

图 13-3　筛座示意图（单位：mm）
1—开关；2—水压表；3—喷头；4—水筛；5—筛座

（3）其他：天平（称量为 100g，感量为 0.05g）、烘箱等。

2. 试验步骤

（1）称取水泥试样 50g，倒入水筛内，立即用洁净的自来水冲至大部分细粉过筛，再将筛子置于筛座上，用水压 0.03~0.07MPa 的喷头连续冲洗 3min。

（2）将筛余物冲到筛的一边，用少量的水将其全部冲至蒸发皿内，沉淀后将水倒出。

（3）将蒸发皿在烘箱中烘至恒重，称量筛余物，精确至 0.1g。

3. 结果计算

以筛余物的质量除以水泥试样总质量的百分数，作为试验结果。本试验以一次试验结果作为检验结果。

13.3　水泥标准稠度用水量测定（标准法）

13.3.1 目的与适用范围

标准稠度用水量的测定，是为了使得测定凝结时间和体积安定性具有准确可比性。本试验采用《水泥标准稠度用水量、凝结时间、安定性检验方法》GB/T 1346—2011。

13.3.2　主要仪器设备

（1）水泥净浆搅拌机：由主机、搅拌叶和搅拌锅组成。

（2）标准法维卡仪：主要由试杆和盛装水泥净浆的试模两部分组成，如图 13-4 所示。

（3）其他：天平、铲子、小刀、平板玻璃底板、量筒等。

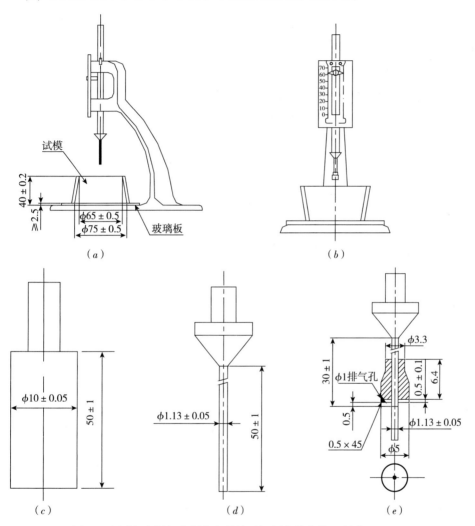

图 13-4　测定水泥标准稠度和凝结时间用的维卡仪（单位：mm）

（a）初凝时间测定用立式试模的俯视图；（b）终凝时间测定用反转试模的前视图；

（c）标准稠度试杆；（d）初凝用试针；（e）终凝用试针

13.3.3　试验步骤

（1）调整维卡仪并检查水泥净浆搅拌机。使得维卡仪上的金属棒能自由滑动，并调整至试杆（图 13-4c）接触玻璃板时的指针对准零点。搅拌机运行正常，并用湿布将搅拌锅和搅拌叶片擦湿。

（2）称取水泥试样 500g，拌合水量按经验确定并用量筒量好。

（3）将拌合水倒入搅拌锅内，然后在 5~10s 内将水泥试样加入水中。将搅拌锅放在锅座上，升至搅拌位，启动搅拌机，先低速搅拌 120s，停 15s，再快速搅拌 120s，然后停机。

（4）拌合结束后，立即将水泥净浆装入已置于玻璃底板上的试模中，用小刀插捣，轻轻振动数次排出气泡，刮去多余净浆；抹平后迅速将试模和底板移到维卡仪上，调整试杆至与水泥净浆表面接触，拧紧螺栓，然后突然放松，试杆垂直自由地沉入水泥净浆中。

（5）在试杆停止沉入或释放试杆 30s 时记录试杆距底板之间的距离。整个操作应在搅拌后 1.5min 内完成。

13.3.4　试验结果

以试杆沉入净浆并距底板 6±1mm 时的水泥净浆为标准稠度水泥净浆。标准稠度用水量（P）以拌和标准稠度水泥净浆的水量除以水泥试样总质量的百分数为结果。

13.4　水泥凝结时间试验

13.4.1　试验目的与适用范围

本试验适用于测定水泥的初凝时间和终凝时间，采用《水泥标准稠度用水量、凝结时间、安定性检验方法》GB/T 1346—2011。

13.4.2　仪器设备

（1）标准法维卡仪：将试杆更换为试针，仪器主要由试针和试模两部分组成，如图 13-4 所示。

（2）其他仪器设备同标准稠度测定。

13.4.3　试验步骤

（1）称取水泥试样 500g，按标准稠度用水量制备标准稠度水泥净浆，并一次装满试模，振动数次刮平，立即放入湿气养护箱中。记录水泥全部加入水中的时间作为凝结时间的起始时间。

（2）初凝时间的测定。首先调整凝结时间测定仪，使其试针（图 13-4d）接触玻璃板时的指针为零。试模在湿气养护箱中养护至加水后 30min 时进行第一次测定：将试模放在试针下，调整试针与水泥净浆表面接触，拧紧螺栓，然后突然放松，试针垂直自由地沉入水泥净浆。观察试针停止下沉或释放试针 30s 时指针的读数。临近初凝时，每隔 5min 测定一次，当试针沉至距底板 4±1mm 时水泥达到初凝状态。

（3）终凝时间的测定（为了准确观察试针（图 13-4e）沉入的状况，在试针上安装一个环形附件）。在完成水泥初凝时间测定后，立即将试模连同浆体以平移的方式从玻璃板取下，翻转 180°，直径大端向上，小端向下放在玻璃板上，再放入湿气养护箱中继续养护，临近终凝时间时每隔 15min 测定一次，当试针沉入水泥净浆只有 0.5mm 时，即环形附件开始不能在水泥浆上留下痕迹时，水泥达到终凝状态。

（4）达到初凝或终凝时应立即重复一次，当两次结论相同时才能定为到达初凝或终凝状态。每次测定不能让试针落入原针孔，每次测定后，须将试模放回湿气养护箱内，并将试针擦净，而且要防止试模受振。

13.4.4 试验结果

（1）由水泥全部加入水中至初凝状态的时间为水泥的初凝时间，用"min"表示。

（2）由水泥全部加入水中至终凝状态的时间为水泥的终凝时间，用"min"表示。

13.5 水泥安定性试验（雷氏法）

13.5.1 试验目的与适用范围

本试验适用于测定水泥的体积安定性。水泥体积安定性是水泥硬化后体积变化的均匀性。体积变化不均匀会引起水泥石膨胀，产生开裂或翘曲等现象。本试验采用《水泥标准稠度用水量、凝结时间、安定性检验方法》GB/T 1346—2011。

13.5.2 主要仪器设备

（1）雷式夹：由铜质材料制成，其结构见图 13-5。当用 300g 砝码校正时，两根针的针尖距离增加应在 17.5±2.5mm 范围内，如图 13-6 所示。

（2）雷式夹膨胀测定仪：其标尺最小刻度为 0.5mm，如图 13-7 所示。

（3）沸煮箱：能在 30±5min 内将箱内的试验用水由室温升至沸腾状态并保持 3h 以上，整个过程不需要补充水量。

（4）其他：水泥净浆搅拌机、天平、湿气养护箱、小刀等。

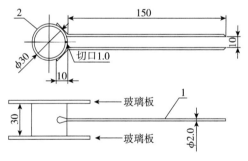

图 13-5 雷式夹示意图（单位：mm）
1—指针；2—环模

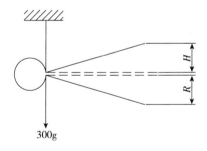

图 13-6 雷式夹校正图

13.5.3 试验步骤

（1）测定前准备工作：每个试样需成型两个试件，每个雷式夹需配备两块质量为 75~85g 的玻璃板，一垫一盖，并先在与水泥接触的玻璃板和雷式夹表面涂一层机油。

（2）将制备好的标准稠度水泥净浆立即一次装满雷式夹，用小刀插捣数次，抹平，并盖上涂油的玻璃板，然后将试件移至湿气养护箱内养护 24±2h。

（3）脱去玻璃板取下试件，先测量雷式夹指针尖的距离（A），精确至 0.5mm。然后将试件放入沸煮箱水中的试件架上，指针朝上，调好水位与水温，接通电源，在 30±5min 之内加热至沸腾，并保持 3h±5min。

（4）取出沸煮后冷却至室温的试件，用雷式夹膨胀测定仪测量试件雷式夹两指针尖的距离（C），精确至 0.5mm。

13.5.4　试验结果

当两个试件沸煮后增加距离（$C—A$）的平均值不大于 5.0mm 时，即认为水泥安定性合格。当两个试件的（$C—A$）平均值大于 5.0mm 时，应用同一样品立即重做一次试验。以复检结果为准。

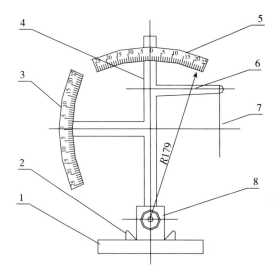

图 13-7　雷式夹膨胀测定仪示意图

1—底座；2—支座；3—测弹性标尺；4—立柱；5—测膨胀值标尺；

6—悬臂；7—悬丝；8—雷式夹

13.6　水泥胶砂强度检验

13.6.1　试验目的与适用范围

根据国家标准《通用硅酸盐水泥》GB 175—2007 和《水泥胶砂强度检验方法（ISO 法）》GB/T 17671—1999 的规定，测定水泥的强度，应按规定制作试件，养护，并测定其规定龄期的抗折强度和抗压强度值，从而确定和检验水泥的强度等级。

13.6.2　主要仪器设备

（1）行星式胶砂搅拌机：是搅拌叶片和搅拌锅相反方向转动的搅拌设备，如图 13-8 所示。

（2）胶砂试件成型振实台。

（3）试模：可装拆的三联试模，试模内腔尺寸为 40mm×40mm×160mm，如图 13-9 所示。

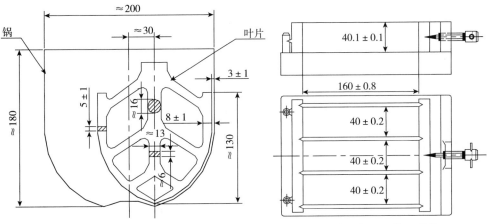

图 13-8 胶砂搅拌机示意图（单位：mm）　　　图 13-9 典型水泥试模（单位：mm）

（4）水泥电动抗折试验机。

（5）抗压试验机，抗压夹具。

（6）套模、两个播料器、刮平直尺、标准养护箱等。

13.6.3 制作水泥胶砂试件

（1）水泥胶砂试件是由水泥、中国 ISO 标准砂、拌合用水按 1：3：0.5 的比例拌制而成。一锅胶砂可成形三条试体，每锅材料用量见表 13-1。按规定称量好各种材料。

每锅胶砂的材料用量　　　　　　　　　　　　表 13-1

材料	水泥	中国 ISO 标准砂	水
用量(g)	450±2	1350±5	225±1

（2）将水加入胶砂搅拌锅内，再加入水泥，把锅放在固定架上，升至固定位置，然后启动机器。低速搅拌 30s，在第 2 个 30s 开始时，同时均匀的加入标准砂，再高速搅拌 30s，停 90s（在第 1 个 15s 内用一胶皮刮具将叶片上和锅壁上的胶砂刮入锅内），再继续高速搅拌 60s。胶砂搅拌完成。各阶段的搅拌时间误差应在 ±1s 内。

（3）将试模内壁均匀涂刷一层机油，并将空试模和套模固定在振实台上。

（4）用勺子将搅拌锅内的水泥胶砂分两次装模。装第一层时，每个槽里先放入 300g 胶砂，并用大播料器刮平，接着振动 60 次，再装第二层胶砂，用小播料器刮平，再振动 60 次。

（5）移走套模，取下试模，用金属直尺以近似 90° 的角度架在试模模顶一端，沿试模长度方向做锯割动作慢慢向另一端移动，一次将超过试模部分的胶砂刮去，并用同一直尺以近似水平的情况将试件表面抹平。

（6）将成型好的试件连同试模一起放入标准养护箱内，在温度 20±1℃，相对湿度不低于 90% 的条件下养护。

（7）养护到 20~24h 之间脱模（对于龄期为 24h 的应在破坏试验前 20min 内

脱模)。将试件从养护箱中取出，用毛笔编号，编号时应将每个三联试模中的三条试件编在两龄期内，同时编上成型与测试日期。然后脱模，脱模时应防止损伤试件。对于硬化较慢的水泥允许 24h 后脱模，但须记录脱模时间。

(8) 试件脱模后立即水平或垂直放入水槽中养护，养护水温为 20±1℃，水平放置时刮平面朝上，试件之间留有间隙，水面至少高出试件 5mm，并随时加水以保持恒定水位，不允许在养护期间完全换水。

(9) 水泥胶砂试件养护至各规定龄期。试件龄期是从水泥加水搅拌开始起算。不同龄期的强度在下列时间里进行测定：24h±15min；48h±30min；72h±45min；7d±2h；大于 28d±8h。

13.6.4　试验步骤

(1) 水泥胶砂试件在破坏试验前 15min 从水中取出。揩去试件表面的沉积物，并用湿布覆盖至试验为止。

(2) 将试件安放在抗折夹具内，试件的侧面与试验机的支撑圆柱接触，试件长轴垂直于支撑圆柱，如图 13-10 所示。

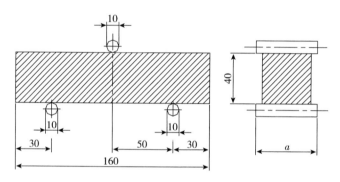

图 13-10　抗折强度测定示意图（单位：mm）

(3) 启动试验机，以 50±10N/s 的速度均匀地加荷直至试件断裂。记录最大抗折破坏荷载（N）。

(4) 抗折强度试验后的六个断块试件保持潮湿状态，并立即进行抗压试验。

(5) 将断块试件放入抗压夹具内，并以试件的侧面作为受压面。

(6) 启动试验机，以 2.4±0.2kN/s 的速度进行加荷，直至试件破坏。记录最大抗压破坏荷载（N）。

13.6.5　试验结果

(1) 按式 (13-1) 计算每个试件的抗折强度 $f_{ce,m}$，精确至 0.1MPa。

$$f_{ce,m} = \frac{3FL}{2b^3} = 0.00234F \tag{13-1}$$

式中　F——试件折断时最大抗折破坏荷载（N）；

　　　L——支撑圆柱体之间的距离（mm），$L = 100mm$；

　　　b——试件截面（正方形）的边长（mm），$b = 40mm$。

以一组三个试件抗折结果的平均值作为试验结果。当三个强度值中有超出平均值±10%时，应剔除后再取平均值作为抗折强度试验结果。试验结果，精确至 0.1MPa。

（2）按式（13-2）计算每个试件的抗压强度 $f_{ce,c}$，精确至 0.1MPa。

$$f_{ce,c} = \frac{F}{A} = 0.000625F \qquad (13\text{-}2)$$

式中　F——试件破坏时的最大抗压破坏荷载（N）；

　　　A——受压部分面积（mm^2），$A = 40 \times 40 = 1600mm^2$。

以一组三个试件上得到的六个抗压强度测定值的算术平均值作为试验结果。如六个测定值中有一个超出六个平均值的±10%，就应剔除这个结果，而以剩下五个的平均值作为结果。如果五个测定值中再有超过它们平均值±10%的，则此组结果作废。试验结果精确至 0.1MPa。

教学单元 14　水泥混凝土试验

14.1　混凝土拌合物取样及试样制备

14.1.1　一般规定

（1）混凝土拌合物试验用料应根据不同要求，从同一盘或同一车运送的混凝土中取出，或在试验室用机械或人工单独拌制。取样方法和原则按《混凝土结构工程施工质量验收规范》GB 50204—2015 及《混凝土强度检验评定标准》GB/T 50107—2010 有关规定进行。

（2）在试验室拌制混凝土进行试验时，拌合用的骨料应提前运入室内。拌合时试验室的温度应保持在 20±5℃。

（3）材料用量以质量计，称量的精确度：骨料为±1%；水、水泥和外加剂均为±0.5%。混凝土试配时的最小搅拌量为：当骨料最大粒径小于 30mm 时，拌制数量为 15L；最大粒径为 40mm 时，拌制数量为 25L。搅拌量不应小于搅拌机额定搅拌量的 $\frac{1}{4}$。

14.1.2　主要仪器设备

（1）搅拌机：容量 75~100L，转速 18~22r/min。

（2）磅秤：称量 50kg，感量 50g。

（3）天平：称量 5kg，感量 1g。

（4）其他：量筒（200mL、100mL 各一只）、拌板（1.5m×2.0m 左右）、拌铲、盛器、抹布等。

14.1.3　拌合方法

1. 人工拌合

（1）按所定配合比备料，以全干状态为准。

（2）先将拌板和拌铲用湿布润湿。将砂倒在拌板上，然后加入水泥，用铲自拌板一端翻拌至另一端，然后再翻拌回来，如此重复直至颜色混合均匀，再加入石子翻拌至混合均匀为止。

（3）将干混合料堆成堆，在中间作一凹槽，将已称量好的水，倒入一半左右在凹槽中（勿使水流出），然后仔细翻拌，并徐徐加入剩余的水，继续翻拌。每翻拌一次，用铲在混合料上铲切一次，直至拌合均匀为止。

（4）拌合时力求动作敏捷，拌合时间从加水时算起，应大致符合以下规定：

拌合物体积为 30L 以下时为 4~5min；拌合物体积为 30~50L 时为 5~9min；拌合物体积为 51~75L 时为 9~12min。

（5）拌好后，根据试验要求，即可做拌合物的各项性能试验或成型试件。从开始加水时至全部操作完成必须控制在 30min 内。

2. 机械搅拌

（1）按所定配合比备料，以全干状态为准。

（2）预拌一次，即用按配合比的水泥、砂和水组成的砂浆和少量石子，在搅拌机中涮膛，然后倒出多余的砂浆，其目的是使水泥砂浆先黏附满搅拌机的筒壁，以免正式拌合时影响混凝土的配合比。

（3）开动搅拌机，将石子、砂和水泥依次加入搅拌机内，干拌均匀，再将水徐徐加入。全部加料时间不得超过 2min。水全部加入后，继续拌合 2min。

（4）将拌合物从搅拌机中卸出，倒在拌板上，再经人工拌合 1~2min，即可做拌合物的各项性能试验或成型试件。从开始加水时算起，全部操作必须在 30min 内完成。

14.2 混凝土拌合物和易性试验（坍落度）

14.2.1 试验目的与适用范围

采取定量测定流动性，直观经验判定黏聚性和保水性的原则，来评定混凝土拌合物的和易性。定量测定流动性的方法有坍落度法和维勃稠度法两种。坍落度法适合于坍落度值不小于 10mm 的塑性混凝土拌合物；维勃稠度法适合于维勃稠度在 5~30s 之间的干硬性混凝土拌合物。要求骨料的最大粒径均不得大于 40mm。本试验只介绍坍落度法。

14.2.2 主要仪器设备

（1）坍落度筒：截头圆锥形，由薄钢板或其他金属板制成，形状和尺寸如图 14-1（a）所示。

（2）捣棒：端部应磨圆，直径 16mm，长度 650mm，形状和尺寸如图 14-1（b）所示。

（3）其他：装料漏斗、小铁铲、钢直尺、抹刀等。

14.2.3 试验步骤

（1）湿润坍落度筒及其他用具，并把筒放在不吸水的刚性水平底板上，然后用脚踩住两边的踏脚板，使坍落度筒在装料时保持位置固定。

（2）将混凝土拌合物试样用小铲分三层均匀地装入坍落度筒内，使捣实后每层高度为筒高的 1/3 左右。每层用捣棒插捣 25 次，插捣应沿螺旋方向由外向中心进行，每次插捣应在截面上均匀分布。插捣筒边混凝土时，捣棒可以稍稍倾斜；插捣底层时，捣棒应贯穿整个深度；插捣第二层或顶层时，捣棒应插透本层至下一层的

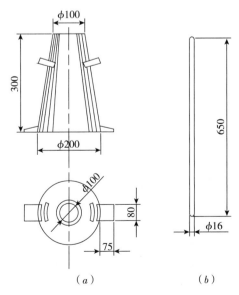

图 14-1 坍落度筒及捣棒示意图（单位：mm）

表面。

浇灌顶层时，混凝土应高出筒口。插捣过程中，如混凝土沉落到低于筒口，则应随时添加。顶层插捣完后，刮去多余的混凝土，并用抹刀抹平。

（3）清除筒边底板上的混凝土后，垂直平稳地提起坍落度筒，应在 5～10s 内完成；从开始装料至提起坍落度筒的整个过程应不间断地进行，并应在 150s 内完成。

（4）提起坍落度筒后，量测筒高与坍落后混凝土拌合物试体最高点之间的高度差，即为该混凝土拌合物的坍落度值（以"mm"为单位，读数精确至 5mm）。如混凝土发生崩坍或一边剪坏的现象，则应重新进行测定。如第二次试验仍出现上述现象，则表示该混凝土和易性不好，应予以记录备查，如图 14-2 所示。

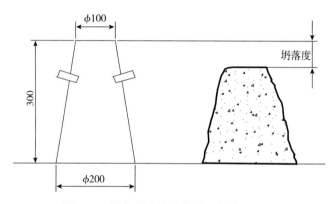

图 14-2　坍落度试验示意图（单位：mm）

（5）测定坍落度后，观察拌合物的下述性质，并记录。

黏聚性：用捣棒在已坍落的混凝土锥体侧面轻轻敲打，如果锥体逐渐下沉，表示黏聚性良好；如果锥体坍塌、部分崩裂或出现离析现象，表示黏聚性不好。

保水性：坍落度筒提起后如有较多的稀浆从底部析出，锥体部分的混凝土也因失浆而骨料外露，则表明保水性不好；如无稀浆或只有少量稀浆自底部析出，则表明保水性良好。

14.3　混凝土拌合物表观密度试验

14.3.1　主要仪器设备

（1）容量筒：骨料最大粒径不大于 40mm 时，容积为 5L；当粒径大于 40mm 时，容量筒内径与高均应大于骨料最大粒径的 4 倍。

（2）台秤：称量 50kg，感量 50g。

（3）振动台：频率 3000±200 次/min，空载振幅为 0.5±0.1mm。

14.3.2　试验步骤

（1）润湿容量筒，称其质量 m_1（kg），精确至 50g。

（2）将配制好的混凝土拌合物装入容量筒并使其密实。当拌合物坍落度不大于 70mm 时，可用振实台振实，大于 70mm 时用捣棒振实。

（3）用振实台振实时，应将拌合物一次装满，振实时随时准备添料，振至表面出现水泥浆，没有气泡向上冒为止。用捣棒捣实时，混凝土分两层装入，每层插捣 25 次（对 5L 容量筒），每一层插捣完后可把捣棒垫在筒底，用双手扶筒左右交替颠击 15 次，使拌合物布满插孔。

（4）用刮尺齐筒口将多余的混凝土拌合物刮去，表面如有凹陷应予填平。将容量筒外壁擦净，称出拌合物与筒总质量 m_2（kg）。

14.3.3　试验结果

按式（14-1）计算混凝土拌合物的表观密度 ρ_{c0}，精确至 $10kg/m^3$。

$$\rho_{c0} = \frac{m_2 - m_1}{V_0} \times 1000 \qquad (14\text{-}1)$$

式中　m_1——容量筒质量（kg）；

$\quad\quad m_2$——混凝土拌合物与筒总质量（kg）；

$\quad\quad V_0$——容量筒的容积（L）。

14.4　普通混凝土抗压强度试验

14.4.1　试验目的与适用范围

通过制作混凝土立方体试件，测定混凝土的立方体抗压强度，判断混凝土的强度是否达到所设计的强度等级要求。

14.4.2　主要仪器设备

（1）压力试验机：精度不低于 ±2%，试验时根据试件最大荷载选择压力机量程。使试件破坏时的荷载位于全量程的 20%～80% 范围内。

（2）振动台：频率 50±3Hz，空载振幅约 0.5mm。

（3）其他：搅拌机、试模、捣棒、抹刀等。

14.4.3　试件制作与养护

（1）混凝土立方体抗压强度测定，以三个试件为一组。每组试件所用的混凝土拌合物的取样或拌制方法按上一节的方法进行。

（2）混凝土试件的尺寸按骨料最大粒径选定，见表 14-1。

（3）制作试件前，应将试模擦干净并在试模内涂一层隔离剂。

混凝土试件的尺寸 表 14-1

粗骨料最大粒径（mm）	试件尺寸（mm）	结果乘以换算系数
31.5	100×100×100	0.95
40	150×150×150	1.00
60	200×200×200	1.05

（4）对于坍落度不大于 70mm 的混凝土拌合物，将其一次装入试模并高出试模表面，移至振动台上，开动振动台振至混凝土表面出现水泥浆并无气泡向上冒时为止。振动时应防止试模在振动台上跳动。刮去多余的混凝土，用抹刀抹平。记录振动时间。

对于坍落度大于 70mm 的混凝土拌合物，将其分两层装入试模，每层厚度大约相等。用捣棒按螺旋方向从边缘向中心均匀插捣，次数一般每 100cm^2 应不少于12 次。用抹刀沿试模内壁插入数次，最后刮去多余混凝土并抹平。

（5）养护：按照试验目的不同，试件可采用标准养护或与构件同条件养护。采用标准养护的试件成型后表面应覆盖，以防止水分蒸发，并在 20±5℃ 的条件下静置 1~2 昼夜，然后编号拆模。拆模后的试件立即放入温度为 20±3℃，湿度为 90% 以上的标准养护室进行养护，直至试验龄期 28d。在标准养护室内试件应搁放在架上，彼此间隔为 10~20mm，避免用水直接冲淋试件。当无标准养护室时，混凝土试件可在温度为 20±3℃ 的不流动的水中养护。水的 pH 值不应小于 7。

14.4.4　试验步骤

（1）试件从养护室取出后尽快试验。将试件擦拭干净，测量其尺寸（精确至1mm），据此计算出试件的受压面积。如实测尺寸与公称尺寸之差不超过 1mm，则按公称尺寸计算。

（2）将试件安放在试验机的下压板上，试件的承压面与成型面垂直。开动试验机，当上压板与试件接近时，调整球座，使其接触均匀。

（3）加荷时应连续而均匀，加荷速度为：当混凝土强度等级低于 C30 时，取0.3~0.5MPa/s；大于或等于 C30 且小于 C60 时，取 0.5~0.8MPa/s；大于 C60 时取 0.8~1.0MPa/s。当试件接近破坏而开始迅速变形时，停止调整试验机油门，直至试件破坏，记录破坏荷载 P(N)。

14.4.5　试验结果

（1）按式（14-2）计算混凝土立方体抗压强度 f_{cu}，精确至 0.01MPa。

$$f_{cu} = \frac{P}{A} \tag{14-2}$$

式中　f_{cu}——混凝土立方体抗压强度（MPa）；

　　　P——破坏荷载（N）；

　　　A——试件受压面积（mm^2）。

（2）取 150mm×150mm×150mm 的抗压强度值为标准，对于 100mm×100mm×100mm 和 200mm×200mm×200mm 的试件，须将计算结果乘以相应的换算系数换算为标准强度。换算系数见表 14-1。

（3）以三个试件强度值的算术平均值作为该组试件的抗压强度代表值（精确至 0.1MPa）。三个测值中的最大值或最小值与中间值之差超过中间值的 15% 时，取中间值作为该组试件的抗压强度代表值；如最大值和最小值与中间值之差均超过中间值的 15% 时，则该组试件的试验结果无效。

14.5　混凝土抗折强度试验

14.5.1　试验目的与适用范围

水泥混凝土抗折强度是水泥混凝土路面设计的重要指标，且作为判断水泥混凝土路面质量的重要依据。

14.5.2　仪器设备

（1）抗折试验机或万能试验机。

（2）抗折夹具：能进行三分点加荷和三点自由支承式混凝土抗折强度装置，如图 14-3 所示。

（3）振动台：频率 50Hz，振幅 0.5mm。

（4）抗折试模：试模内壁尺寸为 150mm×150mm×550mm。容许采用 100mm×100mm×400mm 非标准试件，骨料最大粒径应不大于 30mm。

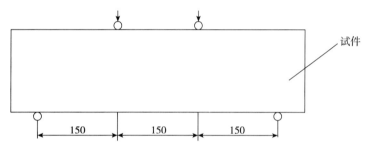

图 14-3　抗折试验示意图（单位：mm）

14.5.3　试验步骤

（1）按混凝土立方体试件的制作方法，制作抗折强度试件，并置于标准养护条件下，养护至规定龄期。

（2）取出试件，检查试件，若试件中部 1/3 长度内有蜂窝，则该试件作废，否则应在记录中注明。

（3）在试件中部量出试件的宽度和高度，精确至 1mm。

（4）安置试件，调整支座和试验机的压头如图 14-3 所示。开动机器加荷，加荷速度控制在 0.5~0.7MPa/s，直至试件断裂，记录最大破坏荷载。

14.5.4　试验结果

按下式计算试件的抗折强度，精确至 0.01MPa。

$$f_{cf} = \frac{FL}{bh^2} \qquad (14-3)$$

式中　f_{cf}——试件的抗折强度（MPa）；

F——试件破坏的最大荷载（N）；

L——两个支座之间的距离（mm）；

b——试件的宽度（mm）；

  h——试件的高度（mm）。

  若试件断裂在两个加荷点外侧，则该试件的结果无效；若有两个试件的结果无效，则该组试件的试验结果无效。

  抗折强度结果值的计算及异常数值取舍原则同混凝土立方体抗压强度。

  采用 100mm×100mm×400mm 非标准试件时，试验方法与标准试件相同，但所测定的抗折强度值应乘以小于 1 的换算系数 0.85。

教学单元 15　建筑砂浆试验

15.1　砂浆稠度试验

15.1.1　仪器设备

（1）砂浆稠度测定仪：如图 15-1 所示。

（2）其他：捣棒、台秤、拌锅、拌板、量筒、秒表等。

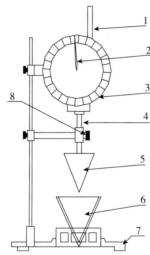

图 15-1　砂浆稠度测定仪示意图
1—齿条侧杆；2—指针；3—刻度盘；4—滑杆；
5—试锥；6—圆锥筒；7—底座；8—制动螺栓

15.1.2　试验步骤

（1）将拌合好的砂浆一次装入圆锥筒内，装至距筒口约 10mm 为止，用捣棒插捣 25 次，并将筒体振动 5~6 次，使表面平整，然后移至稠度测定仪底座上。

（2）放松制动螺栓，调整圆锥体，使得试锥尖端与砂浆表面接触，拧紧制动螺丝，调整齿条测杆，使齿条测杆的下端刚好与滑杆上端接触，并将指针对准零点。

（3）松开制动螺栓，圆锥体自动沉入砂浆中，同时计时，到 10s 时固定螺栓。然后从刻度盘上读出下沉深度（精确至 1mm）。

15.1.3　试验结果

以两次测定结果的平均值作为砂浆稠度测定结果。如果两次测定值之差大于 20mm，应重新拌合砂浆测定。

15.2　砂浆分层度试验

15.2.1　主要仪器设备

（1）分层度测定仪：即分层度筒，如图 15-2 所示。

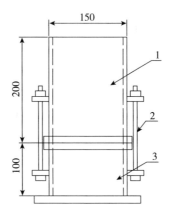

图 15-2　砂浆分层度测定仪示意图
（单位：mm）

1—无底圆筒；2—连接螺栓；3—有底圆筒

（2）其他用具同砂浆稠度试验。

15.2.2　试验步骤

（1）将拌合好的砂浆，先进行稠度试验；然后将砂浆从圆锥筒中倒出，重新拌合均匀，一次注满分层度筒。用木槌在筒周围大致相等的四个不同地方轻敲 1～2 次，装满，并用抹刀抹平。

（2）静置 30min，去掉上层 200mm 的砂浆。取出底层 100mm 的砂浆重新拌合均匀，再测定一次砂浆稠度。

（3）取两次砂浆稠度的差值作为砂浆的分层度（以"mm"为单位）。

15.2.3　试验结果

以两次试验的平均值作为该砂浆的分层度值。若两次分层度值之差大于 20mm，则应重新做试验。

15.3　砂浆抗压强度试验

15.3.1　主要仪器设备

（1）压力试验机。

（2）试模：内壁尺寸 70.7mm×70.7mm×70.7mm，有无底试模和有底试模两种。

（3）其他：捣棒、垫板等。

15.3.2　制作砂浆立方体试件

（1）制作砌筑吸水底材砂浆试件，采用无底试模。将无底试模放在预先铺上吸水性较好的湿纸的普通砖上，砖的吸水率不小于 10%，含水率小于 2%。试模内壁应事先涂上机油作为隔离剂。然后将拌合好的砂浆一次倒满试模，并用捣棒插捣，当砂浆表面出现麻斑点后，用刮刀将多余砂浆刮去，并抹平。

（2）制作砌筑不吸水底材砂浆试件，采用有底试模。先将内壁涂上机油，再将拌合好的砂浆分两层装入，每层插捣 12 次，然后用刮刀沿试模内壁插捣数次，静置 15~30min 后，将多余砂浆刮去，并抹平。

（3）试模成型后，在 20±5℃ 环境下养护 24±2h 即可脱模。

（4）养护。

1）自然养护。放在室内空气中进行养护，混合砂浆在相对湿度 60%~80%、常温条件下养护；水泥砂浆放在常温条件下并保持试件表面处于湿润状态下（如湿砂堆中）养护。

2）标准养护。混合砂浆在 20±3℃，相对湿度为 60%~80% 的条件下养护；水泥砂浆在 20±3℃，相对湿度为 90% 以上的条件下养护。

15.3.3　试验步骤

（1）取出经 28d 养护的立方体试件，并将试件擦干净。

（2）将试件放在压力试验机的上下压板之间。

（3）开动压力机，连续均匀地加荷（加荷速度为 0.5~1.5kN/s），直至试件破坏，记录破坏荷载。

15.3.4　试验结果

（1）按下式计算砂浆的抗压强度 $f_{m,cu}$，精确至 0.1MPa。

$$f_{m,cu} = \frac{P}{A} \tag{15-1}$$

式中　P——试件的破坏荷载（N）；

　　　A——试件的受压面积（mm²）。

（2）以六个试件测值的算术平均值作为该组试件的抗压强度值，精确至 0.1MPa。当六个试件强度的最大值或最小值与平均值之差超过平均值的 20% 时，以中间四个试件强度的平均值作为该组试件的抗压强度值。

教学单元 16　沥青材料试验

16.1　沥青针入度试验

16.1.1　试验目的与范围

测定沥青材料的针入度值，判断沥青材料的黏稠程度。针入度越大，则沥青材料的黏稠度越小，沥青材料就越软。

本方法适用于测定针入度小于 350（0.1mm）的固体和半固体沥青的针入度。对于针入度为 350~500（0.1mm）的沥青材料，本方法也适用，测定时，需采用深度为 60mm，装样量不超过 125mL 的试样皿或采用 50g 荷载下测定的针入度乘以 2 的二次方根。

16.1.2　仪器设备

（1）针入度测定仪：其构造如图 16-1 所示。

（2）标准针：采用硬化回火的不锈钢制成，其尺寸应符合规定，如图 16-2 所示。

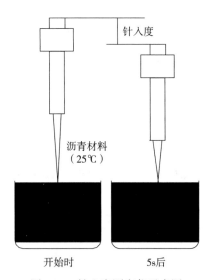

图 16-1　针入度测定仪示意图

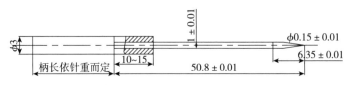

图 16-2　标准针的外形示意图（单位：mm）

（3）试样皿：金属圆柱形平底容器。试样深度应大于预计标准针穿入深度10mm，其具体尺寸见表 16-1。

试样皿尺寸　　　　　　　　　　　表 16-1

	针入度小于 200（0.1mm）时	针入度 200~350（0.1mm）时	针入度 350~500（0.1mm）时
直径（mm）	55	55	50
深度（mm）	35	70	60

（4）恒温水浴：容量不小于 10L，能将温度控制在试验温度的 0.1℃ 范围内。距水底部 50mm 处有一个带孔支架，支架距水面至少 100mm。在低温下测定沥青材料的针入度时，水浴中应装盐水。

（5）平底玻璃皿：容量不小于 350mL，深度足以没过最大的试样皿。内设一个不锈钢三脚支架，以保证试样皿温度。

（6）其他：计时器、温度计（刻度范围在 0~50℃ 之间，分度值为 0.1℃）、筛孔尺寸为 0.3~0.5mm 的筛子、瓷皿或金属皿（熔化沥青用）等。

16.1.3　样品制备

（1）将预先脱水的沥青试样加热熔化，经搅拌、过筛后，倒入试样皿中。

（2）将试样皿置于 15~30℃ 的室温下冷却 1~1.5h（小试样皿）或 1.5~2h（大试样皿），并防止灰尘落入。然后将两个试样皿和平底玻璃皿一起放入恒温水浴中，水面应没过试样表面 10mm 以上，恒温至规定时间。

注：沥青加热熔化时，石油沥青加热温度不超过软化点的 90℃，煤沥青加热温度不超过软化点的 60℃；加热时间不超过 30min。小试样皿恒温 1~1.5h，大试样皿恒温 1.5~2h。

16.1.4　试验步骤

（1）调整针入度仪，检查针连杆和导轨。先用合适的溶剂将标准针擦干净，再用干净的布擦干，然后将针插入连杆中固定，按试验要求条件放好砝码。

（2）将已恒温到试验温度的试样皿和平底玻璃皿取出，放置在针入度仪的平台上。调整标准针使针尖与试样表面刚好接触，必要时使用放置在合适位置上的光源反射镜来观察。移动活动齿杆使其与标准针的连杆顶端相接触，并调整针入度仪上的刻度盘指针为"0"。

（3）用手紧压按钮，同时开动计时器，使标准针自由落下穿入沥青试样，到规定时间停压按钮，使标准针停止移动。

（4）再拉下活动齿杆，再次使其与标准针连杆顶端相接触。此时，指针随之转动，刻度盘上指针所指的读数即为试样的针入度，单位用"1/10mm"表示。

（5）同一试样应在不同点重复试验三次，记录三次测定的针入度值。

注：每一次测点与测点之间、测点与试样皿边缘之间的距离都不得小于 10mm；每次试验后，都应将标准针取下，用浸有有机溶剂（煤油、苯或汽油）的棉花将针擦拭干净；当针入度超过 200 时，试验至少应使用三根标准针，每次测定后应将针留在试样中，直到三次测定完成后，才能把针从试样中取出。

16.1.5　试验结果

以三次测定针入度的算术平均值作为试验结果，且取整数。三次测定的针入度值相差不应大于表 16-2 中的数值。否则应重做试验。

表 16-2

针入度(0.1mm)	0~49	50~149	150~249	250~350
最大差值(0.1mm)	2	4	6	8

16.2　沥青延度试验

16.2.1　目的与适用范围

延度是沥青试样在规定温度和拉伸速度下，拉断时的长度。延度是反映沥青材料塑性的重要指标。

本方法适用于黏稠沥青以及液体沥青蒸馏后残留物的延度测定。

非特殊说明，试验温度为 25±0.5℃，拉伸速度为 5±0.25cm/min。

16.2.2　仪器设备

（1）沥青延度仪：试件能够持续浸没于水中，并能按照一定速度拉伸试件。

（2）模具：由黄铜制成，由两个弧形端模和两个侧模组成，其构造如图 16-3 所示。

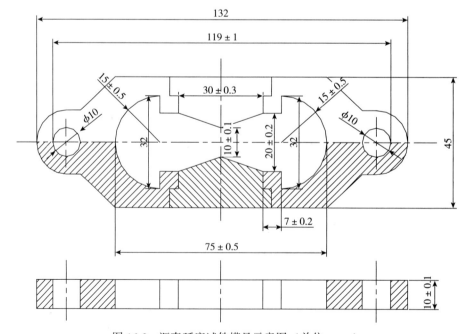

图 16-3　沥青延度试件模具示意图（单位：mm）

（3）水浴锅：能保持试验温度变化不大于 0.1℃，容量至少在 10L，且试件浸入水中的深度不小于 10cm，水浴锅中设置有带孔搁架以支撑试件，搁架距水浴锅底部不得小于 5cm。

（4）隔离剂：由两份甘油加一份滑石粉调制而成（以重量计），用以制作试件。

（5）其他：刀（作试件时，用以切沥青）、金属板、金属网（筛孔尺寸为 0.3~0.5mm）、温度计、瓷皿或金属皿（熔化沥青用）等。

16.2.3　制作试件

（1）将模具水平地置于金属板上，再将隔离剂涂于模具内壁和金属板上。

（2）将预先脱水的沥青试样置于瓷皿或金属皿中加热熔化，经搅拌、过筛后，注入模具中（自模具的一端至另一端往返多次），并略高出模具。

（3）将试件在 15~30℃ 空气中冷却 30~40min，然后放在温度为 25±0.1℃ 的水浴锅中保持 30min。

（4）取出试件，用加热的刀将高出模具的沥青刮去，使沥青表面与模具齐平。

（5）最后将试件连同金属板再浸入 25±0.1℃ 的水浴中保持 85~95min。

16.2.4　试验步骤

（1）检查延度仪滑板的移动速度是否符合要求，然后移动滑板使指针正对标尺零点。调整水槽中的水温为 25±0.5℃。

（2）将试件置于延度仪水槽中，将模具两端的孔分别套在滑板和槽端的柱上，然后以 5±0.25cm/min 速度拉伸模具，直至试件被拉断。

注：试验时，试件距水面和水底的距离不小于 2.5cm；测定时，若发现沥青细丝浮于水面或沉入水底，则应在水中加入乙醇或食盐水，调整水的密度与试样的密度相近后，再进行试验。

（3）试件被拉断时指针所指标尺上的读数，即为试样的延度，单位为"cm"。同一样品，应做三次试验。

16.2.5　试验结果

以三个试件测定值的算术平均值作为试验结果。若三个试件测定值中有一个测定值不在其平均值的 5% 以内，但其中两个较高值在平均值的 5% 之内，则舍去最低测定值，取两个较高值的平均值作为试验结果。否则应重新试验。

16.3　沥青软化点试验（环球法）

16.3.1　目的与适用范围

软化点是沥青试样在测定条件下，因受热而下坠达 25.4mm 时的温度。它是沥青材料质量标准中的重要技术性能（高温稳定性）指标。

本方法适用于软化点在 30~157℃ 范围内的石油沥青和煤沥青试样。对于软化点在 30~80℃ 范围的沥青材料应采用蒸馏水作加热介质，对于软化点在 80~157℃ 范围的沥青材料应采用甘油作加热介质。

16.3.2　仪器设备与材料

（1）软化点试验仪：由环、钢球定位器、支撑架以及浴槽等组合而成，其构造如图 16-4 所示。球为直径为 9.5mm 的钢球，每只质量为 3.50±0.05g。环由金属材料制成，其尺寸如图 16-5 所示。

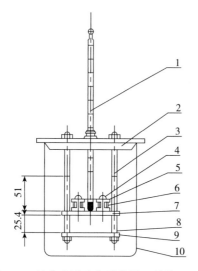

图 16-4　软化点试验仪示意图（单位：mm）

1—温度计；2—上承板；3—枢轴；

4—钢球；5—环套；6—环；7—中承板；

8—支承座；9—下承板；10—烧杯

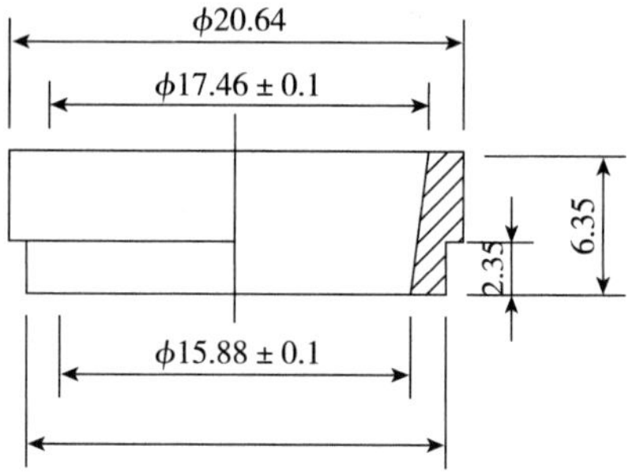

图 16-5　环的示意图（单位：mm）

（2）温度计：测温范围在 30~180℃ 之间，最小分度值为 0.5℃。使用时，水银球与环底部水平，但不接触环或支撑架。

（3）加热介质：软化点在 30~80℃ 范围内的沥青采用新煮沸的蒸馏水作为加热介质，软化点在 80~157℃ 范围内的沥青采用甘油作为加热介质。

（4）隔离剂：由两份甘油加一份滑石粉调制而成（以质量计），用以制作试件。

（5）其他：刀（作试件时，用以切沥青）、金属板或玻璃板、0.3~0.5mm 筛孔尺寸的筛、瓷皿或金属皿（熔化沥青用）等。

16.3.3　试验准备

（1）将环置于涂上隔离剂的金属板或玻璃板上。

（2）将预先脱水的沥青试样加热熔化，经搅拌、过筛后，将沥青注入环内至略高出表面。

（3）将试样置于室温下冷却 30min 后，用稍加热的刀刮去高出环面的多余沥青，使之与环面齐平。

石油沥青试样加热至倾倒温度的时间不超过 2h，且加热温度不超过预计沥青软化点 110℃；煤沥青试样加热至倾倒温度的时间不超过 30min，且加热温度不超过预计沥青软化点 55℃；若估计沥青软化点温度在 120℃ 以上时，应将环和金属板预热至 80~100℃；若重复试验，不能重新加热试样，而应在干净的器皿中用新鲜的试样制备试件。

16.3.4　试验步骤

（1）将装有试样的环、支撑架、钢球定位器放入装有蒸馏水（估计沥青软化点不高于80℃）或甘油（估计沥青软化点高于80℃）的保温槽内，恒温 15min。同时，钢球也置于其中。

（2）将达到起始温度的加热介质注入浴槽内，再将所有装置放入浴槽中，钢球置于定位器中，调整液面至深度标记。将温度计垂直插入适当位置，使其水银球的底部与环的下面齐平。

注：新煮沸的蒸馏水的加热起始温度应为5±1℃，甘油的加热起始温度应为30±1℃。

（3）将浴槽置于加热装置上，开始加热，使加热介质的温度在 3min 后的升温速率达到5℃/min。若温度的上升速率超过此规定范围，则此次试验失败，试验应重做。

（4）当两个环上的钢球下降至刚触及下支撑板时，记录温度计所示的温度。

16.3.5　试验结果

取两个温度值的算术平均值作为测定结果（沥青的软化点）。若两个温度值的差值超过1℃，则应重新试验。

16.4　沥青脆点试验

16.4.1　目的与适用范围

本方法适用于测定各种沥青材料的弗拉斯脆点。

16.4.2　仪器设备

（1）弗拉斯脆点仪：由弯曲器、薄钢片、冷却装置构成，如图 16-6 所示。

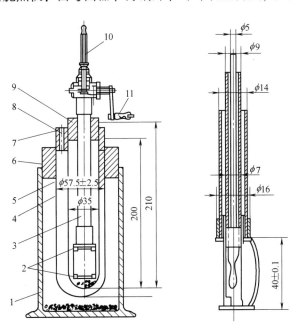

图 16-6　弗拉斯脆点仪示意图（单位：mm）

1—外筒；2—夹钳；3—硬质塑料管；4—真空玻璃管；5—试样管；6—橡胶塞；

7—橡胶塞；8—冷却液通道；9—橡胶塞；10—温度计；11—摇把

（2）其他：温度计（测定范围−38~30℃，分度值为0.5℃）、工业酒精、干冰或其他冷却剂、天平（感量大于0.01g）、电炉、滤筛等。

16.4.3 试验准备

（1）称取0.4±0.01g沥青试样，置于薄钢片上，并在电炉上慢慢加热。当沥青刚刚开始流动时，用镊子夹住薄钢片，前后左右摇动，使得沥青试样均匀地布满薄钢片表面，形成光滑的沥青薄膜。整个操作应在5~10min之内完成。

（2）将制备的试样薄膜置于平稳的试验台上，在室温下冷却至少30min，并保护薄膜不得沾染灰尘。

（3）往脆点仪的玻璃管内注入工业酒精，注入量约为玻璃管容积的一半。

16.4.4 试验步骤

（1）将涂有沥青薄膜的薄钢片稍稍弯曲，并小心装入弯曲器的两个夹钳中间。

（2）将安装好的弯曲器置于大试管中，并安装好温度计，再将装有弯曲器的大试管置于圆柱形玻璃筒内。

（3）将干冰（或其他冷却剂）沿漏斗慢慢加入酒精中，控制温度下降的速度为1℃/min。

（4）当温度达到离预计脆点温度约10℃左右时，开始以60转/min的速度转动摇把，直到摇不动为止。观察薄钢片上的沥青试模是否有裂缝，若听到断裂声，则不必再转动摇把，若无裂缝则以相同的速度转回。如此操作，每分钟使薄钢片弯曲一次。

（5）观察薄钢片上的沥青试模，出现一个或多个裂缝时的温度，即为试样的脆点。

16.4.5 试验结果

同一试样平行试验至少3次，每次试验都必须使温度回升至第一次试验相同的状态，取误差在3℃范围以内的3个测定值的算术平均值作为试验结果，取整数。

16.5 沥青标准黏度试验

16.5.1 目的与适用范围

本方法采用道路沥青标准黏度计测定液体石油沥青、煤沥青、乳化沥青等材料流动状态时的黏度，采用$C_{T,d}$表示（T为试验温度，单位为"℃"；d为沥青流出孔径，单位为"mm"）。

16.5.2 仪器设备

（1）道路沥青标准黏度计：主要由水槽、盛样管、球塞、接受瓶组成。

水槽为环形槽，中间有一圆井，井壁与水槽之间的间距不少于55mm。水槽中存有保温用液体（水或油），上下各设有一流水管，水槽置于一可以调节高度的三脚架，使得水槽底距试验台面约200mm。水槽的温度控制精度为±0.2℃。

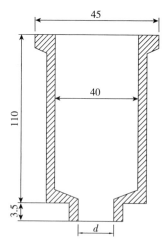

图16-7　盛样管示意图
（单位：mm）

盛样管的管体采用黄铜制成，板底带流孔由磷青铜制成，其构造如图 16-7 所示。盛样管的流孔尺寸有 3mm、4mm、5mm 和 10mm 四种，误差范围为 −0.025～0.025mm。

球塞用以堵塞流孔，球塞直径有两种：12.7mm 和 6.35mm。10mm 流孔选择直径 12.7mm 的球塞，其他流孔选择直径为 6.35mm 的球塞。

接受瓶为圆柱形开口玻璃器皿，容积为 100mL，在 25mL、50mL、75mL、100mL 处有刻度。

（2）恒温水槽。

（3）其他：秒表、加热炉、大蒸发皿、肥皂水或矿物油。

16.5.3　试验准备

（1）根据沥青材料的种类和稠度，选择所需要流孔孔径的盛样管，置于水槽中。并用规定的球塞堵塞好流孔，流孔下放置蒸发皿，以备接受不慎流出的沥青试样。

（2）根据试验温度需要，调整恒温水槽的水温为试验温度的 ±0.1℃，并将其进出口与黏度计水槽的进出口连接，使热水能在水槽中正常循环。

16.5.4　试验步骤

（1）将试样加热至高出试验温度 2～3℃时，注入盛样管，数量以沥青液面达到球塞杆上的标记为准。

（2）试样在水槽中保持试验温度至少 30min，用温度计轻轻搅拌沥青试样，测量试样的温度达到试验温度的 ±0.1℃时，调整试样液面至球塞杆的标记处，再继续保温 1～3min。

（3）将流孔下的蒸发皿移开，放置接受瓶，使其正对流孔。接受瓶中可先注入 25mL 的肥皂水或矿物油，以利于洗涤以及读数准确。

（4）提起球塞，借助塞杆的标记悬挂在盛样管边上。当沥青试样流入接受瓶达 25mL 时，按下秒表，开始计时，待试样流入 75mL 时，按停秒表。

（5）记录沥青试样流入 50mL 时，所用的时间，即为沥青试样的黏度。

16.5.5　试验结果

同一沥青试样至少进行两次平行试验，当两次测值之差不大于平均值的 4% 时，取平均值的整数作为试验结果。

16.6　沥青与粗骨料的黏附性试验

16.6.1　目的与适用范围

本方法适用于检验沥青与粗骨料表面的黏附性及评定粗骨料的抗水剥离能力。

对于最大粒径大于 13.2mm 的粗骨料，应采用水煮法；对于最大粒径小于或等于 13.2mm 的粗骨料，应采用水浸法。

16.6.2　仪器设备

（1）恒温水箱：能保持温度 80±1℃。

（2）拌合用小型容器：容积约为 500mL。

（3）天平：称量范围 500g，感量不大于 0.01g。

（4）标准筛：9.5mm、13.2mm、19mm 各 1 个。

（5）其他：烘箱、烧杯（1000mL）、铁丝网、细线、加热装置、玻璃板、搪瓷盘等。

16.6.3 试验准备

1. 水煮法试验

（1）将骨料通过 13.2mm、19mm 筛，取粒径 13.2~19mm 形状接近立方体的规则的骨料 5 个，用洁净水洗净，置于温度为 105±5℃的烘箱中烘干，然后放入干燥器中备用。

（2）将水注入大烧杯中，置于加热装置上煮沸。

2. 水浸法试验

（1）将骨料通过 9.5mm、13.2mm 筛，称取粒径 9.5~13.2mm 形状规则的骨料 200g，用洁净水洗净，置于温度为 105±5℃的烘箱中烘干，然后放入干燥器中备用。

（2）按规定方法准备沥青试样，加热至规定的拌合温度。

（3）将煮沸过的热水注入恒温水槽中，并保持温度在 80±1℃。

16.6.4 试验步骤

1. 水煮法试验

（1）将骨料逐个用细线在中部系牢，再置于温度为 105±5℃的烘箱中 1h。

（2）提起细线，将加热的骨料颗粒逐个提起，并浸入预先加热的沥青试样中（石油沥青 130~150℃，煤沥青 100~110℃）45s，然后轻轻提出，使骨料颗粒表面完全被沥青薄膜裹覆。

（3）将裹覆沥青的骨料颗粒悬挂在试验架上，下面垫一张纸，使得多余的沥青流掉，并在室温下冷却 15min。

（4）将骨料逐个用线提起，浸入大烧杯的沸水中央，调整加热装置，使得烧杯中的水保持微微沸腾状态，但不能有沸腾的泡沫。

（5）浸煮 3min 后，将骨料从水中取出，观察骨料表面上沥青薄膜的剥落程度，并按表 16-3 评定黏附性等级。

沥青与粗骨料黏附性等级　　　　　　　　　　　　　　　表 16-3

试验后骨料表面上沥青薄膜的剥落情况	黏附性等级
沥青薄膜完全保存,剥落面积百分率接近 0	5
沥青薄膜少部分被水移动,厚度不均匀,剥落面积百分率小于 10%	4
沥青薄膜局部明显被水移动,基本保留在骨料表面上,剥落面积百分率小于 30%	3
沥青薄膜大部分被水移动,局部保留在骨料表面上,剥落面积百分率大于 30%	2
沥青薄膜完全被水移动,骨料基本裸露,沥青全部浮于水面上	1

2. 水浸法试验

（1）按准备的骨料，四分法称取 100g，置于搪瓷盘上，一起放入已升温至沥青拌合温度以上 5℃的烘箱中持续加热 1h。

（2）按每 100g 骨料加入沥青 5.5±0.2g 的比例称取沥青，放入小型拌合容器中，一起置于烘箱中加热 15min。

（3）从烘箱中取出拌合容器，并将搪瓷盘中的骨料倒入拌合容器中，立即用小铲拌合均匀，使得骨料颗粒完全被沥青裹覆。然后立即取 20 个裹有沥青的骨料，用小铲置于玻璃板上，摊开，在室温下冷却 1h。

（4）将放有骨料的玻璃板浸入温度为 80±1℃的恒温水箱中，保持 30min，并将剥离下来并浮于水面上的沥青，用纸片捞出。

（5）取出玻璃板，浸入水槽内的冷水中，观察骨料表面沥青剥落情况。评定剥离面积的百分率，按表 15-3 评定沥青与粗骨料的黏附性等级。

16.6.5　试验结果

水煮法试验时，同一试样应平行试验 5 个骨料颗粒。

评定剥离面积百分率应由两名以上经验丰富的试验人员目测评定，取平均等级作为试验结果。

教学单元 17　沥青混合料试验

17.1　沥青混合料试件制作方法

17.1.1　目的与适用范围

本方法适用于标准击实法或大型击实法制作沥青混合料试件，以进行沥青混合料物理力学性能检测使用。标准击实法适用于马歇尔试验、间接抗拉试验等的所用的试件成型，试件为 ϕ101.6mm×63.5mm 的圆柱体。大型击实法适用于 ϕ152.4mm×95.3mm 的大型圆柱体试件的成型。

沥青混合料配合比设计或试验室进行人工配制时，制作试件应符合表 17-1 的规定。

表 17-1

试件尺寸规定	1. 试件直径大于等于 4 倍骨料公称最大粒径 2. 试件厚度大于等于 1~1.5 倍骨料公称最大粒径
ϕ101.6mm 试件	1. 骨料公称最大粒径小于等于 26.5mm 2. 对于公称最大粒径大于 26.5mm 的骨料,应采用等量的 13.2~26.5mm 的骨料代替,或采用大型试件
ϕ152.4mm 试件尺寸	骨料公称最大粒径小于等于 37.5mm
1 组试件个数	不得少于 4 个

拌合厂或施工现场采集的沥青混合料制作 ϕ101.6mm 试件时，应符合表 17-2 的规定。

表 17-2

	骨料公称最大粒径 小于等于 26.5mm	骨料公称最大粒径在 26.5~31.5mm 之间	骨料公称最大粒径 大于 31.5mm
取样方法	直接取样	过筛法取样或直接取样	过筛法取样
1 组试件个数	4 个	过筛法取样,试件数量为 4 个 直接取样,试件数量为 6 个	4 个

注：过筛法取样是指筛除 26.5mm 的骨料后的取样。

17.1.2　仪器设备

（1）标准击实仪：由击实锤、ϕ98.5mm 平圆形压实头及带手柄的导向棒组成。标准击实锤的质量为 4536±9g，击实锤从 457.2±1.5mm 的高度沿着导向棒自由落下，击实试件。

大型击实仪：组成同标准击实仪。击实锤的质量为 10210±10g，击实锤从 457.2±2.5mm 的高度沿着导向棒自由落下，击实试件。

（2）标准击实台：用以固定试模，由 4 根采用型钢固定在地面的木墩和木墩上的一块厚度为 25mm 的钢板组成。

（3）试验室用沥青混合料拌合机：能保证拌合温度恒定，并能充分均匀拌合沥青混合料，容量不小于 10L。

（4）脱模器：电动或手动，可以无破损地将圆柱体试件推出试模。

（5）试模：由高碳钢或工具钢制成，每组试模包括圆柱形金属筒、底座和套筒各一个。其构造示意图如图 17-1 所示。

（6）其他：烘箱、加热装置、称量装置（用于称骨料的装

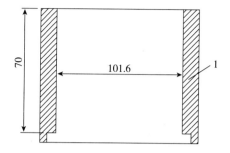

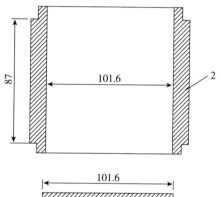

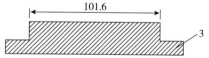

图 17-1　圆柱体试件的试模与套筒示意图（单位：mm）
1—套筒；2—金属筒；3—底座

置感量不大于 0.5g，用于称沥青的装置感量不大于 0.1g）、加热沥青锅、标准筛、温度计（量程为 0~300℃，分度值不大于 1℃）、滤纸、胶布、卡尺、棉纱、秒表等。

17.1.3　试验准备

（1）确定试件制作的拌合和压实温度。当缺乏沥青黏度测定条件时，温度按表 17-3 的规定选择。常温沥青混合料的拌合和压实温度在常温下进行。

沥青混合料拌合及压实温度参考表　　　　表 17-3

沥青混合料种类	拌合温度(℃)	压实温度(℃)
石油沥青	130~160	120~150
煤沥青	90~120	80~110
改性沥青	160~175	140~170

（2）在拌合厂和施工现场抽取的沥青混合料试样，置于烘箱或加热的砂浴上保温，并插入温度计测量温度，待温度达到要求后成型。

（3）试验室人工拌合沥青混合料，应按下列步骤进行。

1）将各种骨料置于 105±5℃ 的烘箱中烘干至恒重。

2）按规定试验方法，分别测定不同粒径的粗细骨料及填料的各种密度，并测

定沥青的密度。

3) 将烘干分级的骨料，按每个试件设计级配要求称量质量，并在金属盘中混合均匀。填料单独加热，并置于烘箱中预热至拌合温度以上约15℃，备用。一般按一组试件的用量进行备料，但在配合比设计时宜对每个试件分别备料。

4) 用沾有少许黄油的棉纱擦拭试模、套筒以及击实座等，并置于100℃的烘箱中加热1h备用。

17.1.4 试验步骤

（1）将沥青混合料拌合预热至拌合温度以上10℃备用。

（2）将每个试件预热的骨料置于拌合机中，用小铲适当混合，然后加入需要数量且已预热至拌合温度的沥青，开动机器，搅拌1~1.5min，然后暂停搅拌，加入已加热的填料，继续搅拌至混合料均匀。总拌合时间为3min。

（3）将拌合好的沥青混合料，均匀称取一个试件所需的用量（标准马歇尔试件约1200g，大型马歇尔试件约4050g），当已知沥青混合料的密度时，可根据试件的标准尺寸计算并乘以1.03得到要求的混合料用量。

（4）从烘箱中取出预热的试模及套筒，将试模装在底座上，并垫上一张圆形吸油小的纸。按四分法从四个方向用小铲将混合料铲入试模中，用插刀或大螺丝刀沿周边插捣15次，中间10次。插捣后将沥青混合料表面整平成凸圆弧形表面。对大型试件，混合料应分两次加入，每次插捣次数同上。

（5）将温度计插入混合料试件中心附近，检查混合料的温度。

（6）待混合料的温度达到压实温度时，将试模连同底座一起放在击实台上，并固定好。在装好的混合料上垫一张吸油性小的纸。再将装有击实锤和导向棒的压实头插入试模中。开动机器或人工将击实槌提至规定高度，并让击实槌自由落下，击实规定的次数（75、50或35次）。对于大型试件，击实次数为75次或112次。

（7）试件击实一面后，取下套筒，将试模掉头，装上套筒，然后采用同样的方法和次数击实试件的另一面。

（8）试件击实后，立即用镊子取掉垫纸，用卡尺量测试件离试模上口的高度，并由此计算出试件的高度。如高度不符合要求，则试件作废，应重新调整试件制作的用量。标准试件的高度应达到63.5±1.3mm，大型试件的高度应达到95.3±2.5mm。

（9）卸去套筒和底座，将装有试件的试模横向放置冷却至室温（不少于12h）。然后置于脱模机上，脱出试件。并置于干燥洁净的平面上待用。

17.2 压实沥青混合料密度试验

17.2.1 目的与适用范围

本方法适用于测定吸水率不大于2%的各种沥青混合料试件的毛体积密度、相对密度。所测定的毛体积密度可用于计算沥青混合料试件的空隙率、矿料间隙等指标。

17.2.2 仪器设备

（1）浸水天平或电子秤：当最大称量在 3kg 以下时，感量不大于 0.1g；当最大称量在 3kg 以上时，感量不大于 0.5g；当最大称量在 10kg 以上时，感量不大于 5g。

（2）溢流水箱：有水位溢流装置，采用洁净水，能保持试件和网栏浸入水后的水位一定。

（3）试件悬吊装置：用于悬吊天平下方的网栏和试件，吊线采用不吸水的细尼龙线绳，如图 17-2 所示。

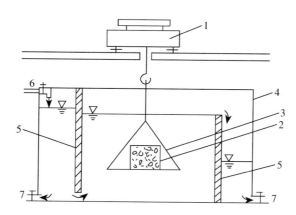

图 17-2 沥青混合料密度试验示意图

1—浸水天平或电子秤；2—试件；3—网篮；4—溢流水箱；
5—水位搁板；6—注水口；7—放水阀门

（4）其他：网栏、电风扇或烘箱、秒表、毛巾。

17.2.3 试验步骤

（1）选择适宜的浸水天平或电子秤，其最大称量应不小于试件质量的 1.25 倍，且不大于试件质量的 5 倍。

（2）除去试件表面的浮粒，称取干燥试件在空气中的质量。

（3）将试件挂上网栏，浸入溢流水箱中，调节水位，并将天平调平或复零。试件置于网栏中浸水 3~5min，称取试件在水中的质量。若天平读数持续变化，不能很快达到稳定，说明试件吸水严重，不适用于此法，应改用蜡封法测定。

（4）从水中取出试件，用毛巾轻轻擦去表面的水分（注意不能吸走试件内的水分），称取试件的表干质量。

（5）对于从道路上钻取的试件，属于非干燥试件，可先称取水中质量，然后再采用电风扇将试件吹干至恒重，再称取试件在空气中的质量。

17.2.4 试验结果

（1）按下式计算试件的吸水率，精确至 0.1%。

$$S_a = \frac{m_f - m_a}{m_f - m_w} \times 100\%$$
（17-1）

式中 S_a——试件的吸水率（%）；

m_a——干燥试件在空气中的质量（g）；

m_w——试件在水中的质量（g）；

m_f——试件的表干质量（g）。

（2）按下式计算试件的相对密度和毛体积密度，精确至 $0.001g/cm^3$。

$$\gamma_f = \frac{m_a}{m_f - m_w} \quad \rho_f = \frac{m_a}{m_f - m_w} \times \rho_w \tag{17-2}$$

式中 γ_f——试件的毛体积相对密度，无量纲；

ρ_f——试件的毛体积密度（g/cm^3）；

ρ_w——常温水的密度（1g/cm^3）。

（3）按下式计算试件的空隙率，精确至 0.1%。

$$VV = \left(1 - \frac{\gamma_f}{\gamma_t}\right) \times 100\% \tag{17-3}$$

式中 VV——试件的空隙率（%）；

γ_t——沥青混合料的理论最大相对密度，若实际测定有困难时，可采用下式计算。

（4）按下式计算试件的理论最大相对密度和理论最大密度，精确至 $0.001g/cm^3$。

1）已知试件油石比例时，试件的最大相对密度按下式计算。

$$\gamma_t = \frac{100 + P_a}{\dfrac{P_1}{\gamma_1} + \cdots + \dfrac{P_n}{\gamma_n} + \dfrac{P_a}{\gamma_a}} \tag{17-4}$$

式中 P_a——沥青混合料的油石比（%）；

γ_a——沥青的相对密度；

$P_1 \cdots P_n$——各种骨料占矿料总质量的百分率（%）；

$\gamma_1 \cdots \gamma_n$——各种骨料对水的相对密度。

2）已知试件的沥青含量时，试件的最大相对密度按下式计算。

$$\gamma_t = \frac{100}{\dfrac{P_1}{\gamma_1} + \cdots + \dfrac{P_n}{\gamma_n} + \dfrac{P_b}{\gamma_a}} \tag{17-5}$$

式中 P_b——沥青混合料中的沥青含量（%）；

$P_1 \cdots P_n$——各种骨料占沥青混合料总质量的百分率（%）。

3）按下式计算试件的理论最大密度。

$$\rho_t = \gamma_t \times \rho_w \tag{17-6}$$

（5）按下式计算沥青的体积百分率，精确至 0.1%。

$$VA = \frac{P_b \times \gamma_f}{\gamma_a} \quad VA = \frac{100 \times P_a \times \gamma_f}{(100 + P_a) \times \gamma_a} \tag{17-7}$$

式中 VA——沥青混合料试件的沥青体积百分率（%）。

（6）按下式计算试件的矿料间隙率，精确至 0.1%。

$$VMA = VA + VV \quad VMA = \left(1 - \frac{\gamma_f}{\gamma_{sb}} \times P_s\right) \times 100\% \tag{17-8}$$

式中　VMA——沥青混合料试件的矿料间隙率（%）；

$\quad\quad\quad P_s$——沥青混合料中各种骨料占沥青混合料总质量的百分率之和（%）；

$\quad\quad\quad \gamma_{sb}$——全部骨料对水的相对密度，按下式计算。

$$\gamma_{sb} = \frac{100}{\dfrac{P_1}{\gamma_1} + \cdots + \dfrac{P_n}{\gamma_n}} \tag{17-9}$$

（7）按下式计算试件的沥青饱和度，精确至 0.1%。

$$VFA = \frac{VA}{VA + VV} \times 100\% \tag{17-10}$$

式中　VFA——沥青混合料试件的沥青饱和度（%）。

17.3　沥青混合料马歇尔稳定度试验

17.3.1　目的与适用范围

本方法适用于马歇尔稳定度试验和浸水马歇尔稳定度试验，以进行沥青混合料配合比设计或检验沥青路面的施工质量。试验所采用的试件为标准马歇尔圆柱体试件和大型马歇尔圆柱体试件。

17.3.2　仪器设备

（1）沥青混合料马歇尔试验仪：主要由加荷装置、上下压头、测试件垂直变形的千分表以及荷载读数装置构成，如图 17-3 所示。

（2）恒温水槽：深度不小于 150mm，水温控制精度为 1℃。

（3）真空饱水容器。

（4）其他：烘箱、天平（感量不大于 0.1g）、温度计（分度值为 1℃）、卡尺、棉纱、黄油。

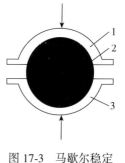

图 17-3　马歇尔稳定度试验示意图
1—上压头；2—试件；
3—下压头

17.3.3　试验准备

（1）按标准击实法成型标准马歇尔试件，其尺寸为直径 101.6±0.2mm、高度 63.5±1.3mm，1 组试件的个数最小不得少于 4 个。大型马歇尔试件的尺寸为直径 152.4±0.2mm、高度 95.3±2.5mm。

（2）量测试件的实际直径和高度：采用卡尺测量试件中部的直径，并按十字对称的 4 个方向测量离试件边缘 10mm 处的高度，精确至 0.1mm，以平均值作为试件的高度。如试件高度不符合上述规定要求或两侧高度差大于 2mm 时，则此试件作废。

（3）测定试件的密度、空隙率、沥青体积百分率、沥青饱和度和矿料间隙率。

（4）将恒温水槽中的温度调节至试验温度。黏稠石油沥青或烘箱养护过的乳化沥青混合料的试验温度为 60±1℃，煤沥青混合料的试验温度为 33.8±1℃。

17.3.4　试验步骤

1. 标准马歇尔试验方法

（1）将试件置于已达到规定温度的恒温水槽中，保温。标准马歇尔试件的保温需要 30~40min，大型马歇尔试件的保温需要 45~60min。保温时，试件之间应有间隔，并垫起试件，距离容器底部不小于 50mm。

（2）将马歇尔试验仪的上下压头放入水槽或烘箱中，达到试件同样温度后，取出并擦拭干净。为使上下压头滑动自如，可在下压头的导棒上涂少量黄油。

（3）取出试件，置于下压头上，盖上上压头，然后装在加荷装置上。

（4）调整试验仪，使得所有读数表的指针指向零位。

（5）启动加荷装置，使试件受荷。加荷速度控制为 50±5mm/min。

（6）当荷载达到最大值时，取下流值计。读取流值的读数和压力环中的百分表读数。

（7）从恒温水槽中取出试件至测出最大荷载值的时间，不超过 30s。

2. 浸水马歇尔试验方法

与标准马歇尔试验方法不同之处在于，试件在已达到规定温度的恒温水槽中保温 48h。其余均与标准马歇尔试验方法相同。

17.3.5　试验结果

（1）确定试件的稳定度和流值。

1）采用自动马歇尔试验仪时，将计算机采集的数据绘制成压力和变形曲线。曲线上的最大荷载即为稳定度，单位为"千牛（kN）"；对应于最大荷载时的变形即为流值，单位为"毫米（mm）"。

2）采用流值计和压力环时，根据压力环标定曲线，将压力环中百分表的读数换算为荷载值，或者由荷载测定装置读取最大值即为试件的稳定度，精确值 0.01kN；由流值计或位移传感器测定装置读取的试件垂直变形即为流值，精确值 0.1mm。

（2）按式（17-11）计算试件的马歇尔模数。

$$T = \frac{MS}{FL} \tag{17-11}$$

式中　T——试件的马歇尔模数（kN/mm）；

　　　MS——试件的稳定度（kN）；

　　　FL——试件的流值（mm）。

（3）按式（17-12）计算试件的浸水残留稳定度。

$$MS_0 = \frac{MS_1}{MS} \times 100 \tag{17-12}$$

式中　MS_0——试件浸水后的残留稳定度（%）；

　　　MS_1——试件浸水 48h 后的稳定度（kN）。

17.4 沥青混合料车辙试验

17.4.1 目的与适用范围

本方法适用于测定沥青混合料的高温抗车辙能力。

车辙试验的试验温度与轮压可根据有关规定和需要确定。非经注明，试验温度为 60℃，轮压为 0.7MPa。

本方法适用于用轮碾压机成型的 300mm×300mm×50mm 板块试件，也适用于现场切割制作的 300mm×150mm×50mm 板块试件。

17.4.2 仪器设备

（1）车辙试验机：主要由试验轮、试验台、加载装置、变形测量装置和温度测量装置构成。试验轮为橡胶制成的实心轮胎，轮宽 50mm，外径 ϕ200mm。试验台用于固定试模。

（2）试模：由钢板制成。试模内侧尺寸为 300mm×300mm×50mm。

（3）恒温室：车辙试验机必须安放在恒温室内，室内温度应保持在 60±1℃（试件内部温度为 60±0.5℃）或根据需要的其他温度范围。

（4）台秤：秤量 15kg，感量不大于 5g。

17.4.3 试验准备

（1）测定试验轮的接地压强：试验温度 60℃，在试验台上放置一块 50mm 厚的钢板，在上面铺一张毫米方格纸，再在上面铺一张新复写纸。以 700N 荷载试验轮静压复写纸，即可在方格纸上得出轮压面积，并由此求出试验轮的接地压强。当压强未在 0.7±0.05MPa 之间，则荷载应予调整。

（2）制作试验用试块。

（3）试块成型后，连同试模一起在常温下放置 12h 以上。对聚合物改性沥青混合料试块，放置时间以 48h 为宜，但放置时间不得长于 1 周。

17.4.4 试验步骤

（1）将试块连同试模一起，置于已达试验温度的恒温室中，保温 5h 以上，但不超过 24h。

（2）在试块的试验轮不行走的部位粘贴一个热电偶温度计，以控制试块的温度稳定在 60±0.5℃。

（3）将试块连同试模一起，置于车辙试验机的试验台上，试验轮处于试块的中央部位，其行走方向须与试块碾压或行车方向一致。

（4）开动试验机，使试验轮往返行走，时间约 1h，或最大变形达到 25mm 为止。

（5）试验时，试验机记录下变形曲线（图 17-4）和试块温度。

17.4.5 试验结果

（1）从图 17-4 上读取 45min（t_1）和 60min（t_2）时的车辙变形量 d_1、d_2，精确至 0.01mm。若变形过大，在未达到 60min 时变形已达 25mm，则取达到 25mm

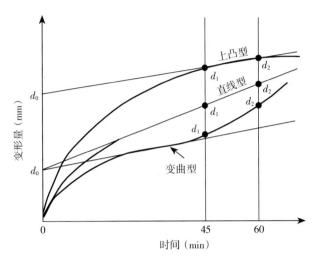

图 17-4　车辙试验自动记录的变形曲线

时对应的时间为 t_2，并将其前 15min 记为 t_1，所对应的变形量为 d_1。

（2）按下式计算沥青混合料试件的动稳定度。

$$DS = \frac{(t_2 - t_1) \times N}{d_2 - d_1} \times C_1 \times C_2 \qquad (17\text{-}13)$$

式中　DS——沥青混合料的动稳定度（次/mm）；

$\quad\quad d_1$——对应于时间 t_1 的变形量（mm）；

$\quad\quad d_2$——对应于时间 t_2 的变形量（mm）；

$\quad\quad C_1$——试验机类型修正系数，曲柄连杆驱动试件的变速行走方式为 1.0，链驱动等速方式为 1.5；

$\quad\quad C_2$——试件系数，试验室制备宽 300mm 的试件为 1.0，从路面切割的宽 150mm 的试件为 0.8；

$\quad\quad N$——试验轮往返碾压的速度，通常为 42 次/min。

17.5　沥青混合料中沥青含量试验

17.5.1　目的与适用范围

本方法适用于采用离心分离法测定黏稠石油沥青拌制的沥青混合料中的沥青含量。

本方法也适用于热拌热铺沥青混合料路面施工时，沥青含量的检测，用以评定沥青混合料的质量；也适用于旧路调查时检测沥青混合料中的沥青含量。

17.5.2　仪器设备

（1）离心抽提仪：由试样容器及转速不小于 3000r/min 的离心分离器组成。

（2）回收瓶：容量在 1700mL 以上。

（3）其他：烘箱、天平（感量不大于 0001g、1mg 的天平各 1 台）、压力过滤装置、量筒（最小分度值 1mL）、圆环形滤纸、小铲、金属盘、大烧杯等。

（4）材料：三氯乙烯、碳酸铵饱和溶液。

17.5.3　试验准备

（1）将从运料卡车上采取的沥青混合料试样，置于金属盘中适当拌合，待温度下降至 100℃ 以下时，用大烧杯装取 1000~1500g 沥青混合料试样。

（2）从道路上采用钻机法或切割法取得的试样，采用电风扇吹至完全干燥，然后置于烘箱中适当加热成松散状态取样。注意不得采用锤击方式，以防骨料破碎。

17.5.4　试验步骤

（1）向装有试样的大烧杯中注入三氯乙烯溶剂，并将其浸没，浸泡 30min，用玻璃棒适当搅动，使得沥青充分溶解。

（2）将大烧杯中所有物质倒入离心分离器的容器中，并采用少量溶剂清洗烧杯及玻璃棒，清洗溶剂一并倒入容器中。

（3）取一圆环形滤纸，称量其质量，精确至 0.01g。注意滤纸应完整、干净。

（4）将滤纸垫在分离器的容器边缘，盖上容器盖，在分离器出口处放置回收瓶。注意应密封回收瓶的上口，以防流出的液体成雾状散失。

（5）启动离心机，转速逐渐增至 3000r/min。观察沥青溶液通过出口处流入回收瓶的情况，待流出停止后停机。

（6）从离心机容器盖上的孔，加入新的三氯乙烯溶剂，数量与第一次大体相当，停留 3~5min 后，重复上述操作。如此数次，直到流出的溶液成为清澈的淡黄色为止。

（7）卸下容器盖，取下圆环形滤纸，待滤纸上的溶剂完全蒸发后，置于 105±5℃ 的烘箱中干燥至恒重。取出滤纸，秤量其质量。所增重的部分（m_2）即为矿粉的质量。

（8）将容器中的骨料取出，待溶剂完全蒸发后，置于 105±5℃ 的烘箱中干燥至恒重，然后置于干燥器中冷却至室温。取出，秤量其质量（m_1）。

（9）采用压力过滤器过滤回收瓶中的沥青溶液，由滤纸增重（m_3）部分得出泄漏进沥青溶液中的矿粉质量。若无压力过滤器，可采用燃烧法测定。

燃烧法测定沥青溶液中矿粉质量的步骤：将回收瓶中的沥青溶液倒入量筒中；充分搅拌均匀，取 10mL 溶液放入坩埚中；适当加热使溶液呈暗黑色后，置于高温炉中烧成残渣；待冷却后，向坩埚中按每 1g 残渣 5mL 的用量比例，注入碳酸铵饱和溶液，静置 1h，放入 105±5℃ 的烘箱中干燥至恒重；取出，置于干燥器中冷却至室温；称量残渣的质量（m_4）。

17.5.5　试验结果

（1）按下式计算沥青混合料中矿质骨料的总质量。

$$m_a = m_1 + m_2 + m_3 \quad m_3 = m_4 \times \frac{V_a}{V_b} \tag{17-14}$$

式中　m_a——沥青混合料中矿质骨料的总质量（g）；

　　　　m_1——容器中的骨料干燥后的质量（g）；

m_2——圆环形滤纸在试验前后的增加的质量（g）；

m_3——泄漏进沥青溶液中的矿粉质量（g）；

m_4——坩埚中燃烧干燥后的残渣质量（g）；

V_a——沥青溶液的总量（mL）；

V_b——取出燃烧干燥的沥青溶液数量（10mL）。

（2）按下式计算沥青混合料中沥青含量。

$$P_b = \frac{m-m_a}{m} \quad P_a = \frac{m-m_a}{m_a} \tag{17-15}$$

式中 m——沥青混合料的总质量（g）；

P_b——沥青混合料中的沥青含量（%）；

P_a——沥青混合料中的油石比（%）。

同一沥青混合料试样至少进行两次平行试验，取平均值作为试验结果。两次试验结果的差值应小于0.3%；若大于0.3%但小于0.5%时，则应补充一次平行试验，以三次试验的平均值作为试验结果，三次试验的最大值和最小值之差不得大于0.5%。

教学单元 18　钢 筋 试 验

18.1　钢筋试验的一般规定

18.1.1　验收规定

（1）钢筋、钢丝、钢绞线应按批进行检查验收，每批由同一厂家、同一炉罐号、同一规格、同一交货状态、同时进场时间组成一个验收批。

（2）钢筋混凝土结构用钢筋（热轧钢筋、余热处理钢筋、冷轧带肋钢筋），每个验收批质量不大于 60t。

（3）冷轧扭钢筋的每个验收批质量不大于 10t。

（4）每一验收批的钢材应有出厂证明或材质检验报告单。验收时应取样做拉伸性能和冷弯性能两个项目的试验，同时对钢筋的尺寸、表面及质量偏差等项目进行检验。

（5）钢筋在使用中如有脆断、焊接性能不良或力学性能显著不正常时，应做化学成分分析及其他专项试验。

18.1.2　取样规定

（1）每个验收批取一组试样。

（2）取样时，应从每个验收批中，按表 18-1 随机抽取规定数量的试件。截取试件时应在抽样钢筋距端部 500mm 处连续截取试件。

每组钢材试件截取数量规定　　　　　　　　　　　　　　　　表 18-1

钢材品种	拉伸性能试验	弯曲性能试验
热轧光圆钢筋	2 根	2 根
热轧带肋钢筋	2 根	2 根
余热处理钢筋	2 根	2 根
冷轧带肋钢筋	每盘 1 根	每批 2 根
冷轧扭钢筋	3 根	3 根
低碳钢热轧圆盘条	1 根	3 根

18.2　钢筋拉伸性能试验

18.2.1　目的与适用范围

在常温下，测定钢筋的屈服点、抗拉强度和伸长率。确定钢筋的应力-应变曲线，评定钢筋强度等级。钢筋的拉伸性能试验应在温度 20±10℃ 范围内进行。

18.2.2 主要仪器设备

（1）万能材料试验机：试验机的测力示值误差不大于1%。为保证机器安全和试验准确，试验时应选择合适的量程：试验达到最大荷载时，指针位于量程的50%~75%之间。

（2）钢筋打点机或划线机、游标卡尺（精度为0.1mm）。

18.2.3 制作试件

（1）从随机抽样的钢筋上截取试件，为原样试件，不得进行车削加工。

（2）采用钢筋打点机或划线机，在试件上打上或画上一系列冲点或细线，如图18-1所示。

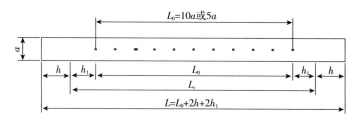

图 18-1　钢筋拉伸性能试验试件示意图

a—试样原始直径；L_0—标距长度；h_1—取$(0.5~1)a$；h—夹具长度

（3）确定试件的标距 L_0（精确至0.1mm），计算钢筋的公称横截面积 A_0（mm^2）或按表18-2选取。

标距 $L_0 = 5a$ 或 $10a$（a 为钢筋试件的原始直径）。

公称横截面积 $A_0 = \pi r^2$（r 为钢筋的公称直径）。

钢筋的公称横截面积　　　　　　　　　　　　　　　　　表 18-2

公称直径(mm)	公称横截面积(mm^2)	公称直径(mm)	公称横截面积(mm^2)
8	50.27	22	380.1
10	78.54	25	490.9
12	113.1	28	615.8
14	153.9	32	804.2
16	201.1	36	1018
18	254.5	40	1257
20	314.2	50	1964

18.2.4 试验步骤

（1）将试件夹持在试验机的夹具内。

（2）调整试验机测力盘的指针，使主动针对准零点，并拨动从动针，使其与主动针重叠。装好绘图纸笔。

（3）开动试验机按规定速度进行拉伸（钢筋屈服前的加荷速度为10MPa/s，屈服后的加荷速度不大于 $0.5L_0$/min），直至试件拉断。

（4）拉伸过程中，当测力盘的指针停止转动时的荷载，或第一次回转时的最小荷载，即为屈服荷载 $F_s(N)$；继续加荷直至试件被拉断，由测力盘上读出最大荷载 $F_b(N)$。

（5）试件拉断后，将已断裂成为两截的试件在断裂处对齐，尽量使其轴线位于一条线上。然后用游标卡尺量出试件拉断后的标距长度 L_1。如果拉断处到临近标距端点的距离大于 $L_0/3$ 时，用游标卡尺直接量出 L_1；如果拉断处到临近标距端点的距离小于或等于 $L_0/3$ 时，应按移位法确定 L_1。

移位法：在长段上，从断点 O 取基本等于短段的格数得 B 点，再取等于长段所余格数（偶数，如图 18-2 所示）的一半得 C 点；或分别取所余格数（奇数，如图 18-3 所示）减 1 与加 1 的一半得 C 与 C_1 点。移位后的标距长度 L_1 分别为 $AO+OB+2BC$ 或 $AO+OB+BC+BC_1$。

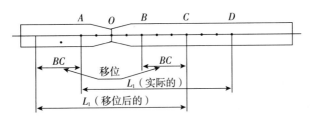

图 18-2　从 B 至 D 的格数为偶数时，位移法计算标距 $L_1=AO+OB+2BC$

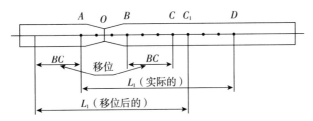

图 18-3　从 B 至 D 的格数为奇数时，位移法计算标距 $L_1=AO+OB+BC+BC_1$

18.2.5　试验结果

（1）按下式计算试件的屈服点 σ_s 和抗拉强度 σ_b。

$$\sigma_s=\frac{F_s}{A_0} \tag{18-1}$$

式中　σ_s——屈服点（MPa）；

　　　F_s——屈服荷载（N）；

　　　A_0——钢筋的公称横截面积（mm^2）。

$$\sigma_b=\frac{F_b}{A_0} \tag{18-2}$$

式中　σ_b——抗拉强度（MPa）；

F_b——最大荷载（N）；

A_0——钢筋的公称横截面积（mm²）。

当计算值大于 1000MPa 时，计算应精确至 10MPa，并按"四舍六入五单双法"修约；当计算值在 200~1000MPa 时，计算应精确至 5MPa，并按"二五进位法"修约；当计算值小于 200MPa 时，计算应精确至 1MPa，小数点按"四舍六入五单双法"修约。

（2）按下式计算试件的伸长率 δ_5 或 δ_{10}。

$$\delta_5 \text{（或} \delta_{10}\text{）} = \frac{L_1 - L_0}{L_0} \times 100\% \tag{18-3}$$

式中 δ_5、δ_{10}——分别为标距 $L_0 = 5a$ 或 $10a$ 时的伸长率（精确至 1%）；

L_0——试件原标距长度 $5a$ 或 $10a$（mm）；

L_1——试件拉断后的标距长度（mm），精确至 0.1 mm。

将上述计算数据（两个屈服点、两个抗拉强度、两个伸长率）与钢筋的质量标准进行比较，两根试件中，如果其中一根试件的屈服点、抗拉强度和伸长率三个指标中，有一个指标未达到标准的规定值，应再抽取双倍（4 根）钢筋，制作双倍（4 根）试件重做试验。如仍有一根试件的一个指标未达到标准要求，则该批钢筋的拉伸性能为不合格。

18.3 钢筋冷弯性能试验

18.3.1 目的与适用范围

通过试验，检验钢筋的塑性以及内部存在的质量缺陷。钢筋的冷弯性能试验应在温度 20±10℃ 范围内进行。

18.3.2 仪器设备

（1）万能材料试验机：与拉伸性能试验相同。

（2）不同弯心直径的冷弯冲头。

18.3.3 试验步骤

（1）根据钢筋级别确定冲头直径 d，按图 18-4（a）调整试验机上的支辊距离 L_1。

（2）将钢筋试件按图 18-4（a）安放好后，平稳加荷至规定的冷弯角度（90°或 180°），如图 18-4（b）、（c）所示。

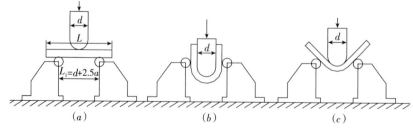

图 18-4　钢筋冷弯性能试验示意图

（a）冷弯试件和支座；（b）冷弯角度 180°；（c）冷弯角度 90°

18.3.4 结果评定

冷弯试验结束后，检测两根试件弯曲的外表皮，若无裂纹、断裂或起层现象，则判定钢筋的冷弯性能合格。两根试件中如有一根不符合标准要求，应再抽取双倍（4 根）钢筋，制作双倍（4 根）试件重做试验。如仍有一根试件不符合标准要求，则该批钢筋的冷弯性能为不合格。

主 要 参 考 文 献

[1] 姜志青 主编. 道路建筑材料（第五版）. 北京：人民交通出版社，2015.

[2] 魏红汉 主编. 建筑材料. 北京：中国建筑工业出版社，2004.

[3] 张建 主编. 建筑材料与检测（第二版）. 北京：化学工业出版社，2011.

[4] 王忠德等 主编. 实用建筑材料试验手册（第三版）. 北京：中国建筑工业出版社，2008.

[5] 苻芳 主编. 建筑材料. 南京：东南大学出版社，2001.

[6] 高琼英 主编. 建筑材料（第4版）. 武汉：武汉理工大学出版社，2015.

[7] 宋岩丽 主编. 建筑与装饰材料（第四版）. 北京：中国建筑工业出版社，2016.

[8] 沈春林 主编. 路桥防水材料. 北京：化学工业出版社，2006.

[9] 林宗寿 主编. 水泥工艺学（第2版）. 武汉：武汉理工大学出版，2017.

[10] 施惠生，孙振平，邓恺 编著. 混凝土外加剂实用技术大全. 北京：中国建材工业出版社，2008.

[11] 叶建雄 主编. 建筑材料基础实验. 北京：中国建材工业出版社，2016.

[12] 陈家珑，周文娟 主编. 实用建筑砂浆一本通. 北京：中国建筑工业出版社，2016.

[13] 葛勇 主编. 土木工程材料学. 北京：中国建材工业出版社，2012.